图解服装缝制工艺大全

（原书第6版）

国际服装丛书·技术

图解服装
缝制工艺大全

（原书第6版）

［美］康妮·阿玛登·克兰福德◎著
(Connie Amaden-Crawford)
常卫民　郭静◎译

中国纺织出版社有限公司

内 容 提 要

本书为服装缝制操作专业手册，全面介绍服装缝制技术与制作流程，内容包括工具与设备，识别服装材料，人体体型与规格尺寸表，设计企划与面料选择，缝制工序，缝纫针法，缝合方法与缝份处理，省道，褶裥和塔克，斜条与斜边处理，针织面料的缝制，拉链，口袋，袖型、袖开衩和袖头，领子，领口开襟，贴边，里布，西装，腰头与腰线，底边，服装闭合件等。

全书采用一目了然的图解方式及文字说明，并进行分步讲解，注重由浅入深、循序渐进。书中内容丰富，实用性强，易学易用，既可作为高等院校服装专业的教材，也可作为服装企业技术人员的专业参考用书。

原文书名：A GUIDE TO FASHION SEWING（6TH EDITION）

原作者名：Connie Amaden-Crawford

© Bloomsbury Publishing Inc, 2015

This translation is published by arrangement with Bloomsbury Publishing Inc

本书中文简体版经 Bloomsbury Publishing Inc 授权，由中国纺织出版社有限公司独家出版发行。

著作权合同登记号：图字：01-2013-0808

图书在版编目（CIP）数据

图解服装缝制工艺大全：原书第6版 /（美）康妮·阿玛登·克兰福德著；常卫民，郭静译 .-- 北京：中国纺织出版社有限公司，2019.10（2022.9 重印）

（国际服装丛书 . 技术）

书名原文：A GUIDE TO FASHION SEWING（6TH EDITION）

ISBN 978-7-5180-6822-7

Ⅰ.①图… Ⅱ.①康… ②常… ③郭… Ⅲ.①服装缝制—图解 Ⅳ.① TS941.634-64

中国版本图书馆 CIP 数据核字（2019）第 217545 号

责任编辑：李春奕　责任校对：高 涵　责任印制：王艳丽

中国纺织出版社有限公司出版发行
地址：北京市朝阳区百子湾东里A407号楼　邮政编码：100124
销售电话：010—67004422　传真：010—87155801
http://www.c-textilep.com
中国纺织出版社天猫旗舰店
官方微博http://weibo.com/2119887771
北京华联印刷有限公司印刷　各地新华书店经销
2019年10月第1版　2022年9月第2次印刷
开本：889×1194　1/16　印张：25
字数：422千字　定价：128.00元

目　录

前言

《图解服装缝制工艺大全》(原书第6版)全面介绍了服装缝制技术与制作流程,是专为服装专业师生、研究者以及行业从业人员所编写的图书。本版在上一版的基础上进行了内容的提升与完善,既适合专业教师教学,也利于学生、研究者以及想学习缝制工艺并将其用于自己服装工作室的专业人士阅读。

本版采用图解的方式对服装缝制工艺进行讲解、阐释。在学习缝制工艺的过程中,学习者除了需要了解缝制工艺的原理外,还需要全面掌握服装缝制工艺的方法。本版对每一个缝制环节、步骤都进行了完整、清晰的展示,有利于指导师生、研究者以及行业从业人员学习与操作。总之,对于想学习服装缝制工艺的读者而言,本版在内容上极具吸引力。

图书特色

阅读此书,读者可以学习服装缝制工艺,处理实际操作中出现的问题。本版图书讲解了大量缝制专业术语,有利于读者快速了解并掌握相关缝制过程。全书内容安排合理,从基本原理到基础缝制工艺,再到复杂缝制工艺,注重由易到难、深入浅出。本书配图1200余幅,对服装缝制的细节与过程进行了生动展示与详细说明。

本版书详细阐述了服装工业设计室中广泛运用的缝制技术,并针对工业生产中的放缝与缝制技巧进行了讲解。服装设计专业人士一般不会按照书面文字进行操作,相反他们习惯遵循特定、系统的缝制顺序与操作方法。利用缝制技术与设备,可以使服装尽可能地保持平整,也令缝制过程变得更加简单,易于操作。书中讲解了具体的操作技巧,力求服装各部分处理较少,易于熨烫整型,制作时间较短。按照这些工业化的方法、标准操作,就不难理解礼服、衬衫、裤子、马甲、裙子和夹克的缝制工艺。

图书的内容形式

本书内容由浅入深、循序渐进,从缝纫工具与设备、基础缝制工艺,再到复杂缝制工艺,注重逻辑性与连贯性。标题言简意赅,使读者很容易抓住主题,各部分内容则由具体的服装缝制步骤构成并采用图解形式讲解,同时引用相关信息,对一些特定操作步骤进行重点说明。

本书前五章讲解了工具与设备、材料、人体测量、规格尺寸、商业纸样、试衣等基础知识。试衣是确保服装制作成功的重要环节,因此,在本版第四章中增加了试衣内容,着重介绍了服装行业中设计师所采用的试衣方法。第五章阐述了如何"组装"服装,即将服装各部件组合成完整的服装。本书的其余章节则以图解形式,分步骤讲解各类服装所涉及的缝制工艺。

图书的内容变化

本版书阐述了服装工业中缝制工艺的发展与变化,相较之前版本,本版最显著的变化就是强调了缝制步骤的细节图片,增加了清晰易读的表格以及时装插图。此外,在每一章的开头增加了学习目标;在第二章面料部分增加了最新的纤维、生态环保纤维以及混纺面料;在第三章增加了规格尺寸表,以便于后期的缝制操作;在第四章增加了缝份、纸样标记与试衣;在第五章更新了服装缝制工序,提供了缝制工序速查指南,便于缝制操作;在第十一章增加了针织面料相关知识,讲解了织物的伸长率与弹性回复率,并提供了相关表格;在第十四章增加了衬衫袖的工艺变化内容;在第十九章增加了两片袖缝制说明,内容进行了更新;在第二十二章增加了绳边扣眼的缝制说明,虽然在工业生产中利用机器自动缝制这种扣眼,但是在服装样衣室中有时也需要制作,故本章进行了说明。

在附录B中,增加了缝制过程中所需纸样。

笔者具有多年服装行业设计、制作工作室的工作经历,也在大学执教多年,从而具备了较为扎实、系统的缝制技能,也成就了好的设计。诚挚希望读者通过本书学习缝制技术,为服装设计职业生涯的成功打下坚实的基础。

致谢

本版图书讲解了成功服装设计师必须具备的专业知识，内容系统、完整，这是团队共同努力的结晶。

本版书的编写得到了业内朋友与同事的支持、帮助，在此诚挚感谢，尤其感谢以下人士、公司：兄弟美国公司总部（Brother U.S. Corporate Headquarters）的劳拉·马奥尼（Laura Mahoney）和朱妮·梅林格（June Mellinger）；塔科尼公司（Tacony Corporation）的凯利·洛斯（Kelly Laws），擅长小型包缝机操作；吉尔设备公司（Gear Communications）的梅根·坎宁安（Megan Cunningham）和珍妮弗·吉尔（Jennifer Gear），擅长熨斗操作；重机公司（Juki Corporation）的凯伦·法尔（Karen Pharr）；德国蓝狮机针公司（Schmetz Needles）市场总监朗达·皮尔斯（Rhonda Pierce）；美国 Pineapple Appeal 公司的史蒂文·加曼（Steven Garman），擅长缝制工具展示；美开乐服装纸样公司（the McCall Pattern Company）的卡罗琳·卡法罗（Carolyne Cafaro）。还要感谢三家面料公司 Hartsdale Fabrics、Fabric Depot 以及 Fabricland 为本书提供了面料样品。

感谢出版集团诚请专业人士审读本书之前的版本，并反馈宝贵意见与评论，从而确定了新版的修订与增补方向，在此感谢这些专业人士：克里斯蒂·A.甄妮可（Kristy A.Janigo），美国明尼苏达国际艺术学院（The Art Institutes International Minnesota,USA）；齐格威·雷米·欧杜可麦雅（Zigwai Remy Odukomaiya），美国达拉斯艺术学院（The Art Institute of Dallas, USA）；斯维特拉娜·泽克哈里娜（Svetlana Zakharina），美国纽约利姆时尚商业管理学院（LIM College, USA）；詹妮弗·莫雷尔（Jennifer Maurer），美国伯灵顿县社区学院（Burlington County Community College, USA）；斯蒂芬妮·贝利（Stephanie Bailey），美国德克萨斯基督教大学（Texas Christian University, USA）；乔治娜·胡珀（Georgina Hooper），英国奇切斯特学院（Chichester College, UK）。

同时，还要感谢我的商业伙伴们，是你们中肯的意见促成了新版书的出版，及时更新了原书中的文字与图片，使新版内容更清晰且与时俱进。感谢：时装设计与销售学院（Fashion Institute of Design & Merchandising）时装设计主席玛丽·斯蒂芬斯（Mary Stephens）为新版书出版提供了宝贵意见；雪莉缝纫材料公司（Shirley's Sewing Stuff）的雪莉·比尔（Shirley Biehl）为缝制提供了宝贵意见；服装用品有限公司（Fashion Supplies, Inc.）的乔·委卡雷利（Joe Veccarelli）为工业缝纫设备提供了宝贵意见。

尤其要感谢仙童出版集团（Fairchild）团队给予的帮助与指导！感谢：出版商普里西拉·麦基洪（Priscilla McGeehon）、策划编辑阿曼达·布雷西亚（Amanda Breccia）、编辑部主任约瑟夫·米兰达（Joseph Miranda）、责任编辑夏洛特·弗罗斯特（Charlotte Frost）、项目发展经理柯尔斯滕·丹尼森（Kirsten Dennison）与克里斯·布莱克（Chris Black）。

感谢我的同事们与相关帮助者：苏·斯皮尔（Sue Speir）、科拉莉·琼斯（Coralie Jones）、海伦·克罗西尔（Helen Crosier）、雪莉·比尔以及斯蒂芬妮·狄龙（Stephanie Dillon），是你们认真审阅新版稿件，确保图书生动有趣。

感谢为新版书进行设计与排版的杰森·梅登（Jason Maiden）先生。现代书籍的出版需要排版软件高手的鼎力协助，而我的专长在服装设计领域，而不是软件。我不仅需要软件应用的专业指导，还需要专业人士将我的设计作品转化为成品。正是杰森帮助我完成了图书的电脑版面设计及图像处理。

最后也是最重要的，感谢我的先生韦恩（Wayne），他也是我最好的朋友、合作伙伴，正是他的爱与支持，促使一切成为可能。

康妮·阿玛登·克兰福德
(Connie Amaden-Crawford)

图解服装缝制工艺大全

（原书第6版）

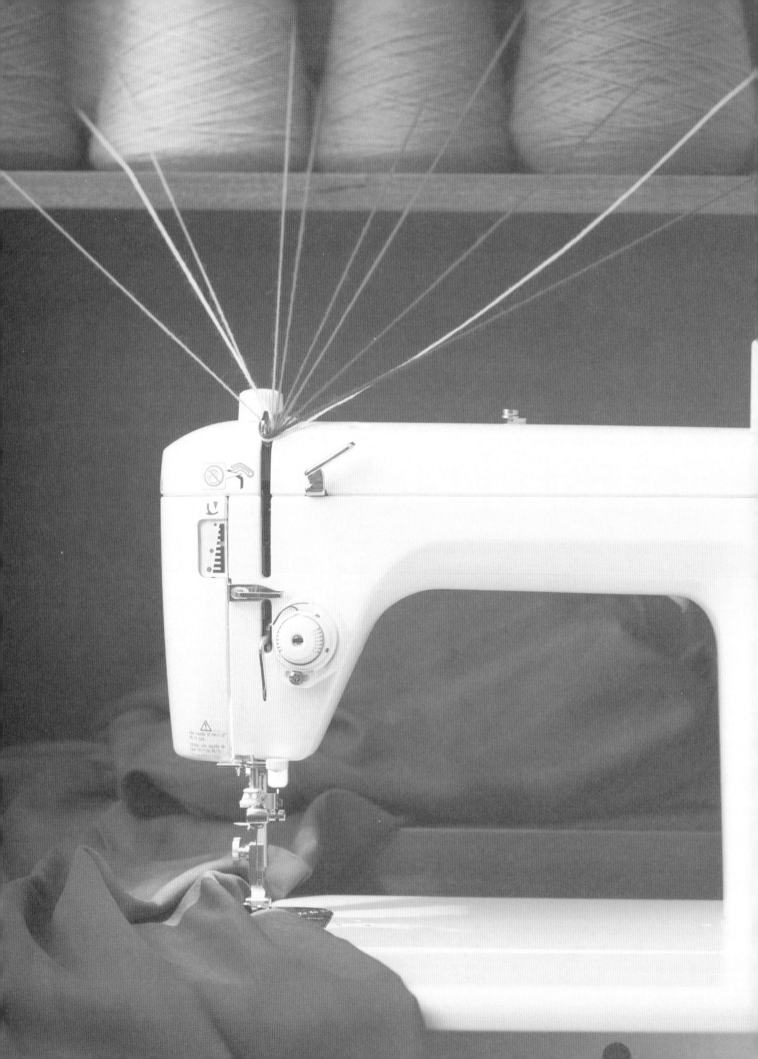

第一章

工具与设备

设计室的缝纫工具与设备

第一章 学习目标

通过阅读本章内容，设计师可以：

➤ 选择并了解用于测量、裁剪、制图与试衣的缝纫工具。

➤ 了解各种工业缝纫设备。

➤ 熟悉各种工业缝纫设备的穿线方法。

➤ 了解各种家用缝纫设备。

➤ 熟悉各种家用缝纫设备的穿线方法。

➤ 了解家用缝纫设备的各种机针。

➤ 熟悉工业与家用缝纫设备的各个部件。

➤ 了解缝纫机常见缝纫问题与处理方法。

➤ 学习各种针法线迹。

➤ 学习使用各种熨烫设备并掌握正确的熨烫方法。

➤ 了解各种熨烫设备。

➤ 了解熨斗温度的变化。

工作空间规划

服装设计师的工作空间主要有以下三种：大公司的设计室、家庭手工作坊以及私人缝制间。不管是哪一种形式的工作空间，都必须配备最基本的缝纫工具与设备。

一定要花时间配置缝纫工具与设备，并确保其可以正常使用。工作空间应当明亮、温馨、舒适。明亮至关重要，虽然白天的光线最好，但高亮度灯也需要准备充足。

裁剪台应尽量大一些，其表面应坚固，要避免面料移位。烫台与熨斗应离缝纫设备较近。试衣镜也是工作空间的必需品，以便检查服装的合体度与外观效果。

服装设计师的工作空间

服装设计师可以憧憬自己的工作空间——一个令人陶醉的设计室，可以选择各种各样的面料并绘制设计草图。服装设计师应当具备执行力与创造力。

在设计室，服装设计师指导并监督部门所有人员，解决样衣工与纸样师提出的问题，因此，服装设计师应当具备选择合适面料的能力并掌握相关服装缝制技术。在确定缝线线迹的类型时，通常情况下应依据服装风格与面料纤维成分，否则难以达到预期的设计效果。可见，服装专业的学生需要学习相关的服装缝制技术。

测量工具与专用尺

进行缝制前，需要准备各种测量工具及物料辅件。所有与缝纫相关的这些用品都应放置在特定地方，并要方便取放。最好将这些用品放入专用的工具箱中。

以下列举了常用测量工具与专用尺：

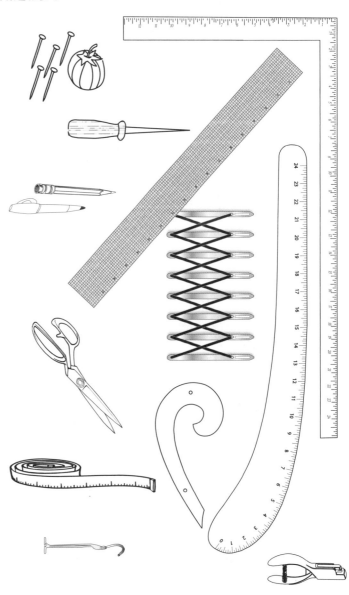

➤ **卷尺**：长 150cm（60 英寸）的双面软尺，测量用途很多。

➤ **裤裆卷尺**：长 150cm（60 英寸）的软尺，在一末端附有硬纸板，用于测量裤子内缝长。

➤ **码尺或米尺**：长 36 英寸（英制）或 1m（公制）木质或金属材质的尺子，用于测量底边、找纱向、平整表面以及确定长度码数。

➤ **45.72 cm（18 英寸）长的透明塑料方格尺**：网格尺，总宽 5.08cm（2 英寸），被均分为 0.32cm（1/8 英寸）宽的小格子，适用于测量纱线和对变更的线条进行纸样调整。购买公制和英制的尺子可以登录网址 www.fashionpatterns.com，在办公用品商店和面料商店均能购买到。

➤ **缝纫标尺**：长 15.24cm（6 英寸），带有一个可移动指示器，适用于测量经常需要测量的部位，例如下摆折边宽度、褶裥、缝褶等。这种尺子通常具有公制和英制双重尺度。

➤ **扣眼间距尺**：一种可以展开的测量工具，能够快速自动测量扣与扣眼之间的距离，可以在家用缝纫用品公司和一些面料商店购买。

➤ **透明塑料大刀尺**：由 Fashionetics 公司制造的透明塑料服装尺，借助其透明的曲线造型，可以对曲线进行修正，其集曲线板、臀部曲线尺与直尺于一体。

➤ **折边标示器**：一种用于测量从地面至服装底边的仪器。

➤ **曲线板**：长 25.4cm（10 英寸），一端呈螺旋状曲线，适用于领口线、袖窿、袖山、省道、裆缝、驳头、口袋和衣领的绘制与修正。

裁剪工具

以下列举了常用裁剪工具：

普通剪刀和服装用剪刀：服装用剪刀通常长度为 10 ~ 20cm（4 ~ 8 英寸），纯钢制造，一对手柄一大一小，弯曲的手柄有利于裁剪面料和纸样，既容易操作又精确无误。普通剪刀通常小于服装用剪刀，长度多为 7 ~ 15cm（3 ~ 6 英寸），一对手柄通常大小相同。裁剪面料时，请尽量选择刀刃长一点的剪刀，这样操作起来更舒服省力。

开扣眼剪刀：专门用来开扣眼的剪刀是种专门设计的剪刀，剪刀小，剪刀头非常尖。

锯齿剪（花边剪）：利用这种剪刀可以剪出锯齿形边，既防止面料脱散又可以对缝边进行装饰，不适用于裁剪纸样和面料。

拆线器：这是具有锋利刀刃与刀尖的小工具。可以利用刀尖挑起不想要的缝线，然后用刀刃剪断，从而拆除缝线。

线钳剪：一种特殊设计的工具，适用于剪掉乱线以及打剪口，多用于去除开始和结尾的缝线线头。

纱剪：通常长 10 ~ 15cm（4 ~ 6 英寸），有锋利的刀尖，用于剪线头、修边或者修剪缝份。

轮刀：一种带有圆形刀刃的装置，配备指导裁切用的尺子，适用于裁切直线，不推荐裁切曲线，因为不精确。

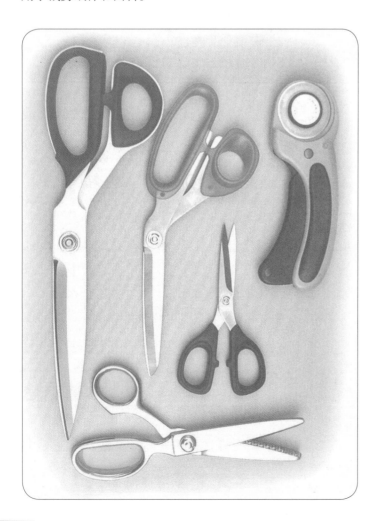

提示：

　　普通剪刀与服装用剪刀需要定期进行专业打磨，以保持最佳使用状态。一些制造商提供剪刀终身保养维修服务，名义上只收取运输费用。

　　有时候感觉剪刀开始不锋利了，特别是在裁剪涂层材料、某些合成材料或者纸张之后。可取柔软布料蘸酒精擦拭剪刀的刀刃，清除残留物。滴一小滴缝纫机油在剪刀的螺丝上。

　　保管工具的最简单方法是将所有工具放到类似于钓具箱的工具箱中，工具箱有各种规格尺寸，且内部采用隔断设计以合理存放各种工具。工具箱应方便携带，缝纫操作时还要便于取放工具。

缝纫工具与用品

以下列举了方便好用的缝纫工具与用品：

➤ **大头针**：带针尖的不锈钢针、铜针、服装制作用别针。大头针不生锈，适用于各种面料。圆头大头针适用于针织面料。

➤ **手缝用针**：细长钢针，末端有一个小针孔，有各种型号和类型，建议购买一包各种型号的手缝用针。

  • **手缝针**：型号从5～10号，无论面料轻薄、厚重，都适用。

  • **密缝针**：比手缝针要短，末端有一个小圆形针孔，适合于手工缝纫中短而工整的线迹。

  • **刺绣针**：有一个大椭圆形针孔，可以穿过多股线。刺绣针的长度与手缝针相当。

➤ **顶针**：采用质量轻的金属（铜或镍）制成的金属环，戴在手的中指。手工缝纫时，顶针既有利于将针穿过面料，同时起到保护中指的作用。

➤ **插针包或针垫**：存放针的工具，方便使用。最常见的插针包呈番茄形，里面装有一小袋金刚砂，目的是去除针上的锈与杂质，使其锋利。也有其他造型的插针包可供选择，大小多样。请选择一个造型、大小都方便使用的插针包。

➤ **蜂蜡**：通常储存在有润滑槽的容器中，作用是润滑缝线，提高缝线的强度，减少缠结现象。针对需要干洗的面料，在给使用的缝线上蜂蜡时要尤其小心，因为蜂蜡可以融入面料中，在面料表面留下痕迹。Thread Heaven是一种蜂蜡品牌，其广告宣传产品很安全，适用于所有面料。

➤ **金刚砂袋**：一个装满金刚砂的小袋子，作用是去除针上的锈与杂质，使其锋利。通常，金刚砂袋为番茄形插针包的组成构件。

➤ **划粉笔**：颜色柔和，作用是将纸样上的标记复制到面料上，其标记要标在面料的反面，不要标在正面。用划粉笔所做的标记可以通过水洗去除，也可以暴露在空气中挥发掉。

➤ **裁缝用划粉**：一种可水洗的特质粉笔，很薄，作用是在面料上标记底边线、结构线等，水洗后可以去除划粉的痕迹。也有裁缝用划粉轮，即将粉末状划粉放在带有小齿轮的分离器中使用。白色划粉通过水洗可以去除，但彩色划粉则需要小心，一些面料如果用彩色划粉标记，则容易留下永久性痕迹。蜡质划粉是目前服装业常用划粉。

➤ **复写纸**：一种可水洗的双面复写纸，有各种颜色，作用是将纸样复制到面料上。使用时，将两块面料反面相对，复写纸夹在中间，确保面料的反面接触复写纸，用描线轮将纸样复制到面料上。其实，我不建议使用这种复写纸，因为有时在面料正面可以看到其印记，并且不易洗干净。

➤ **描线轮**：亦称擂盘、复描器，是一种带手柄的滚轮，滚轮的边缘为锯齿状或针尖状。无论有没有复写纸，都可以用描线轮将纸样复制到面料上。滚轮边缘必须非常尖锐，这样才能在面料上留下印记，同时还要光滑，以免钩丝。

➤ **翻带器**：翻正斜裁长布带或细带子的小工具。

➤ **安全别针**：用于穿松紧带或翻正宽带子的小工具。

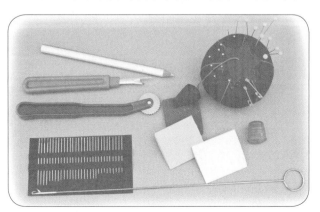

缝线

服装应当采用与之匹配的缝线进行缝制。缝线的选择取决于所用面料、所设计的针距大小和期望获得的效果。

有几种缝线既适用于机器缝纫也适用于手工缝纫。对各种类型的缝线而言，线管上线的数量越多，线的质量就越好。如果缝线相对于面料太粗，则沿着缝线的部位可能会"卡线"，产生波浪状。

以下列举了常用缝线：

➤ **包芯线**：一种以涤纶纤维为芯线，再用棉纤维或者涤纶纤维包裹而成的纱线，适用于大多数面料。它比同直径的涤纶线强度更高。包芯线经过无光整理，因此在接缝处易被隐匿，不显眼。对于需要熨烫的棉和亚麻面料，可以采用棉纤维包裹涤纶纤维的包芯线，这种线可以承受高温熨烫。重量较轻的包芯线通常不用于家用缝纫设备，但可以用于工业缝纫设备。

➤ **涤纶线**：由涤纶短纤维纺成的线，强度高，有一定的韧性，适用于弹性面料和毛纺面料。

➤ **丝光棉线**：一种光泽柔和的棉线。常用的丝光棉线及用途主要有：29.2tex（20英支）作为明线；14.6tex（40英支）作为机器用常规缝线；11.7tex（50英支）和9.7tex（60英支）则用于精纺面料，也可作为手缝线。丝光棉线适用于棉、麻面料。

➤ **扣眼线**：一种涤纶线或丝线，为粗线，适用于缉明线、手工锁眼、钉扣。

➤ **绗缝线**：一种纯棉线或棉纤维包裹涤纶纤维的包芯线，有光泽，强度高。这种线不易缠结，因此也非常适合作为手缝线。

➤ **包缝线**：一种涤纶线，比一般机器用缝线轻，内有一个圆锥线管。包缝线上常有棉絮或较粗的结点，可以用于锁边，但是不建议用在缝纫机上。

提示：

高品质的缝线通常为长纤维纱线，缝纫效果好。而短纤维纱线或者蜡线则会妨碍机器操作，降低缝纫效果。

缝纫机针

缝纫机针规格的选择应根据面料的类型、重量以及缝线的型号而定。机针规格较小，其缝纫效果较好。如果出现跳针，则向上调整机针的规格。

缝纫机针的选择涉及机针的型号、针号和针尖形状。家用缝纫机使用同一机针系统约40年了，标识为130/750H 或15X1H。工业用缝纫机和包缝机使用的机针标识系统有多种，如 DBX1 或 85X1，而前面的标识是欧制，后面的标识是美制。数字越大，即针号越大，表示机针针杆越粗。

无论是欧制还是美制，针号越大，机针针柄的直径越大，针眼和前槽也越大。家用缝纫机可选择的针号从 8/60~19/120 不等，而工业缝纫机可选择的针号则更多。轻薄面料选用 8/60 或 9/65 号的机针；中等厚度面料多选用 10/70 ~ 12/80 号的机针；厚重面料选用 14/90 或 16/100 号的机针。

公制机针针号

NM，是公制机针针号表示方法，以百分之一毫米作为基本单位来度量机针针杆直径（mm），即针号乘以 0.01 为针杆直径（mm），例如，NM100 针杆直径为 1mm。

工业机针针柄与家用机针针柄

家用缝纫机所用机针针柄是扁头，而工业缝纫机所用机针针柄是圆头。扁头机针更容易更换，也更容易确保机针安装位置正确。

以下罗列了典型的缝纫机针图，很多机针制造商都有生产。在购买缝纫机针时，应检查包装，通常包装上会表示适用缝纫机的类型、大小以及机针型号和针尖类型。

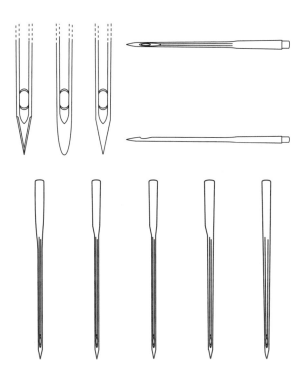

以下列举了一些常用缝纫机针：

➤ **通用型机针**：这是最普通的缝纫机针，适用于大多数机织面料。通用型机针的型号很多，从 8/60 ~ 19/120 不等，8/60 适用于轻薄面料，19/120 则适用于厚重面料。通用型机针的针尖有多种类型，变化多，以适合不同的面料，例如 Microtex 针适用于丝绸和桃皮绒等密实的机织面料，Jeans 针则适用于牛仔等厚重机织面料。

➤ **圆头针**：针尖为圆头，适用于大多数针织面料和弹性面料。与通用型机针一样，圆头针也有多种型号。此外，圆头针的针尖也有多种类型，以适合不同的面料，例如 Stretch 针适用于松紧面料与弹性面料。

➤ **楔头针 / 皮革针**：一种特制机针，适用于皮革、仿麂皮、人造革以及维纶面料。型号从 10/70~19/120 不等。这种机针不适用于大多数纺织面料。

匹配缝线和机针号

　　如果缝线相对于机针针孔过粗，则缝纫的时候会导致在面料的反面出现线环。缝线直径应该是针孔直径的一半。可以采用快速测试的方法查看缝线与机针号是否匹配，剪一根约30.48cm（1英尺）长的缝线，穿过略大的针孔。两只手拉紧缝线，当放开一只手的时候，让机针围绕缝线快速旋转，这时缝线与水平线呈45°。当停止旋转时，如果机针从缝线上滑落，则说明针孔对于所选的缝线规格来说太大了。

提示：

　　如果机针出现钝头、弯曲或不锋利的现象，则需要更换机针。出现这些现象，主要是因为机针撞击引起的磨损以及针穿透面料引起的磨损。机针钝头或弯曲可能导致跳针和面料损坏，因此需要准备足够的备用机针，以便及时更换。

表 1.1
面料类型和机针号

面料类型	面料重量	机针针号	机针尖类型
机织面料	轻	8/60，9/65	通用型机针
	中等	10/70，11/75，12/80	通用型机针
	重	14/90，16/100	通用型机针或Jeans针
起绒和起毛机织面料		11/75，12/80，14/90	通用型机针
针织面料和弹性面料	轻	8/60，9/65	圆头针或Stretch针
	中等	10/70，11/75，12/80	圆头针或Stretch针
	重	14/90，16/100	圆头针或Stretch针
起绒和起毛针织面料		11/75，12/80，14/90	圆头针或Stretch针
皮革、仿麂皮和维纶面料	重	18/110，19/120	皮革针或楔头针

设计室的熨烫工具与设备

熨烫是完成一件美观平整的服装的必要工序。通过使用合适的熨烫工具与设备，可以确保服装各部位熨烫良好，使服装的外观效果得到提高。

以下列举了方便好用的熨烫工具与设备：

➤ **烫衣板**：其表面坚实，末端较窄，高度可以调节。

➤ **熨斗（蒸汽型和普通型）**：蒸汽熨斗和普通熨斗均有较大的控温范围，非常适合熨烫各种材质的服装。蒸汽熨斗，拥有一个独立的底座，是最好用的熨斗类型，可以提供专业有效的熨烫整型。

➤ **针毯烫垫**：一种熨烫用的表面有钢针的小矩形垫子，用于熨烫绒布和起毛面料，如天鹅绒和灯芯绒。针的作用是防止绒毛缠结或被压倒。资料来源于供应商：美国纽约市的 Steinlauf and Stoller 以及密苏里州圣路易斯市的 Universal Sewing Supply。针毯烫垫通常也用一块特制的起绒面料来替代，如韦尔瓦烫垫（Velvaboard）。

➤ **压板**：一块光滑的硬质木板，作用是在面料经过蒸汽湿润后，将其压在裤子、领、下摆、褶裥和贴边等处，起到定型作用。

➤ **熨烫垫布**：一块熨烫用的棉布或平纹细布。使用时，通常将其湿润后折叠放在面料和熨斗之间，分担熨斗的一部分压力与热量，有效避免面料正面产生极光并保持清洁。

➤ **手套式烫垫**：一种熨烫用的加垫小手套，可以使波状形的接缝（如袖山头接缝）以及不需要熨平的部位保持原造型。

➤ **烫袖垫**：一种熨烫用的小而长的圆筒形垫子，一面覆有厚厚的棉，另一面则覆有羊毛。专用于熨烫很难达到的狭长接缝——袖缝。覆有棉的一面适用于熨烫大多数面料，而覆有羊毛的一面则适用于熨烫羊毛面料。

➤ **烫袖板**：一种加垫的小型熨烫板，其末端有各种不同的尺寸。烫袖板通常放在普通烫衣板的上面，用于熨烫袖子及其他较小的部位。

➤ **锥形烫板**：一种带锥形尖的木质熨烫板，专用于熨烫很难达到的部位，如领、驳头和其他边角部位。资料来源于供应商：美国纽约市的 Steinlauf and Stoller。

➤ **布馒头**：一种熨烫用的椭圆形垫子，重量较轻，一面覆有厚厚的棉，另一面覆有羊毛，用于熨烫轮廓线、省道、领和驳头。覆有棉的一面适用于熨烫大多数面料，而覆有羊毛的一面则适用于熨烫羊毛面料。

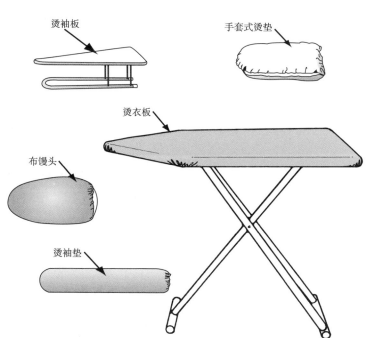

烫袖板

手套式烫垫

烫衣板

布馒头

烫袖垫

熨烫方法

熨烫对于完成一件外观美观平整的服装至关重要。使用正确的熨烫温度、适当的压力以及适合的熨烫工具，可以确保服装各部位得到正确专业的熨烫，从而确保服装顺利完成。

熨斗温度控制： 大多数熨斗都有一个从低温到高温的熨烫范围。如果熨斗温度过高，会导致面料变形、熔化、烫焦或者在面料表面留下烫痕；如果熨斗温度过低，则达不到熨烫的目的。熨烫前，应当先用一小块服装的面料来测试熨斗的温度。

以下列举熨烫服装的接缝和省道的步骤：

① 将服装接缝的缝份左右分开，各倒向一边，从而令线迹隐藏在面料里面。然后对接缝进行劈缝熨烫。

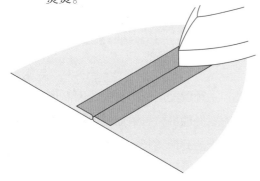

② 熨烫省道时，使省道倒向服装的中心线或向下倒，熨烫时可采用布馒头，有助于保持省道的形态。

③ 熨烫接缝与省道时，要从面料的反面进行熨烫。

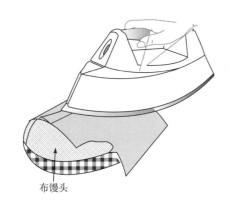

布馒头

提示：

在服装工业中，设计室通常会配备蒸汽熨斗，性能好的熨斗有利于对服装进行专业整烫。使用熨斗RELIABLE J490 IRON MAVEN，稍稍施力便可产生持续强大的蒸汽，既能迅速去除折痕，又可压出细裥造型。该熨斗轻便易携带，适用于熨烫羊毛、丝绸等多种面料，尤其适合熨烫接缝处、腰头等较厚、缝份较多的部位。

为了保证成衣外观的专业水准，请注意以下熨烫方法，非常重要：

➤ 请采用"抬起和放下"的压烫式熨烫法，不要使熨斗在面料上前后移动熨烫。压烫式熨烫法不仅可以塑形，还可使接缝平整。应从一边向另一边移动熨烫，这有助于去除褶皱。

➤ 熨烫好服装的每一个部位，一边缝纫，一边熨烫，在开始下一个缝纫步骤之前请一定完成上一个缝纫步骤的熨烫工作。

➤ 如果想使服装熨烫得平整、洁净，熨烫效果更好，可将熨烫垫布提前进行潮湿处理，然后将它放在熨斗和服装之间，持续使用熨斗上的蒸汽设置，并施加大一点的压力。

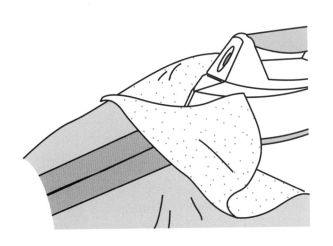

➤ 当熨烫起绒或起毛面料的时候，如天鹅绒和灯芯绒，请将服装面料的正面对着针毯烫垫，在服装的反面进行熨烫。

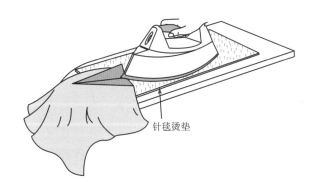

针毯烫垫

➤ 请使用小型烫袖垫来熨烫狭长的接缝，使用烫袖板来熨烫小区域。

注意：熨烫袖子时，如果没有烫袖垫，可以找一块毛巾或棉布，将其紧紧地卷成一个圆柱体，用缎带或纱线将圆柱体的两端系扎，然后将其套入袖子中，这样就可以熨烫袖子了。

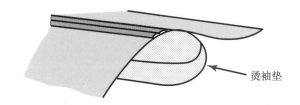

烫袖垫

提示：

蒸汽熨斗喷水：当蒸汽熨斗温度设置过低时，会出现"吐水"或喷水现象，通常会导致面料变色。如果面料所承受的熨烫温度低于熨斗"蒸汽"刻度的温度，那么可以试着在废弃的面料上熨烫30秒，确保熨斗不会喷水。如果熨斗喷水，则请用一块湿的熨烫垫布和普通熨斗来熨烫。

熨烫时，请将一条纸放在省道和面料之间，防止在服装的正面出现省道的痕迹。这种方法也适用于接缝的熨烫。

缝纫机

购买缝纫机

缝纫机采用机针和旋转式梭子将上面的线（面线）和下面的线（底线）互锁在面料上形成线迹。线迹在服装中的作用很多，例如：能够简单地将两块面料缝合在一起，包住接缝的散口边缘，或形成特殊图案以装饰面料。缝纫机分为单针机与多针机。

选择一款合适的缝纫机并非易事。缝纫机的类型多种多样，从具有基本功能的老式缝纫机到最新的多功能电脑式缝纫机都有。因此应选择一款适合自己缝纫用途的缝纫机。对于一位具有艺术细胞的家庭缝纫者而言，也许需要的是能够缝合多种创意性线迹的缝纫机，而服装加工厂则更倾向于选择具备基本缝纫功能但配备强大电机的高速缝纫机。为了帮助你选择合适的缝纫机并简化决策过程，这里将介绍各类缝纫机的基本特点和用途。如果可能的话，最好试用一下各类缝纫机，再做出最后的决定。

缝纫机可以分为两种类别：家用缝纫机和工业缝纫机。两类缝纫机又各有一系列的型号。然而，在用途上还是有所不同的。

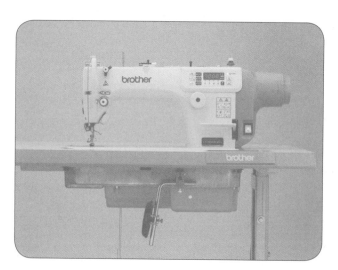

兄弟牌（BROTHER）7000DD缝纫机

工业缝纫机

工业缝纫机可以长时间持续高速运转，其缝速每分钟高达上千针。工业缝纫机更耐用，线迹质量更高。其特点是更适合重复性高的缝纫工作，完成更容易。

工业缝纫机构件的设计要求是：高效缝合服装、省时省钱。实际上，工业缝纫机的机头设置有特定的线迹及操作步骤，可以设置针距与线迹形状。工业缝纫机通常包含一个旋梭系统，在缝纫的时候转动梭芯轴工作。

机头与台板式机座相连，机座包含一个单独的离合式电机、一个脚踏板、一个线架、一个自动润滑系统、一个脚踏闸（可以随时根据需要抬起机针）和膝控抬压脚器（用膝控制压脚抬起和降落，从而解放双手，有利于用手控制面料操作）。

通常，工业缝纫机设置了很多单一功能，例如缝合直线线迹、特殊接缝、锁眼、绱拉链和绱斜条绲边等，针对所用材料不同，其功能各异。多数情况下，可以通过变换压脚来改变工业缝纫机的功能。

选择机械式缝纫机还是电脑式缝纫机，一般会考虑三个因素——预算、使用是否便捷、功能是否多样。通常，很多缝纫设备中心不仅出售新机器，也提供保养良好的二手机器，后者的费用较低，能满足较低的预算要求。

> **提示：**
>
> 目前，标准工业缝制机配有各式各样的压脚等缝纫配件。对于高产的服装公司而言，利用各种不同的压脚有利于满足多样化、高品质的缝纫需求。

小型工业 / 商业缝纫机

小型工业 / 商业缝纫机是介于家用缝纫机和工业缝纫机之间的一类缝纫机，通常比家用缝纫机使用更广泛，具有便携性，但速度不及标准工业缝纫机。通常，小型工业 / 商业缝纫机可以提供常用线迹，与工业缝纫机一样，配备了膝控抬压脚器。兄弟牌 Nuvelle 1500S 缝纫机与重机牌（Juki）Q 缝纫机都属于这类缝纫机。

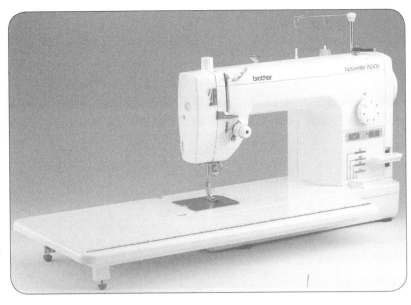

兄弟牌NUVELLE 1500S缝纫机

小型工业 / 商业缝纫机、绣花专用机

许多生产商提供的绣花机并不具备缝纫功能。大量家庭缝纫爱好者购买了兼具缝纫、绣花于一体的缝纫绣花一体机，但是在使用一体机进行绣花的同时，似乎还需要一台缝纫机进行操作。意识到这一点后，生产商提供了一些单针绣花专用机和一些小型多针绣花机。

请参阅表 1.2 的工业缝纫机生产商列表，从机器的类型、功能和价格上进行比较。

表 1.2
工业缝纫机生产商

生产商	网站
贝尼娜（Bernina）	www.bernina.com
兄弟	www.brother-usa.com
康秀（Consew/Tacsew）	www.consew.com
真善美（Janome）	www.janomeie.com
重机	www.juki.com/industrial.html
胜家（Singer）	www.singerco.com/products/category/industrial-products

缝纫设备和工业缝纫机

参考资料

Fashion Supplies, Inc.
1203 S. Olive Street
Los Angeles, CA 90015
PH: 213-749-5944
Fax: 213-749-2038
info@fashionsupplies.net

工业缝纫机的部件

常规工业缝纫机的部件如下图所示。从具有基本功能的普通缝纫机，到电脑控制、功能多样的高级缝纫机，存在很多相似之处。当然，每个品牌所使用的机针可能会有所不同。

学习熟练、高效地操作缝纫机，可以从普通缝纫机着手，先熟悉各部件及使用方法。

有关工业缝纫机的详细信息，请参阅本章第13页。

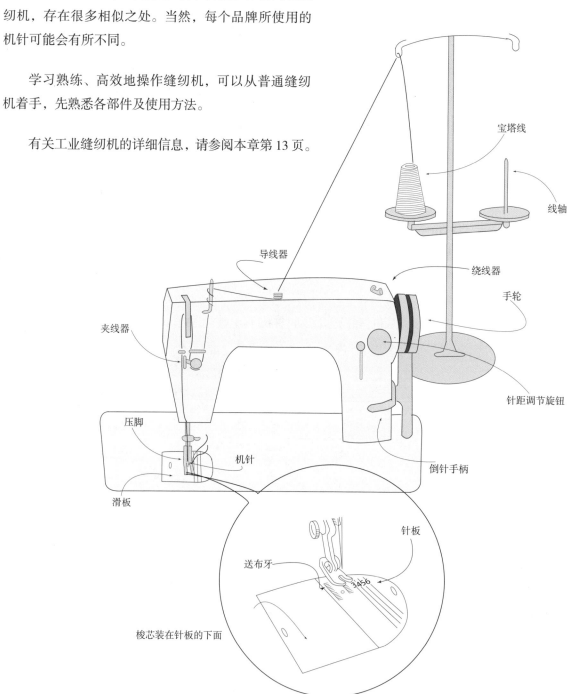

宝塔线

线轴

导线器

绕线器

手轮

夹线器

针距调节旋钮

压脚

机针

倒针手柄

滑板

针板

送布牙

3456

梭芯装在针板的下面

前置型工业缝纫机的穿线方法

穿线包括三个步骤：（1）梭芯绕线；（2）梭芯插入梭壳，装好底线；（3）穿缝纫机线。下面图解说明工业缝纫机的穿线方法。但是，切记要参阅缝纫机附带的说明书。

① 使用手轮将挑线杆和机针抬起至最高位置。抬起压脚。把宝塔线放在线轴上。

　　注：抬起压脚，即打开了夹线器，以便缝线穿过。

② 引导缝线穿过机头顶部的第一个导线器上。

③ 向下引导缝线至夹线器的右侧。

④ 将缝线环绕夹线器，确保缝线夹在夹线器两盘之间。

⑤ 将缝线绕过夹线器，并通过缓线钩。

⑥ 向上引导缝线，从右到左穿过挑线杆上的孔。

⑦ 向下引导缝线，穿过导线器上的孔。

⑧ 将缝线穿过针夹附近的固线器。

⑨ 将缝线穿过针孔，请参阅后面的缝纫机穿线方法。

提示：

　　如果缝纫机穿线不正确，则可能出现机器跳针、断线或面料底层圈状线迹。

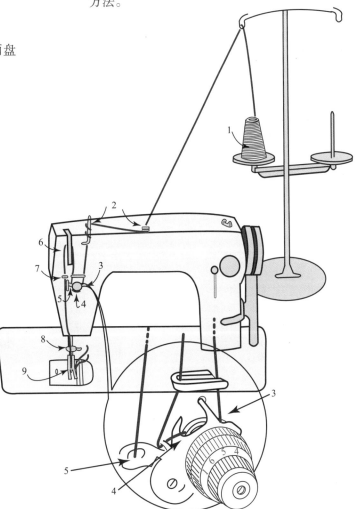

侧置型工业缝纫机的穿线方法

很多工业缝制机采用侧置型的穿线方法，但其主要部件是相同的。然而，对于刚开始学习服装设计的学生而言，这种侧置型工业缝纫机的夹线器装置可能会令他们感到困惑。请按照此页的图示学习、操作。

1 使用手轮将挑线杆和机针抬起至最高位置。把宝塔线放在线轴上。引导缝线穿过机头顶部的第一个导线器，如下图所示。

2 继续引导缝线穿过机头顶部的第二个导线器。

3 向下引导缝线至导线管的起点。

4 继续引导缝线穿过导线管。

5 将缝线环绕夹线器，确保缝线夹在夹线器两盘之间。然后，向上引导缝线穿过挑线杆上的孔。

6 使线向下穿过缓线钩。

7 继续向上引导缝线，穿过两个松紧盘之间的狭槽。

8 向下引导缝线穿过导线器。

9 将缝线穿过针夹附近的固线器。

10 将缝线穿过针孔，请参阅后面的缝纫机穿线方法。

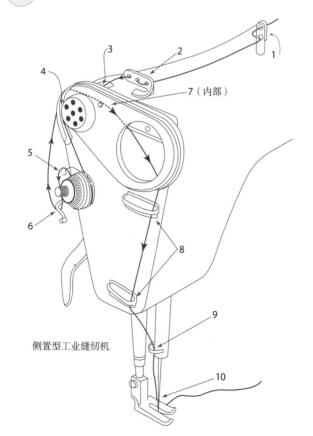

侧置型工业缝纫机

提示：

如果缝纫机穿线不正确，则可能出现机器跳针、断线或面料底层圈状线迹。

其他工业缝纫机

很多前置型工业缝纫机与前两页的图示类似，在进行前置型工业缝纫机的穿线时，可以参照其图示方法和说明。

家用缝纫机

家用缝纫机通常运行速度较慢，但是功能多。这些生产商专门设计生产的多功能缝纫机，适用于服装修补、纫缝、普通缝纫、装饰缝纫和相关工艺等。

一台好的家用缝纫机应该操作平稳、线迹均匀。通常，常规家用缝纫机具备直线缝（向前和向后）、之字缝、锁扣眼的功能，可以调节线迹的宽度与长度，此外，还可以暗缝底边和伸缩暗缝底边。这些多功能缝纫机非常好用，使用者可以快捷、方便地从一种功能转换到另一种功能。

全新家用缝纫机的价格从不足 100 美元到 12000 多美元不等。通常，功能越复杂、多样，其价格就越高。家用缝纫机分为机械式和电脑式两种，通常机械式缝纫机更便宜、功能较少，但是使用寿命较长；电脑式缝纫机往往功能多、价格也更贵，并且常常具备"缝纫顾问"的功能，帮助操作者选择合适的线迹与匹配的压脚。过去，缝纫机都是通过机械齿轮将电机的动力传送到工作部件上。如今，缝纫机分为机械式和电脑式两种，通常设置有按钮或触摸屏，可以选择线迹类型。

伴随着缝纫机售价的提高，缝纫机的功能越来越多，装饰性线迹更加丰富，操作也更为方便。需要注意电机的运作，配备串激电机的缝纫机在低速缝纫时可能会停止工作或无法给机针足够的动力。伺服电机和步进电机通常用于电脑缝纫机或电子缝纫机中，即使在低速缝纫时，电机也可以产生足够的动力，在进行一些面料的缝纫操作时具有优势。

家用缝纫机的种类

现在，很多家用缝纫机都提供多种线迹及特点选项，但是在将产品推向市场时，往往强调一些特色功能与缝纫类型。

缝纫机的一些功能，如自动切线、膝控抬压脚装置、上下停针等，可以提高缝纫效率。需要注意的是，新技术有时候也会导致操作更复杂或维修更频繁。虽然一些功能可以帮助缝纫初学者操作，但有时也会妨碍缝纫娴熟的高手，毕竟熟练者更想自己操控送布、调整针位、倒针等缝制细节。

初级家用缝纫机

初级家用缝纫机是专为缝纫初学者而设计的，可用于家庭缝补、改衣和装饰缝纫，通常易于携带，并提供多种基础线迹。这类缝纫机同样分为两种类型，机械式和电脑式，有些甚至还提供装饰线迹、自动穿线等功能。

满足时尚艺术要求的高级缝纫机

这类电脑式缝纫机，不仅提供多种常用线迹，还提供大量装饰线迹，适合艺术创作和高级服装缝纫。这类缝纫机大多具备最新的功能，如穿线、切线、线迹记忆和传感器。通常价位较高的机器为电脑绣花机，有些还可以与标准计算机的 USB 端口或专有接口连接。绣花软件可能附赠也可能单独销售。

满足时尚创意的特种缝纫机

这类缝纫机提供了多种线迹选项，包括实用线迹和装饰线迹，通常专门定制了各种缝纫功能，如个性化缝纫、传统刺绣、纫缝、家居装饰和工艺制作等。

机器类型

台式型

这类缝纫机设计有一个桌面式操作台，为缝纫提供了一个大而平的操作区域，尤其适用于较大布片的缝纫。

便携式

便携式缝纫机可以放置在桌面上，方便携带与保管，适合课堂学习使用。便携式缝纫机提供了"free arm"功能，即延伸出一个操作台，使缝纫操作更加自如。通常，缝纫绣花一体机至少会配备两个扩展台面，方便刺绣与缝纫操作。

梭芯类型

梭套式

梭套式梭芯是指将梭芯装在梭壳（梭芯套）中，然后一起放到针板下面的旋梭中。

嵌入式

嵌入式梭芯是指将梭芯直接放置在针板下面的旋梭室内，对于台式型缝纫机而言，这种梭芯更容易更换。两种设计都很常用，都有优缺点，使用者可根据个人喜好选择。

缝纫机必须具备的基本服装缝纫功能

以下缝纫功能按重要性顺序排列。

➢ 直线缝。
➢ 可调节线迹长度和宽度。
➢ 可调节针位。
➢ 之字缝和变化缝。
➢ 锁眼（单一式样和多种式样）。
➢ 多种实用线迹：暗卷缝线迹、边缘线迹、伸缩缝线迹。

最新技术改进和功能

工业技术的进步不断提高缝纫机的效率和精度。以下罗列了缝纫机的一些实用功能。

➢ 自动穿线器：一种自动穿线装置，可以钩住缝线并穿过针孔。
➢ 当梭心插入后，底线自动提起。
➢ 自动压脚抬升器。
➢ 自动调节线张力。
➢ 自动调节针距（适合绣花或纫缝操作）。
➢ 自动跳缝与切线：用相同色线刺绣不同部位，完成后自动切线。
➢ 自动"打结"：在缉缝开始和结束时使用的锁式线迹。
➢ 自动切线：在缝线结束后自动切线。
➢ 机针相机：在显示屏上显示精确的缝针定位。
➢ 速度控制器：操作者可以调控缝纫的速度。
➢ 线迹存储器：存储线迹配置和组合以备日后使用，通常用于制作相同的扣眼和装饰性线迹。

➢ 上下停针设置：可以设置上、下停针位，使缝线转角等操作更加容易。
➢ 多向缝线迹，包括侧缝。
➢ 大容量梭芯。
➢ 当底线很少或是没有的时候，传感器会发出警告。
➢ 扣眼大小自动传感器。
➢ 缝纫顾问：对缝纫机的设置、对特定线迹的压脚选择提出建议。
➢ 大扇形区域：压脚右侧的一块大区域，适合大部件上的纫缝和刺绣。
➢ 可以创建富有个性化、创意性的装饰性线迹，包括几何形、花卉形及其他新颖别致的线迹。
➢ 改进照明，采用色彩平衡和亮度更好的卤素灯或 LED 照明灯，其光线好、热量小、照明范围更大。
➢ 交互式触摸屏。

家用缝纫机的部件

这是一款典型的家用缝纫机图示。很多生产商都推出了顶级配置的家用缝纫机，其内置电脑操控，功能多样，然而这类缝纫机的基本组成部件与其他缝纫机相同。

请充分了解你所使用的缝纫机部件，确保缝纫机操作效率更高。

注：缝纫机因生产商不同而存在差异，因此，请仔细阅读缝纫机的操作指南，了解穿线方法和机器保养。

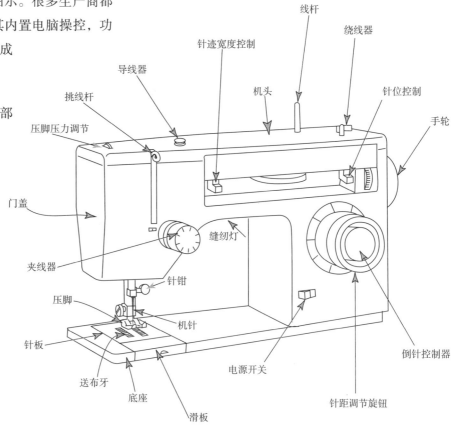

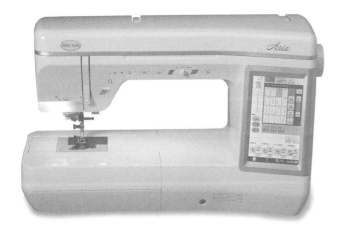

BABYLOCK ARIA缝纫机

请参阅表1.3的家用缝纫机生产商列表，从机器的类型、功能和价格上进行比较。

表1.3
家用缝纫机生产商

生产商	网站
Babylock	www.babylock.com/sewing
贝尼娜	www.bernina.com
兄弟	www.brother-usa.com
艾奈（Elna）	www.elnausa.com
富士华唯金（Husqvarna Viking）	www.husqvarnaviking.com
车乐美（Janome）	www.janome.com
百福（Pfaff）	www.pfaffusa.com
西尔斯(Sears)/楷模(Kenmore)	www.sears.com
胜家	www.singerco.com
重机	www.juki.com/jus.html

包缝机（又称锁边机）

对缝纫机而言，包缝机是缝纫设备的补充，而非要取代缝纫机。包缝机的主要用途是包裹面料边缘和接缝毛边，使服装内里干净整洁，同时也防止面料纱线脱散、缠绕。在家用缝纫机市场，美国通常称这些机器为 Sergers，而其他一些地区则称之为 Overlock Machines。工业用包缝机则通常被称为 Overlock Machines、Overedge Machines 或 Merrow Machines。Merrow Machines 这个名称则可以追溯到美罗公司（Merrow Company）发明的包缝机，并于 1889 年取得专利。

不同于传统的缝纫机，包缝机没有配置梭芯，而是使用一根或多根直针，一根或多根弯针，在缝纫过程中相互交织形成包缝链式线迹。差动送料功能是指由两组送布牙以各自独立的速度送料，即使较难处理的面料，也可以形成平整美观的包缝线迹。采用差动送料还可以实现一些装饰效果，如制作褶饰或波浪卷边。

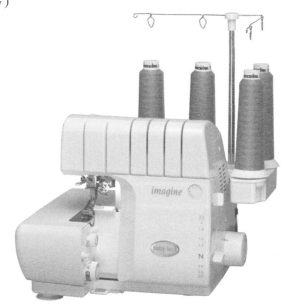

BABYLOCK IMAGINE包缝机

工业包缝机

工业包缝机往往用途单一，一些包缝机已经实现完全自动化操作。工业包缝机的机头与台板机架相连，机架上包含一个单独的离合式电机、一个脚踏板、一个线架以及一个自动润滑系统。配备大功率电机可以确保缝纫设备运行数个小时。工业包缝机通常比家用缝纫机缝速度快，而且缝合、包边和修边一步完成。缝边设计较窄，外观较好。此外，还具有暗缭缝、链式缝、卷边缝和锁边功能。

大多数工业包缝机与家用包缝机在外观上差别显著，但是功能却非常相似。工业包缝机的品牌不多，主要有兄弟、康秀、美罗（Merrow）、重机、Econosew、飞马（Pegasus）、Reliable、摩泽（Mauser）、胜家以及 Union Special。只有少数工厂生产工业包缝机，请阅读各大品牌的工业包缝机说明书，你会发现其基本相同。

家用包缝机

在最近的 25 年里，家用包缝机（下一页）的市场有大幅度增长，机器型号多样，并提供多种装饰线迹和功能。家用包缝机通常为复合机，基本机型可以提供 3 线或 4 线包缝、绷缝和卷边缝。更复杂机型则可以提供多针多线链式缝、绷缝和装饰缝。最早的家用包缝机穿线非常复杂，机器属于轻型机械。如今家用包缝机穿线便捷，能够处理数层中厚型面料。通常，家用包缝机的最高缝速为每分钟 1500 针，这使卷边缝雪纺绸这样的繁琐工作也变得十分快捷了。

家用包缝机通常有多个调节张力旋钮（或夹线器）与线轴，很容易辨认。如果想了解更多家用包缝机的使用信息，请查阅后面的参考书目。

购买一台家用包缝机

由于包缝机的功能和特点多种多样，因此，选购时需要去商店对比价格和质量，这非常重要。应当了解相关的配件，尤其是机针。通常，工业用包缝机的机针与家用缝纫机的机针不同。由于包缝机的缝速较高，为了确保包缝质量，需要定期更换机针。

主要包缝机类型

➢ **三线包缝机**：有两个弯针和一个直针，主要用于锁边，也常用于三线卷边缝和绷缝仅限于某些多功能家用包缝机。

➢ **四线包缝机**：有两个弯针和两个直针，这类型机器是合缝与锁边同时进行。大多数四线包缝机也能形成三线包缝线迹。四线包缝线迹常用于针织面料的合缝、锁边。

➢ **五线包缝机**：有三个弯针和两个直针，通常以双线链式线迹合缝，同时以三线包缝线迹锁边。此外，这类型机器还常用于双线卷边缝、双针绷缝仅限于某些多功能家用包缝机。

市场上有多种型号的包缝机可供选择。在美国国内市场上，最便宜的包缝机具备三线或四线包缝、三线卷边缝以及合缝功能。标记为"双线、三线、四线及五线的包缝机"（"2,3,4,5-thread machines"）通常可以完成双线或三线卷边缝、三线或四线包缝、五线安全缝。某些机型甚至可以完成绷缝和链缝。高端机型可能配备10个宝塔线，具有多种装饰线迹和便利功能，如气动穿线仅限于某些多功能家用包缝机。

包缝机参考书目与DVD

Bednar, Nancy, and Anne van der Kley. *Creative Serging: Innovative Applications to Get the Most from Your Serger.* New York and London: Sterling, 2005.

Editors of Creative Publishing International and Singer. *The New Sewing with a Serger.* Minnetonka, MN: Creative Publishing International, 1999.

Gabel, Mary Jo. *Serge and Sew with Mary Jo.* Instructional DVDs, Gabel Enterprises, P.O. Box 312, Nipomo, CA 93444.

Griffin, Mary, Pam Hastings, Agnes Mercik, and Linda Lee. *Serger Secrets: High Fashion Techniques for Creating Great-Looking Clothes.* Emmaus, PA: Rodale Books, 1998.

James, Chris. *Complete Serger Handbook.* New York: Sterling, 1998.

Melot, Georgie. *Ready, Set, Serge: Quick and Easy Projects You Can Make in Minutes.* Cincinnati, OH: Krause Publications, 2009.

Palmer, Pati, and Gail Brown. *Sewing with Sergers: The Complete Handbook for Overlock Sewing.* 3rd edition. Portland, OR: Palmer / Pletsch Publishing, 2004.

Young, Tami. *ABCs of Serging: A Complete Guide to Serger Sewing Basics.* Radnor, PA: Chilton Book Co., 1992.

想了解更多包缝机信息，请查看以下DVD：

Alto, Marta, and Pati Palmer. *Serger Basics.* (DVD). Portland, OR: Palmer / Pletsch, Inc., 2004.

Alto, Marta, and Pati Palmer. *Creative Serging.* (DVD). Portland, OR: Palmer / Pletsch, Inc., 2004.

Pullen, Martha Campbell, and Kathy McMakin. *Heirloom Sewing By Serger.* (DVD). Brownsboro, AL: Martha Pullen Co., 2007.

Van der Kley, Anne. *Basic Overlocking.* (DVD). Tasmania, Australia: 1800 Sew Help Me, 2005.

穿线

缝纫机针穿线

以下列举了三种缝纫机针穿线方向，请根据自己的缝纫机类型，选择适合的一种，将缝线穿过针孔：

1. 从前向后
2. 从右向左
3. 从左向右

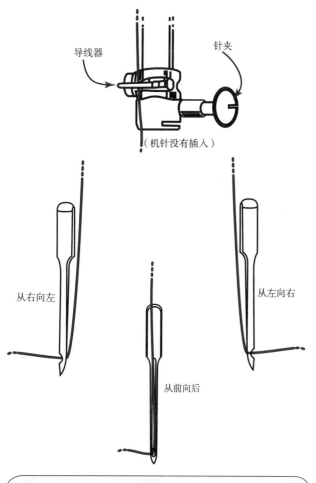

导线器　　　　　　　　针夹

（机针没有插入）

从右向左　　　　　　　从左向右

从前向后

提示：

　　如果机针穿线方向错误，则会出现断线或面线跳针的现象，或者两种现象同时发生。

　　各缝纫机的梭芯虽然看起来很相似，但并不完全相同。如果使用的梭芯与缝纫机不配套，则缝线迹会很差，所以请一定使用缝纫机说明书所推荐的梭芯。

梭芯绕线

缝纫机的绕线器大多设置在右手一侧。其余则在某一固定位置进行梭芯绕线。请查阅缝纫机说明书了解相关信息。以下列举的梭芯绕线步骤，适用于大多数缝纫机机型。

1　将一个空梭芯放在绕线器上。

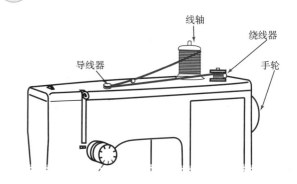

导线器　　　　线轴　　　绕线器　　　手轮

2　将一轴线放在线轴上。

3　将缝线穿过导线器。

4　将缝线从导线器引向空梭芯。手围绕梭芯轴缠线三圈。

5　旋松手轮张力，使机针停止工作。用驱动装置推动与手轮反向的绕线器（某些机器反之亦然）。

6　运行机器进行绕线，当梭芯缠满线后，大多数机器会自动停止绕线。

7　剪断缝线，从绕线器上取下梭芯，调紧手轮张力。

对于工业缝纫机

操作时请确保机针不被折断，放下压脚，上下运行机针，可以在缝纫过程中进行第二个梭芯的绕线。

梭芯插入梭壳，装好底线

在梭壳穿线前，请仔细阅读缝纫机说明书。有的缝纫机采用嵌入式梭芯，梭壳则固定在机身中，然后将梭芯插入机器中。此外，还有另一种更为常见的梭芯、梭壳装置，其梭壳可移动，将绕好线的梭芯插入梭壳中，再将梭芯和梭壳一起插入机器中。

① 将梭芯放入梭壳中，使梭芯上的线为顺时针方向。在放入梭芯的时候，如果从梭芯侧面查看，线呈"9"字造型。

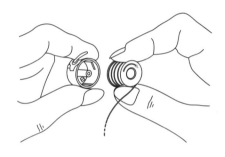

② 把线引入狭缝 A 中。

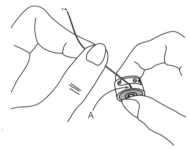

③ 将线从夹线簧 B 下面穿过，并将线引入夹线簧末端的槽口 C，将线拉出梭壳外面 7 ~ 8cm（3 英寸）。

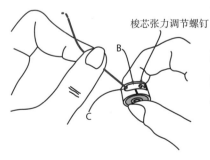

梭芯张力调节螺钉

注：一些机型要求梭壳中的梭芯线为逆时针方向，请仔细查阅说明书。

活动梭壳的梭芯装卸

① 拉起梭壳扣，将梭壳放入梭床的梭芯轴上。

② 放开梭壳扣，将梭壳向里推入，直到发出一声咔嗒声，梭壳到位。

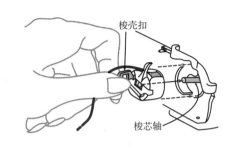

梭壳扣

梭芯轴

③ 要取出梭壳时，拿住梭壳扣并向外拉，将梭壳从机器上卸下。

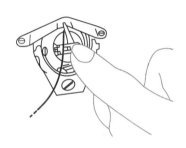

固定梭壳的梭芯装卸

通常，这类梭壳也存在差异，请查阅缝纫机说明书，下面以一个常规款为例进行讲解：

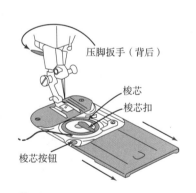

压脚扳手（背后）

梭芯

梭芯扣

梭芯按钮

① 梭芯线拉出梭壳外面 7 ~ 8cm（3 英寸）。调整梭芯，使线的走向为逆时针方向，线头自然垂下，呈"P"状。

② 将梭芯放在梭壳中心轴上，将线引向右侧，然后又拉回左侧。线便夹入线槽内。

③ 如果要取出梭芯，请按住梭芯按钮将其取出。

拉出梭芯线

(1) 用左手抓住机针上的面线，用右手转动手轮，直到机针完全进入针板下的梭芯处。

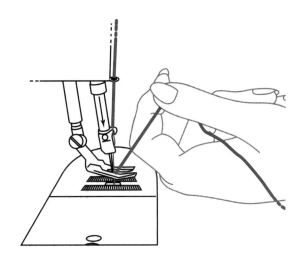

(2) 继续转动手轮，直到机针带出底线。拉动面线，底线会自动形成环形。

拉

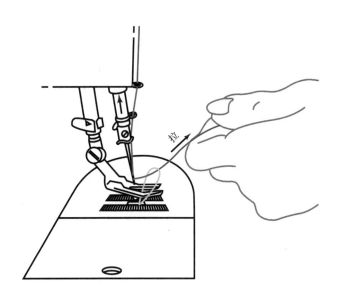

(3) 将环形底线向前拉，直至底线露出 7 ~ 8cm（3 英寸）。

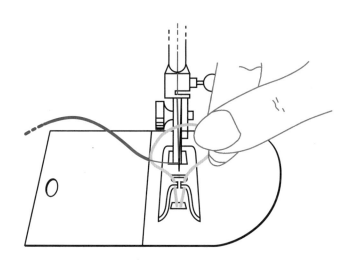

(4) 将面线和底线都放在压脚的下面，然后再拉向压脚的后面。

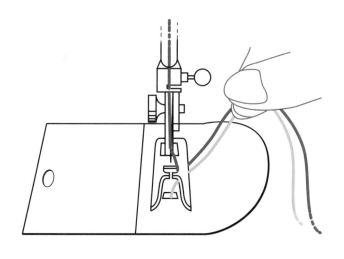

自动穿线

有些缝纫机具备自动或半自动穿线功能。

线迹调整与问题解决

缝纫机的设计并非使操作复杂化。但是，缝纫机如果不能正常工作，使用者则会倍感烦恼。如果使用者掌握了缝纫机的正确使用方法，则操作会变得容易。因此，请耐心学习缝纫机的使用方法并熟练掌握。表1.4 概括了一些缝纫机常见缝纫问题与处理方法。

表1.4
常见缝纫问题与处理方法

问题	处理方法
面料底层出现线环	穿线是否正确 夹线器中的线是合适（穿线时压脚是抬起还是放下）
跳针或针距不匀	机针是否装反 机针针号是否正确 穿线是否正确
针带不上线或断针	夹线器中的线是否正确 张力是否过紧 在缝纫过程中，是否有东西卡住了线的运行，如线轴 机针是否变钝？如果是，请更换机针
面料被拖进针孔	针板安装是否正确 直线缝时，请确保使用有一个小孔的直线缝针板，而不是有一个宽孔的之字缝针板
接缝抽褶	穿线是否正确？如果正确，则检查线的张力。请将线的张力调小，同时，可能还需要调整针距
面线张力不合适	面线张力太松：面料上层的线迹会比较浮松，面线被拉到面料底层形成线环 面线张力太紧：线迹将面料上层拉在一起，呈现褶皱效果 请查阅缝纫机说明书，正确调整面线的张力。对于大多数家用缝纫机而言，夹线旋钮设置为中间位置适用于大多数面料
底线张力不合适	底线张力太松：在面料上层可以看见线环 底线张力太紧：线迹将面料上层拉在一起，呈现褶皱效果

提示：

如果在面料底层出现不正确的线迹，则通常表明面线、张力或者机针出现问题。

如果在面料上层出现不正确的线迹，则通常表明梭芯或者梭芯的穿线出现问题。

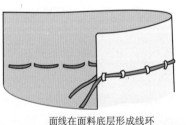

面线在面料底层形成线环

许多初学者都会遇到线从针孔中脱落的问题，这是因为压脚后面的线没有留够12～13cm（5英寸）。在开始缝纫的时候，请将挑线杆置于最高位置。

一定要经常清理缝纫机以防止灰尘堆积，及时去除残留的纱线和布片。请按照缝纫机说明书清理和加油，注意只能使用缝纫机油。

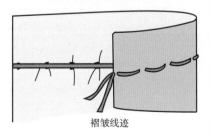

褶皱线迹

缝纫机与包缝机生产商

美国贝尼娜

3702 Prairie Lake Court
Aurora, IL 60504-6182
630-978-2500
http://www.berninausa.com

兄弟国际

100 Somerset Corporate Blvd.
Bridgewater, NJ 08807-0911
800-422-7684
http://www.brother-usa.com

富士华唯金

VSM Sewing
31000 Viking Parkway
Westlake, OH 44145
800-368-0001 or 440-808-6550
http://www.husqvarnaviking.com

美国车乐美（以前称 New Home)

10 Industrial Avenue, Suite 2
Mahwah, NJ 07430
800-631-0183
http://www.janome.com

美国重机股份有限公司

8500 NW 17th Street
Miami, FL 33126
http://www.juki.com/jus.html

工业用缝纫设备生产商

主要有：兄弟、Durkopf-Adler、重机、丰田（Toyota）、胜家、康秀、Union Special、利满地（Rimoldi）、Meier、百福、精工（Seiko）、美罗、US Blindstitch。

以下公司提供工业用缝纫机、部件及专业缝纫工具与设备。

费特公司（Feit Company）

1325 South Olive St.
Los Angeles, CA 90015
feitsew@company.com
www.feitcompany.com
West Coast Sales
1-800-526-7426
East Coast Sales
1-866-352-3348

服装用品股份有限公司（Fashion Supplies, Inc.）

1203 S. Olive Street
Los Angeles, CA 90015
PH: 213-749-5944
Fax: 213-749-2038
info@fashionsupplies.net

百福缝纫设备

31000 Viking Parkway
Westlake, OH 44145
800-997-3233 or 416-759-4486
http://www.pfaffusa.com

西尔斯（楷模缝纫设备）

Sears National Customer Relations
333 Beverly Road
Hoffman Estates, IL 60179
http://www.sears.com
http://www.kenmore.com

胜家缝纫公司

1224 Heil Quaker Blvd
PO Box 7017
LaVergne, TN 37086
800-474-6437 or 615-213-0880
http://www.singerco.com

塔科尼公司（Tacony）

(Distributor of brands listed below:)
1760 Gilsinn Lane
Fenton, MO 63026
800-422-2952
http://www.tacony.com
Babylock http://www.babylock.com
Elna http://www.elna.com

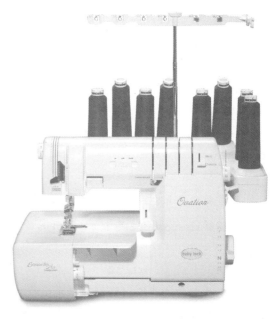

BABYLOCK OVATION 包缝机

第二章

识别服装材料

第二章 学习目标

通过阅读本章内容，设计师可以：

➢ 了解各种面料、纤维和后整理。

➢ 了解各种面料护理要求。

➢ 评估并选择与服装设计相匹配的面料。

➢ 了解面料的性能并作出选择。

➢ 熟悉各种衬布及其组织、纤维、热熔胶与服装制作用途。

➢ 了解面料的色彩、质地与手感。

面料、纤维

伴随着全球日益严重的污染问题，人们的环保意识逐渐增强，也希望在生产优质面料的同时减少对环境的影响，所有这些都促进了新面料的产生。新兴天然纤维与高品质混纺面料不断涌现，为我们带来了非常丰富优质的面料，从精细到纯朴，风格多样。

本章简要介绍了面料、纤维的相关知识，但是并非纺织品课程的讲解，纺织品课程会更加详细地介绍纺织品学科的知识。如果想要深入学习纺织品知识，请阅读仙童出版集团的相关著作。

面料质地

目前，一些工厂正在运用高新技术与设备生产有机纤维，这是面料领域中的一大要事，也反映了人们对新材料的不断探究。很多新型纱线、面料初看起来似乎属于传统材料，但是其后整理却极具创新性与复杂性。后整理的方法很多，有面料涂层、镀金属、做孔洞、水洗褪色、强捻、褶皱处理等，通过后整理可以使面料更加轻薄、耐用，手感也更好。将原材料的性能与后整理方法相结合，可以使面料的表面、外观和手感产生一些新变化。例如，一些被冠以"科技—天然"的混纺面料，大多数是采用天然纤维与合成纤维混纺而成，从而具备某些显著特色。一些工厂也将各种天然纤维混纺，如羊绒、蚕丝、羊毛，织成的混纺面料给人以轻盈、蓬松、保暖之感。一些优质面料，如羊绒、幼驼羊绒、马海羔羊毛和超细羊毛面料，通常采用一种传统又简单的后整理方法，如毡化、拉绒或起毛处理。此外，将羊毛、大麻、蚕丝

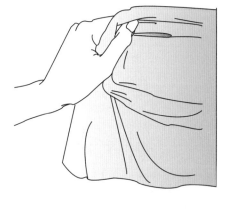

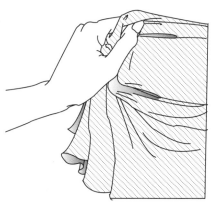

与涤纶混纺，得到的面料在外观和手感上变化细微；而将酒椰叶纤维、纸纤维与棉或亚麻混纺，得到的面料则有更加鲜明的质感和纹理。

棉的新加工工艺可以使棉织物柔软、富有光泽。天然纤维既可以与合成纤维混纺，也可以与其他天然纤维混纺，如已被市场接受的羊毛和棉混纺面料、羊毛和亚麻混纺面料等。超细织物是一种新材料，质地轻薄，服用性能好，手感非常舒服。

不论面料采用何种纤维与组织结构，其生产过程基本一致，即纤维先经过纺纱加捻形成纱线，然后采用机织或针织织造工艺形成织物，再通过后整理形成面料。通过染色或印花，可以给面料上色；通过后整理（通常是化学方法），可以提升面料的性能与外观，满足客户要求与最终用途。

纤维

面料之间的差异取决于其纤维种类以及纤维集合方式。纤维分为天然纤维与化学纤维。其中天然纤维又包含植物纤维与动物纤维，植物纤维主要有棉、亚麻、大麻、苎麻、玉米纤维和黄麻等；而动物纤维主要有绵羊毛、安哥拉山羊毛、安哥拉兔毛、骆驼毛和羊驼毛等。动物纤维中，蚕丝是唯一从昆虫——蚕上获取的纤维。

化学纤维在自然界中并不存在，需要以高分子物质为原料，通过各种化学处理和机械加工而成。植物原料，如木材、竹子、海藻等，含有天然纤维素，需要被粉碎成浆，并通过化学方法进一步处理成纺丝溶液；而其他植物原料，如大豆等，则含有植物性蛋白质。纺丝时，将纺丝溶液（或熔体）流经喷丝头，通过喷丝头上的微孔形成细流（与淋浴头的水流相似），从而生成连续的长丝。化学纤维包括：醋酯纤维、黏胶纤维、腈纶、锦纶、涤纶、氨纶和天丝等。

化学纤维已经用于商业用途中，并开辟了新的市场。如芳纶（杜邦公司生产的芳纶，并将其注册为Kevlar、Nomex）是一种高性能化学纤维，具有超高强度与优异的耐热性。芳纶在高温条件下不会熔融，当温度大于700℃时开始炭化、分解，回潮率5.5%。利用这种纤维可以制作热防护性服装，目前芳纶已经用于运动装与军事飞行员服装中，此外也用来制作防弹衣。

超细纤维是20世纪90年代的一个重要发展方向。超细纤维非常细，一根超细纤维比一根人发或蚕丝细很多。超细纤维织成的面料非常柔软、悬垂性好。利用超细纤维可以生产仿丝绸面料，其外观与手感都与丝绸相似。也可以生产轻薄的亚麻织物与耐洗、无缩绒性的毛织物，可以使织物具有丝绸般的手感。超细纤维通常由涤纶、锦纶制成，或者为涤纶与锦纶的复合物。

此外，可以将金、银、铜、不锈钢、铝等金属纤维制成细纱，再包覆另一种纤维制成纱线，然后通过机织工艺织成面料。

面料可以由单一纤维织造，也可以采用不同的纤维织造。有时候，由一种纤维织造的面料不具备所需要的使用性能，因此常常采用不同的纤维进行混纺或交织。例如，棉布易起皱，但吸水性好、柔软，将棉纤维与抗皱性好的涤纶混纺，织成的面料具有较好的抗皱性、吸湿性与柔软性。

生态环保纤维

生态可持续性问题在服装业引起了重大变化。人们在动、植物纤维的提取和加工中取得了新进展，产生了生态环保纤维、细羊毛织物以及特细特软的纱线等。人们推动科技进步，发明了改良的染色技术等，同时倡导对服装、再生塑料、有机棉以及其他材料的回收利用，这些都促使各种生态环保、功能性纤维的产生。

通过有机种植法与可回收、可生物降解的材料，可以获得生态环保纤维，从而推动有机纺织品的发展，例如利用有机棉、大麻、亚麻、苎麻、竹、大豆、玉米以及其他纤维素纤维和蛋白质纤维可以制成有机纺织面料。除了生产生态环保纤维、面料外，人们也在研发可以节约能源的印染、后整理技术。此外，羊毛是传统纺织材料，也是一种可再生资源，人们从羊身上剪下羊毛后，羊毛还可以再长出，因此在羊数年的生存期内都可以持续为人类提供羊毛。

新兴材料与传统材料并存，为我们提供了不计其数的织物组织、图案和色彩。运用纺织技术，可以将新纤维与传统的天然纤维、化学纤维混纺，形成各式各样的混纺面料。

生态可持续发展不仅影响了服装面料，也影响了商标、纽扣等服装辅料。现在，采用皮革、羊毛、纸和有机棉为原材料制作的商标越来越多，也有以牛角、植物象牙和珍珠母为原材料制作的纽扣，且数量也越来越多。

混纺面料

混纺面料是以两种或两种以上的纤维原料混纺成混纺纱，再织成的织物。通过不同纤维的混纺，可以提高面料的性能。混纺面料中，各纤维的含量可能不同，其中百分比最大的纤维对面料的特征与性能起决定性作用，如70%的棉和30%的锦纶混纺，其面料将更多地体现出棉纤维的性能。

很多时候混纺的目的是为了方便护理。由于加入了其他纤维，使混纺面料往往比原纤维纯纺面料性能有所提高，如增强耐用性、抗皱性，改善手感（变得更柔软或更舒适），减少缩水率等。也可以对混纺面料中的纤维成分进行鉴别、检测。

运用混纺工艺，可以生产各种各样的混纺面料。任何一种纤维都可以与其他纤维进行混纺，混纺面料中的纤维构成决定了面料的性能和特征，例如，现在有许多机织和针织面料中都含有氨纶，故面料具备较好的弹性。无论是天然纤维还是再生纤维、合成纤维，其加工技术都在不断改进、快速发展，从而推动了面料的不断发展变化。

检测纤维成分

美国联邦法律规定，未经开裁的面料必须准确标示纤维成分和护理保养方法。了解面料纤维成分对于正确处理面料非常重要。相关信息通常标示在成卷面料的一端。如果信息丢失或者不完整，商店售货员或许可以提供帮助。

如果不确定面料的纤维成分，可以采用燃烧鉴别法检测，操作简便易行，通过观察燃烧和灰烬的状态来确定纤维成分。

采用燃烧鉴别法时，要注意操作台的表面应不易燃烧，用镊子夹取一块面料小样，点燃一根火柴，将面料小样慢慢靠近火焰直至全部放入火焰中，观察其变化过程。它是缓慢燃烧还是自行熄灭？或是迅速燃烧、熔融，是否出现滴落现象？待其冷却后，再观察其灰烬的颜色、形状和硬度，灰烬呈细灰状还是熔融成硬块、硬球？请注意以下纤维的燃烧特征：

- ➢ **棉和黏胶纤维：** 迅速燃烧并伴有白烟，散发出烧纸气味，灰烬为灰白色的细灰，轻飘，一吹即散。
- ➢ **亚麻：** 点燃速度较慢，散发出烧树叶的气味，灰烬为灰白色的细灰，轻飘。
- ➢ **羊毛：** 缓慢燃烧，散发出特殊的烧毛发气味，灰烬非常松脆，一捏即碎，呈黑色粉末。
- ➢ **丝绸：** 燃烧时与羊毛相似，散发出特殊的烧毛发气味，灰烬为黑色，且更加细腻松脆。
- ➢ **竹纤维：** 迅速燃烧，散发出烧树叶的气味，灰烬为深褐色的细灰。
- ➢ **合成纤维：** 有些熔融燃烧、发出炽热的火焰并伴有滴落现象，灰烬多为黑硬球或黏着性块状物，冷却后用手极易捻碎，留下油性颗粒。
- ➢ **醋酯纤维：** 迅速燃烧，散发出刺激的醋酸气味，灰烬为不规则的黑色硬块。

纱向

了解基本的织物结构知识非常重要。纱向表明丝缕的方向。通常，直丝缕方向被称为经向，即经纱方向；横丝缕方向被称为纬向，即纬纱方向；与直丝缕、横丝缕呈45°的方向被称为正斜向，而非45°的方向则被称为斜向。每个纱向都有各自不同的特征，直接影响面料在人体上的悬垂效果。

经向线

面料的经向线平行于布边，指经纱方向。布边是指沿着面料长度方向的面料两边的边缘，织造得较为紧密结实。通常，经纱的强度好，但是拉伸性则弱于纬纱。在很多服装设计中，衣片的纵向丝缕一般为直丝缕，即经向。

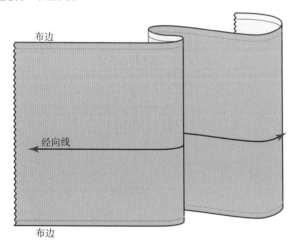

纬向线

面料的纬向线与经向线垂直，指纬纱方向，标记时从一布边画向另一布边。纬纱的拉伸性比经纱稍好，在服装设计中，衣片的横向丝缕一般为横丝缕，即纬向。

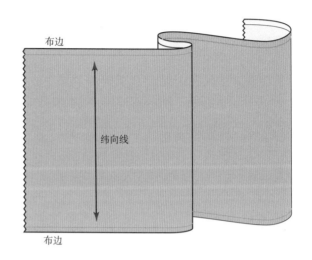

正斜线

面料的正斜向拉伸性明显好于经向、纬向。服装设计师使用斜裁法来使服装具有较好的垂感，其面料随着人体曲线起伏、自然垂下，呈现出非常优雅的服装外观。为了确定正斜线，将面料的纬向线朝一布边折叠，形成45°折角，其折叠线被称为正斜线。

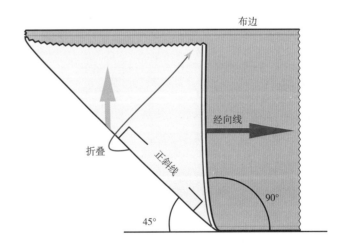

织物结构

短纤维、长丝和纱线由各种方法制成面料。其中，最常见的两种织造面料的方法是机织和针织，学习这两种织造方法有利于学习、掌握其他织造方法。

机织物

机织物由相互垂直排列的经纱和纬纱两组纱线组成，其纵向方向的纱线为经纱，横向方向的纱线为纬纱。经纱、纬纱按照一定的规律交织，可以形成**三原组织——平纹组织、斜纹组织与缎纹组织**，此外，还可以形成方平组织、提花组织和起绒组织等。

机织物的一个重要特性是其裁剪边缘容易脱散——组织结构越松散，裁剪边缘越容易脱散。通常，织物的组织结构越紧密，密度越大，织物的耐用性越好。

常见机织物

常见机织物主要有：细亚麻布、细平布、印花棉布、钱布雷布、灯芯绒、牛仔布、法兰绒、华达呢、纱罗、乔其纱、条格色织布、亚麻布、麦斯林、欧根纱、府绸、泡泡纱、雪克斯金细呢、塔夫绸、粗花呢、天鹅绒、平绒和巴厘纱等。

之后将按照纤维类别分别讲解各种机织物。

> **提示：**
>
> 用机织物制作服装，其接缝毛边需要处理，以确保经久耐用和易于护理。可以对接缝毛边进行锁边处理。

平纹织物

由经纱和纬纱一上一下相间交织而成。

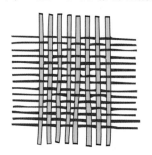

斜纹织物

斜纹织物的表面有斜向纹路。经（纬）纱在与一根或几根纬（经）纱进行交错前，至少要从另外两根纬（经）纱上面穿过，即纬（经）纱连续地浮在两根（或两根以上）经（纬）纱上。

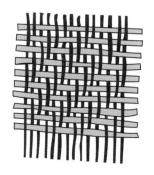

缎纹织物

纬（经）纱从一根经（纬）纱之上穿过，再从另外几根经（纬）纱之下穿过，即每隔多根纱线发生一次经纱与纬纱的交错，织物表面有较长的浮线，因此光泽较好。

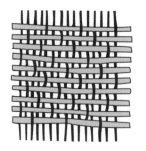

针织物

针织物是指将纱线弯曲成圈并相互串套而成的织物，针织物具有一个重要特征——伸缩性。很多纤维都可以用来制作针织物，针织物因纤维成分和织物组织的不同而在外观上有明显差异，由于所选纤维的性能不同，其针织物的性能也有所不同。通过选用不同的纤维，结合织物重量、质地和图案，可以形成各种针织物。现在，针织物已经广泛运用于服装设计中，运用时针织物必须与服装设计相符。

单面针织物

单针床的一排织针用于织物横向成圈。单面纬平针织物薄厚不一，从轻薄到中等再到厚重都有。不同于双面针织物，单面纬平针织物沿着纱向可以伸长大约 20%。这些单面针织物正面均呈平坦的纵条纹，反面则呈横条纹，一般用于制作 T 恤。

双面针织物

双针床的两排织针用来编织双面针织物，从而使织物获得两面相似的外观。双面针织物的重量从中等到厚重不等。这类针织物具有良好的保型性。

经编针织物

经编针织物为线圈纵向相互串套而成。特里科经编针织物是一种单面针织物，通常选用细支纱线织成，主要用作内衣材料和轻薄里布。这类针织物的正面呈现纵条纹，横向延伸性较好。

常见针织物

针织物的外观与性能取决于纤维成分、织物组织和重量，常见针织物主要有：运动衫绒布、天鹅绒、弹力丝绒、毛衫针织布、特殊纹理的针织布、含氨纶双向弹力针织布、罗纹针织布和起绒针织布等。这些针织物可以采用腈纶、涤纶、棉、羊毛等纤维纯纺或混纺，而且针织物有轻有重，非常多样。一些针织绒布甚至可以采用再生塑料制成。

本章按照纤维类别介绍各种针织物。此外，第十一章第 161 ~ 176 页详细介绍了各种针织物、针线选择及缝制工艺。

提示：

通过改变基本组织或线圈，可以形成丰富多样的针织纹理。

单面纬平针织物、双面针织物和罗纹织物均属于纬编针织物，其特性是具有纵条纹，并且横向比纵向延伸性更好。

花式针织物和特里科针织物属于经编针织物，比纬编针织物延伸性小、摩擦阻力大。

有机面料与天然面料

有机面料

有机面料的生产要求：不使用杀虫剂、不使用化学添加剂、不使用对人类和动物有伤害的物质、不对动物使用侵入性护理技术。

天然面料

天然面料是采用天然纤维制作而成，但是不必严格遵照上文所提及的有机面料的生产要求。生产天然面料的天然纤维主要有：棉纤维、亚麻纤维、蚕丝以及绵羊毛纤维，直到20世纪早期这些都是制作服装的主要原材料。

科技进步

科技进步促进了天然面料的现代化。当前纺织服装业注重调查研究、生产创新，并广泛运用超细纤维以及印染、混纺工艺，这些都使仿造天然纤维成为可能，也迎来了前所未有的新发展。除了常用的四大天然纤维——棉、亚麻、丝和羊毛外，面料中还出现了一些新兴纤维，如大麻、苎麻、竹纤维等。现在，完善、改变面料的方法很多，例如改变基本组成纤维（无论是新纤维还是旧纤维）、与不同纤维混纺、改变表面肌理以及运用后整理工艺等。这些既可以单独运用也可以多种结合运用，目的是提升面料的性能与外观，增加特色，满足当今的设计要求。一些最新的混纺织物，被誉为"天然—技术"织物，如羊毛与涤纶、丝与涤纶的混纺织物。

棉织物

棉织物是一种运用广泛的天然面料，其特点是：价格不贵，易护理，具有较好的强度、耐用性和舒适性，因此，棉织物是世界上常用服装面料之一。

种植棉花应注意，棉花生长期长。在花凋谢之后棉花植株不断生长，当棉铃成熟裂开时，显露出里面的白色纤维，这时就可以收棉花了。棉铃里的纤维用于生产面料，棉籽可以榨油也可以生产其他副产品。

现在，除了采用传统方式生产的普通棉之外，还有一种有机棉，二者之间的差别在于：有机棉必须符合有机生产标准，其面料后整理也必须符合相关要求。因此，有机棉比普通棉价格高。一些大型服装公司将有机棉与其他纤维混纺，以调整产品价格。

棉织物类别

轻薄型

例如：**细薄棉布、薄棉绸、棉纱罗、上等细平布、蝉翼纱以及巴厘纱等。**

用途：时装、晚礼服、层叠式服装的面料，里布、衬垫料等。

中等厚重型

例如：**结子线棉布、钱布雷布、扎光印花棉布（有光泽）、贡缎、牛仔布、绒布、棉华达呢、条格色织布、麦斯林、衬衫细平布、珠地布、绉布、府绸、泡泡纱、斜纹布以及平绒等。**

用途：运动装、休闲装、睡衣、童装、男衬衫、女衬衫和女便装的面料。

厚重型

例如：**结子线棉布、棉锦缎、雪尼尔织物、灯芯绒、贡缎、牛仔布、帆布、棉华达呢、马特拉塞凸纹布、毛圈织物、斜纹布、天鹅绒（针织、机织）和平绒等。**

用途：晚礼服、运动装、连衣裙、夹克、睡衣、西装和童装的面料。

亚麻织物

亚麻纤维来源于亚麻草本植物，这种植物生长在世界的许多地方，是最容易获取的纺织生产材料之一。目前，人类利用亚麻已有4000多年的历史。

亚麻织物的表面并不均匀平整，而是具有特殊的纹理。亚麻能吸收自身重量20倍的水分而不显潮湿，所以亚麻触感透凉干爽。亚麻纤维具有中腔结构，吸湿利汗性好，能有效抑制霉菌和真菌的生长，具有一定的抗菌作用。

通常，完成后整理的亚麻织物大多比棉织物显得粗犷，但是也有表面纹理均匀平整的麻织物，如薄型亚麻细平布，此外爱尔兰亚麻布、比利时亚麻布的表面也平整、光滑。

亚麻强度高，坚牢耐用（注意保养与洗涤方式），可生物降解，不易褪色，不虫蛀，不易引起过敏反应，易染色。虽然亚麻织物容易起皱，但具有较好的耐磨耐穿性能。

亚麻织物类别

亚麻织物样品

轻薄型

例如：薄麻纱、薄型亚麻细平布等。

用途：晚礼服、女衬衫和半裙的面料。

中等厚重型

用途：T恤、女衬衫、连衣裙、童装的面料。

厚重型

用途：裤子、西服裙、运动装、夹克、西服套装和外套的面料。

棉织物样品

丝织物

数百年来，丝织物一直是最奢华的面料，其纤维材料来源于蚕吐出的长丝。蚕丝用途广泛，可以加工成各类丝织物，如轻薄飘逸的雪纺、精美华丽的锦缎。世界不同区域的丝织物在类型上存在一定的差异，其他天然纤维面料也存在相同的情况。虽然许多面料的染色性能都很好，但却无法与丝织物媲美，后者富有自然柔和的光泽。丝织物通常手感柔软、质地细腻、吸湿性好，具有一定的耐用性与抗皱性（尤其是中等厚重型丝织物、厚重型丝织物），但容易产生静电。

家蚕（也称桑蚕）是家蚕蛾的幼虫，原产于中国北部，其分泌物凝固后形成蚕丝。制丝过程中，需要先对蚕茧进行高温处理，目的是杀死蚕蛹，避免蚕蛹化成蚕蛾破茧而出、破坏蚕丝。一个蚕茧可以抽出 300 ~ 600m（1000 ~ 2000）英尺长的蚕丝。2000 ~ 3000 个蚕茧可以产 450g（1 磅）丝。蚕丝的最终质量取决于茧丝质量与缫丝方法。蚕丝染色性好，可以染成各种颜色，形成色泽丰富的印花、提花丝织物。轻薄型、中等厚重型的丝织物大多可以水洗并悬挂晾干，但是必须轻柔洗涤；对于厚重型的丝织物和精美的丝绸服装，则建议干洗。

丝织物类别

轻薄型

例如：**雪纺、透明硬纱、乔其纱、丝网布、欧根纱、网纱、细薄绸**，一些**中国丝绸**也属于轻薄型。

用途：晚礼服、女衬衫、半身裙的面料，里布（稍重一点的丝织物尤其适合）。

中等厚重型

例如：**手感柔软光滑的丝织物——双绉、绉缎、缎背绉、天鹅绒、针织汗布和提花丝织物；手感坚挺平爽的丝织物——塔夫绸、缎、锦。**

用途：柔软光滑的丝绸适合做连衣裙、晚礼服、柔软的裤子、半身裙和夹克的面料；坚挺平爽的丝绸比其他中等厚重型的丝绸更显富丽厚重，尤其适合做晚礼服、新娘及其母亲礼服的面料。

厚重型

例如：**双宫绸、山东绸、真丝斜纹绸、真丝花呢、丝（或生丝）织物。**运用不同的蚕丝纱线和织造方法，可以使织物表面形成不同的纹理。

用途：定制服装、裤子、运动装和晚礼服的面料。

> **提示：**
>
> 丝织物缝制工具：机针应当锋利且完好无损，裁剪工具也应当锋利，否则可能会引起勾丝并损坏面料。

丝织物样品

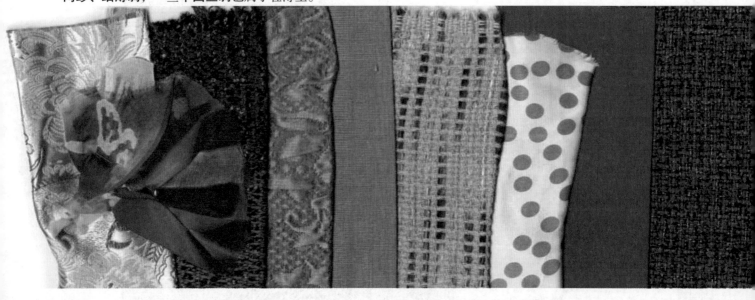

毛织物

　　动物纤维因具有生态环保的特性，故被人类用作服装材料已经几百年了。人类从绵羊、山羊、兔、骆驼、羊驼以及其他动物身上可以获得毛纤维，利用毛纤维可以织造毛织物，例如克什米尔山羊绒来自克什米尔山羊，羊驼毛来自羊驼（羊驼属于骆驼科），马海毛来自安哥拉山羊，安哥拉兔毛来自安哥拉兔。

　　对于羊毛纤维而言，新型纺纱工艺有利于生产，提升品种特性，使羊毛纤维更加精细，手感更加柔软。此外，人们也力求毛织物光滑平整，使其如丝绸般富有光泽、悬垂飘逸且穿着舒适。运用新型气流纺纱技术，可以生产透气轻盈的纱线，其重量可以减少近一半。

　　毛纤维手感柔软，具有较好的保暖性、耐用性与抗折皱性，其织物易于裁剪、缝制。毛纤维具有较好的吸湿性，能吸收自身重量30%的水分而不显潮湿，因此毛织物穿着干爽舒适，然而在湿润状态下其强度会变弱，容易被拉伸变形。当毛织物在湿、热和机械外力的作用下，容易发生粘缩，即缩绒现象。

毛织物类别

轻薄型

　　例如：**绒面呢和印花薄型毛织物**。

　　用途：晚礼服、连衣裙、围巾、半身裙、上衣和裤子的面料。

中等厚重型

　　例如：**法兰绒、华达呢、海力蒙（人字斜纹呢）、千鸟格花呢、粗花呢、绒面呢等**。

　　用途：男女套装、外套、西服、半身裙、裤子、运动装、游戏服装和轻便型大衣的面料。

厚重型

　　例如：**洛登呢、粗花呢和麦尔登呢等**。

　　用途：外套、户外服的面料。

其他天然纤维

多个世纪以来，服装行业中的主要纤维原料一直是棉、亚麻、蚕丝和毛纤维，此外还使用了其他天然纤维。20～21世纪，科学技术的进步推动了其他天然纤维面料的发展与运用，如竹、苎麻、大麻织物，这些新型面料正成为服装行业发展的重要趋势。将这些天然纤维与其他天然纤维、合成纤维混纺，可以产生许多富有特色的新型面料。

苎麻

苎麻纤维是世界上古老的纺织纤维之一，人类使用已有数千年之久。使用时，需要采用化学脱胶方法去除苎麻韧皮中的果胶等胶质。苎麻纤维的面料织造过程与亚麻相似。由于苎麻纤维强度高，吸湿性好，光泽自然，因此经常将苎麻与其他纤维混纺。通常，与苎麻纤维混纺的纤维主要有棉、羊毛、黏胶、蚕丝和涤纶。

苎麻的外观性能包括：抗菌性好，不易发霉，吸湿性好，耐污性好，湿态强度高，外观光滑，光泽自然，较耐水洗，具有一定的保型性和耐用性，但抗皱性与弹性较差。苎麻比亚麻更硬挺。

大麻

大麻纤维可以从大麻韧皮中获得。在纺织服装业中，大麻纤维是一种强度高、耐用性好的天然纤维，但与其他天然纤维相比，大麻纤维的保型性与弹性较差。大麻纤维可以与其他各种天然纤维、合成纤维混纺，大麻织物穿着舒服，垂感好。大麻具有天然的抗菌、防紫外线性能，吸湿性好，且使用、洗涤得越多，其手感会越软。大麻是多孔性纤维，因此被称为"会呼吸的纤维"，天气炎热时，穿着大麻织物的服装会感觉凉爽；而天气寒冷时，因大麻纤维中保存较多的空气，故穿着大麻织物的服装会感觉温暖。

再生纤维

竹

再生竹纤维来自竹浆粕，其生产过程与黏胶相似。美国联邦贸易委员会（Federal Trade Commission，简称FTC）规定，如果不是以竹原纤维（原生竹纤维）直接纺丝，则原材料成分应标记为"再生竹纤维"。很多再生竹纤维织物在生产过程中采用了化学方法，在以木为原材料的莱赛尔纤维的生产过程中也会采用这种化学方法。通过改进生产工艺，可获取竹纤维素。再生竹纤维可以和各种天然纤维、化学纤维混纺，如棉、涤纶和黏胶。再生竹织物的特性为：手感柔软，垂感好，吸湿性好，易染色且染色效果好。与大麻一样，竹纤维织物也具有天然的抗菌、防紫外线性能，因此，竹纤维织物适用于各类服装，包括泳装、贴身服装等。

苎麻、大麻和竹纤维织物的样品

黏胶和天丝织物的样品

既不是天然纤维也不是合成纤维

黏胶纤维

　　黏胶织物由黏胶纤维制成，生产过程中需要木材等原材料与化学溶液。黏胶的性能与棉、亚麻和蚕丝相似，手感柔软、悬垂性好、具有一定的耐用性、易染色。在美国，主要有两种类型的黏胶纤维：一种是普通黏胶纤维，湿态时强度变弱，尺寸稳定性变差，易变形，缩水严重；另一种是高湿模量黏胶纤维——富强纤维（莫代尔），湿态时强度较好，尺寸稳定性好。使用超细黏胶纤维织成的织物悬垂性好，具有像丝绸一样的手感和外观。

　　黏胶纤维吸湿透气，静电小，手感柔软，具有一定的耐磨性，染色性好，但织物容易起皱。黏胶纤维常常与其他纤维混纺，其织物常常用作各种高级成衣的用料。尽管制造商建议黏胶织物应干洗，但其实也可以轻柔水洗（手洗或机洗），使用冷水与温和的洗手液，洗后晾干。

莱赛尔纤维（天丝®）

　　美国联邦贸易委员会规定：莱赛尔纤维是通过有机溶剂纺丝法制得的纤维素纤维，以这种纤维织成的织物为莱赛尔织物。在用有机溶剂纺丝的生产过程中，可以形成溶剂的闭环回收、精制与再循环系统，溶剂的回收利用率高达 99.5%，废弃物极少。正是由于其生产过程环保且使用的是天然原料，故这种生产工艺荣获无数奖项，包括欧盟（European Union）颁发的"欧洲环境奖"。

　　目前，美国唯一的莱赛尔生产商是兰精集团，该集团将旗下莱赛尔纤维产品注册为天丝®（Tencel®）。天丝织物手感柔软，吸湿性好，耐用抗皱，可生物降解，易染色。由于天丝织物具有奢华的美感，因此许多顶尖设计师都喜欢采用。天丝材质的服装应当干洗或者轻柔手洗，并晾干。天丝的缩水率是 3%。

合成纤维与再生纤维

化学纤维——合成纤维与再生纤维最初是作为丝纤维和其他长丝的替代品而被研发出来的。一直到20世纪初期，化学纤维的发展还比较缓慢。市场上可以买到的第一批化学纤维是醋酯纤维和黏胶纤维，接下来则是锦纶、腈纶、涤纶、氨纶和天丝®。

化学纤维比大多数天然纤维便宜，因此很快就被人们所接受。通常，合成纤维吸湿性差，耐用性好，易洗快干，抗皱性好，不缩水，可以染色。合成纤维织物可以有各种纹理和形式，如打褶、起皱、珠状纹理以及金属质感等。

伴随着科技的进步，新的化学纤维还会不断涌现，并且有可能运用于服装业中。

锦纶

锦纶由人工合成的聚合物制得，锦纶是商业名称，也称为尼龙，其学名为聚酰胺纤维。锦纶是人类较早使用的合成纤维，1939年开始工业化生产，1940年被织成袜子。第二次世界大战期间，锦纶得到广泛应用，被用来制作降落伞、防弹背心、制服和轮胎。

锦纶比重小，质地轻，强度高，耐磨性好，具有一定的悬垂性，但是吸性较差，穿着闷热、不透气，易起静电，但易洗快干。锦纶可以与其他纤维混纺，使织物具有较好的保型性和耐磨性，经久耐用。锦纶的弹性回复力较好，可以与其他纤维混纺，织成丝绒或其他起绒织物，减少或避免织物受到损害。现在，锦纶主要用于袜子、内衣、运动装、夹克、裤子、半身裙、雨衣、滑雪服、风衣和童装等。

醋酯纤维

在20世纪初期，醋酯纤维被研发出来，这种纤维需要使用棉或木浆，即以纤维素为原料。1924年，杜邦公司（DuPont）和塞拉尼斯（Celanese）公司纺出醋酯长丝。醋酯织物具有像真丝一样的光泽，悬垂性好，易于染色。因为醋酯织物缩水率小、不霉不蛀，所以被广泛运用于里布和晚礼服中。醋酯纤维常与其他纤维混纺，以减少织物的起球性。

合成纤维织物样品

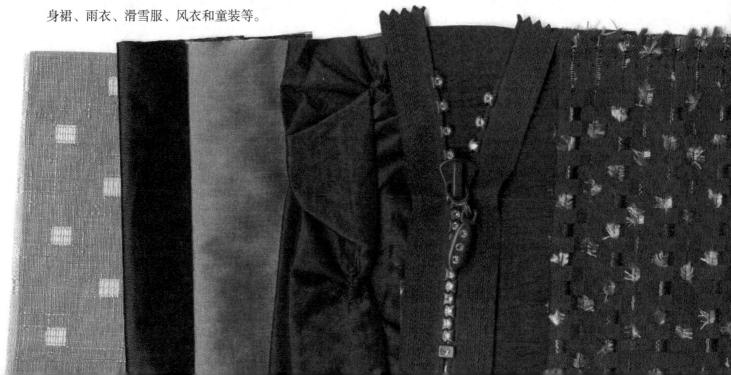

腈纶

腈纶由人工合成的聚合物制得，大约 1950 年开始工业化生产，常用来仿羊毛织物。腈纶织物质地轻，蓬松，手感柔软，悬垂性较好，染色鲜艳，具有一定的吸湿性，放湿速度快，穿着舒适，不虫蛀，不褪色，易于护理。腈纶织物在外观上与毛、棉的纯纺织物及混纺织物比较相似，但是耐磨性不是很好，容易起毛起球，也容易产生静电。腈纶常常运用于针织服饰中，如毛衫、抓绒衣、运动装、童装与袜子等。

氨纶织物样品

涤纶

涤纶由人工合成的聚合物制得，1953 年开始工业化生产。涤纶织物抗皱性好，保型性好，强度高，手感柔软，可以通过熨烫塑造褶裥或其他造型，易洗快干，洗可穿性好，易护理。涤纶制品形式多样，如可以仿丝织物，也可以以纤维形式作为枕头和被子的填充物。

涤纶可以与其他纤维混纺，以提高织物的耐用性与抗皱性，减少或避免织物受到损害，改善褪色、掉色。

氨纶

氨纶是由聚氨酯聚脲共聚制成的合成纤维，于 1959 年研发成功。氨纶具有高弹性，可以拉伸 600 次并回复至原来状态，此外，还具有一定的舒适性，可以染色。含有氨纶的织物富有弹性与回复性。氨纶多运用于运动装和泳装，现在也常常运用于日装、童装与晚礼服中。

合成纤维和再生纤维织物样品

混纺织物

混纺织物由两种或两种以上通过加捻或纺在一起的纤维组成，可以提高织物的性能。混纺织物中，含量比例高的纤维决定了面料的性能和特征，例如，70%的棉与30%的涤纶混纺，其织物具有棉的特征多、涤纶的特征少。运用混纺工艺，不同纤维之间可以混纺，从而产生丰富多样的混纺织物。选择何种纤维决定了织物的性能和特征。

很多织物之所以混纺多是出于护理方便。将一种纤维与其他纤维混纺，可以使织物具有更好的性能或外观，如耐用性提高、手感更柔软或更光滑、抗皱性增强、缩水率降低等。织物中每一种纤维的名称及含量都应标示在成卷面料的一端。

许多机织和针织物中都含有氨纶，这很常见。目前，天然纤维与化学纤维的生产发展迅速，产品不断推陈出新，这必然推动面料的发展。

混纺织物样品

起绒、起毛织物

起绒织物

起绒织物具有立体感，表面有一层裁剪或成圈的直立纱，底布是针织物或机织物。一些起绒织物模仿天然毛皮，故以**人造毛皮**著称。起绒织物美观、耐用，并且具有一定的保暖性。起绒织物可以由多种纤维混纺而成，其种类包括**毛圈花式线织物、雪尼尔、灯芯绒、人造毛皮、毛圈布、丝绒、平绒、天鹅绒和部分绒布**等。

起毛织物

起毛织物的表面覆盖了一层顺序倒伏的细小纤维，可以对纤维末端修剪或刷毛处理。起毛织物的种类包括**法兰绒、绒布、麦尔登呢、拉绒或拉毛织物、仿麂皮织物以及驼毛织物**。

起绒、起毛织物的裁剪

当裁剪起绒、起毛织物时，需要单向排料。当裁剪有明显方向性的印花面料时，也需要单向排料。当裁剪育克、领、口袋或袖克夫时，如果采用与面料毛倒向相反的方向排料，则会在外观上形成一种对比（参阅第四章"准确裁剪面料"内容）。

提示：

当裁剪起绒、起毛织物时，通常采用服装穿着时毛向朝下的方向进行排料。

当确定面料裁剪的毛倒向后，对主要的衣片通常按照统一方向裁剪。如果反方向裁剪，则会产生不同的纹理和色差。

起绒、起毛织物样品

花边

　　花边是一种用线织成的网状织物，一种透孔织物，其孔眼可以通过去除机织物中的纱线或织物而形成，也可以织成，使孔眼成为花边的组成部分。制作花边时，需要将纱线弯曲成圈、扭曲或者将其与独立于底布的其他纱线编织在一起。历史上，制作花边的纱线有亚麻线、蚕丝线和金属线。

　　现在，花边已用于各种类型的服装中，从便装到晚礼服都有。花边可以作为面料独立使用，也可以与其他时尚面料组合使用。

　　如今，花边中经常使用棉线及混纺纱线。其图案可以设计为简洁的平面风格，以金属线、浮线、钉珠、刺绣为特色。通常稀疏的机织花边可以用弹力线织成。花边都具有一定的图案，故裁剪或缝制时必须予以注意。这里展示了几种类型的花边（由于纱线的类型和克重不同而存在显著差别）、底布组织材料以及图案。

> **提示：**
> 　　如图所示，缝制时请挑选具有"花边带"的隐形拉链，以便隐藏拉链。

花边样品

里布

新型里布

服装衬里用于服装的里层，其选配一定要合适，然后将里布与面料缝合在一起制成服装。给服装选配里布，可以提高服装的丰满度与耐用性，同时也使服装里层更加美观。

如今，织造厂已研发了各种新型里布，例如利用超细纤维制成的**传统斜纹里布、轻薄的链式经编里布，或正面为棉绒布背面为锦纶的里布**，这些都是当下最新里布。里布的织物类型非常丰富，选择合适的里布可以使服装更易于穿着，整体设计更美观，具有较好的透气性与保暖性，满足穿着所需。

里布样品

里布选配指南

当选配里布时，应确保里布质量合格，符合设计要求，并与服装面料相匹配。此外，还应考虑里布的颜色、质地、重量、纤维成分、织物组织和后整理，确保里布选用合适。通常，用于服装的里布比面料轻，避免服装成品变形。

通常作为里布的材料有：**醋酯纤维、涤纶、棉布、锦纶、蚕丝**的纯纺织物，此外还有混纺织物，包括**黏胶/涤纶、棉/锦纶、涤纶/锦纶、丝/涤纶**的混纺织物。对于用透明印花面料制作的女衬衫，可以选用最新的轻薄混纺织物——涤纶/棉双罗纹织物。

> **提示：**
>
> 使用棉包涤包芯线或者丝光棉线、11/75机针。

表2.1
里布选配指南

里布重量	材料类型	特征	护理提示
轻薄型里布：用于西服、夹克、外套、西裤和半身裙	100%棉织物或涤纶混纺织物	在接缝处容易散开或被撕开	机洗；可能需要预缩和干洗
	100%醋酯纤维织物	由于光滑、光泽整理，织物表面光滑，接缝处容易散开或被撕开	只能干洗
	涤纶/黏胶纤维混纺织物	由于光洁度整理，织物表面光滑，接缝处容易散开或被撕开	机洗和干洗
	涤纶绸	强度高，坚牢耐用	机洗和干洗，低温熨烫
	黏胶或醋酯缎背绸	织物表面光滑，具有一定的柔韧性与身骨	必须干洗
中等厚重型里布，用于紧身胸衣、连衣裙和晚礼服	缎纹织物（涤纶或醋酯纤维织物）或塔夫绸（醋酯纤维或涤纶织物）	织物具有身骨，保型性好，表面光滑，坚牢耐用	涤纶织物适合机洗；醋酯纤维织物适合干洗

衬布

与服装面料一样，衬布的纤维、组织结构也非常多样。衬布必须与服装面料的重量、手感和弹性相匹配。衬布的作用是**支撑服装的特定部位，保持服装的造型**。

衬布选配指南

当选配衬布时，应确保衬布不会增加服装面料的负担，也不会对服装的最终造型产生不利影响。不能只凭感觉来选择衬布，因为当衬布与面料结合时，其性能会发生改变。选择衬布的依据是纤维成分、组织结构、后整理（熨烫或缝合）、颜色和重量。表2.2中介绍了五种类型的衬布，并指导如何选择最合适的衬布来提升服装的外观、耐用性、保型性与舒适性。

纤维成分

衬布通常采用天然纤维（如棉纤维）或者化学纤维（如锦纶、涤纶或黏胶纤维）制成。很多衬布为天然纤维和化学纤维的混纺制品，其纤维比例多种多样。伴随着新兴技术的发展，衬布的纤维原料还会不断丰富、变化。选择衬布一定要与服装面料相匹配，确保服装成品在护理、缩水以及耐洗方面达到要求，符合标准。相反，如果选择不匹配的衬布，则可能会损害面料，例如，100%锦纶衬布会使含有氨纶的弹力牛仔面料变形，锦纶/涤纶混纺衬布也会对100%的黏胶、棉或轻薄羊毛纯纺织物产生影响。

组织结构

衬布按照底布织造类型，可以大致分为以下五种：

机织衬

机织衬由经、纬纱线构成，其底布类型多样，有**上等细棉布、细亚麻布、网眼布、蝉翼纱和帆布**。机织衬有多种重量和颜色可供选择。

纬编衬

纬编衬采用机织和针织工艺相结合而制成。特里科经编结构纬向编织较为疏松，而经向则采用了传统的织造方式。服装工业领域已运用纬编衬多年，现在家用缝纫领域中也开始运用纬编衬。结构疏松的纬编衬主要用来加强外套和西服的前身；而紧密轻薄的纬编衬则主要用于丝织物和合成纤维织物。纬编衬正在迅速取代毛衬。

纬向加固无纺衬

纬向加固无纺衬，是一种具有纬向嵌入的无纺衬。未经纺织的纤维沿经向排列，经编针织在纬向较为疏松编织成圈。缺点是容易被撕开。

注：这种衬布不耐用，因此不用于服装工业中。

经编衬

经编衬通常为100%锦纶经编针织物，具有一定的防脱性。这种衬布轻薄，手感舒适。经编针织衬适用于针织面料，如特里科黏合衬和Easy Knit品牌针织衬布。经编针织衬各方向都有一定的延伸性，因此柔韧性好。大多数针织衬都是热熔胶黏合衬。

无纺衬

无纺衬一般为无纺黏合衬。这种衬布通过对交叉排列的纤维网进行热黏合或热轧而形成底布，使其横向具有一定的延伸性与回复性，无纺衬在外观和手感上与机织物具有一定的相似性。无纺衬丰富多样，从细薄、透明到牢固各种类型都有，并且有各种颜色可供选择，适用于各类轻薄、中等厚重及厚重面料。

无论是黏合衬还是缝合衬，衬布的底布可以采用以上加工类型。当衬布与服装面料缝合或粘连在一起时，衬布的性能就会有所改变。表2.2所示为衬布选配指南。

> **提示：**
>
> 在服装工业中，通常不对衬布进行预缩处理。所有用于缝制生产的衬布都含有涤纶或锦纶纤维，可以防止成品收缩。

重量

重量是选择衬布的主要因素。衬布的重量与其质地、密度与悬垂性有关。由于衬布所用纤维类型及组成不同、所用热熔胶的用量与类型不同，因此衬布的重量也存在显著差异。

提示：

当裁剪无纺衬（又称非织造衬）的时候，必须注意所有纸样的经、纬纱向，确保敷衬后的面料裁片的经向、纬向与斜向正确。

表2.2
服装缝制生产常用的五种衬布

衬布类型	颜色	衬布与面料的结合方式	说明
涤纶/黏胶混纺纬编衬	白色和黑色	黏合	用于女外套前片，适合裙装、礼服面料，确保手感柔和、弹性小、造型工整
通用型涤纶/锦纶无纺衬	白色和深灰色	黏合	在性能上与机织面料具有相似性，如有经向、纬向与斜向之分，几乎适合所有面料，尤其适合100%黏胶面料、细棉布以及混纺面料；确保手感柔和；针对黏胶面料以及其他难以粘衬的面料，可采用一种特殊的热熔胶
100%锦纶经编衬	白色和黑色	黏合	具有极好的柔软性与悬垂性，广泛适用于各种针织面料；与针织面料容易黏合，且效果很好；注意很多针织服装为无领设计，领口采用罗纹或绲条完成，因此不需要粘衬
100%涤纶经编衬	白色和黑色	黏合	采用超细纤维织成，为经编针织衬，没有弹性，质地柔软、轻薄，尺寸稳定性好；适合透明面料、乔其纱和轻薄面料；对于亚麻布和丝绸而言，这种衬布是不错的选择
100%棉机织衬	白色和黑色	黏合	一种非常优质的机织黏合衬，很多轻薄机织面料与中等厚重机织面料都适用，包括精纺纯毛面料和混纺面料；不适合非常精细的面料，也不适合纯化纤长丝织物，如醋酯纤维、锦纶面料；使用时，必须预缩处理

黏合衬与缝合衬

缝合衬，不是黏合衬，其表面没有热熔胶。缝合衬有多种颜色和重量可供选择。使用时，通过机器将缝合衬假缝或锁边在服装面料上。

黏合衬的一面涂有热熔胶，通过熨烫可以将黏合衬与面料黏合在一起。衬布表面分布的热熔胶胶点数量与尺寸可以变化，30目（mesh）属于小胶点，17目属于大胶点。30目胶颗粒细小，且每英寸范围内分布的数量多，通常用于轻薄细致的面料；17目胶颗粒大、分布的数量少，通常用于厚重和中等厚重面料。一些黏合衬表面的热熔胶分布较广、胶粒较大，导致面料变硬、胶点可见。而一些黏合衬与面料结合较好，能保持面料的性能，同时可增加服装成品所需的挺括度。

取一小块服装面料进行黏合衬检测，这非常重要，检测黏合衬是否过于僵硬或挺括，同时确保面料正面不会显露热熔胶。

预缩衬布

在服装工业中，一般不对衬布进行预缩处理。服装工业用衬布的成分多为涤纶或锦纶，从而避免服装成品出现衬布缩水现象。为了便于读者参考，表2.2（第49页）中列举的前四种衬布为服装常用衬布，无须预缩处理。如果按照推荐指南选用这四种衬布，则不用预缩衬布。

如果衬布中不含涤纶或锦纶，则建议对衬布进行预缩处理。预缩时，请小心地将衬布反面相对对折，然后放入热水中浸泡约20分钟，从热水中取出衬布，用毛巾吸掉多余的水分，再放在通风干燥处直至晾干。对于需要干洗的服装成品，熨烫时可以使用蒸汽熨烫，但不要用熨斗直接接触衬布，否则容易变形。

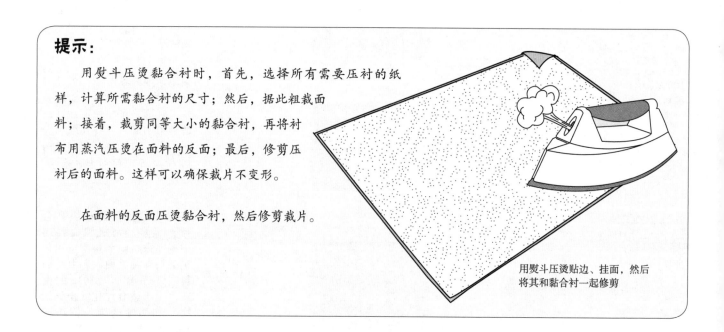

提示：

用熨斗压烫黏合衬时，首先，选择所有需要压衬的纸样，计算所需黏合衬的尺寸；然后，据此粗裁面料；接着，裁剪同等大小的黏合衬，再将衬布用蒸汽压烫在面料的反面；最后，修剪压衬后的面料。这样可以确保裁片不变形。

在面料的反面压烫黏合衬，然后修剪裁片。

用熨斗压烫贴边、挂面，然后将其和黏合衬一起修剪

敷衬——黏合衬

黏合衬广泛运用于压衬工序中。大部分熨斗都有一个从低温到高温的熨烫温度范围。如果熨斗温度过低，则无法粘上衬布。请使用一小块服装面料和黏合衬来测试熨斗温度。

1 裁剪好衬布。对于需要压衬的部位，将衬布带胶的一面与面料的反面相对。

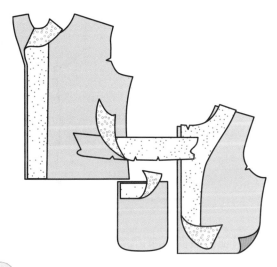

2 使用蒸汽熨斗压衬，注意喷汽并按压。如果衬布不能与面料黏合，则可取一块潮湿的垫布放在熨斗与衬布之间，加大蒸汽量，同时持续喷汽并增加压力。

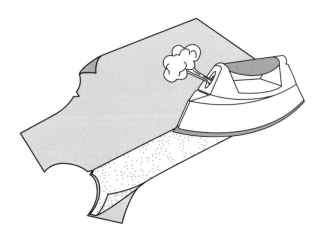

3 将挂面外口做出净边，操作可以采用机器包缝线迹或之字缝线迹固定，也可以将挂面外口缝份内折 0.64cm（1/4 英寸）并缝合固定。

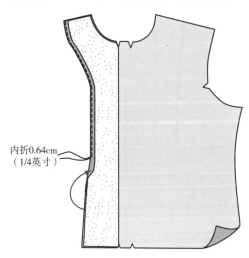

内折0.64cm
（1/4英寸）

提示：

如果压衬后的衣片过硬，说明选择的衬布不合适，可以选择热熔胶较少的黏合衬。

如果衬布不能与面料黏合，则说明压衬时的蒸汽量和压力不够，这时可以取一块潮湿的垫布以便增加蒸汽量。当然，更便捷的解决办法是使用蒸汽熨斗，加大蒸汽量与压力。在高温与蒸汽的作用下，黏合衬的热熔胶会熔化在面料上。如果热熔胶不熔化，则黏合衬无法与面料黏合。

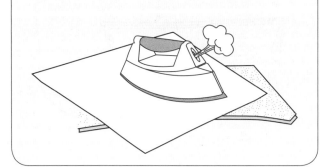

敷衬——缝合衬

缝合衬是不含热熔胶的衬布，使用时通过机器假缝或锁边在衣片上。

① 裁剪衬布。用大头针将衬布固定到衣片或挂面的反面上，对齐衣片和衬布的外口边缘。

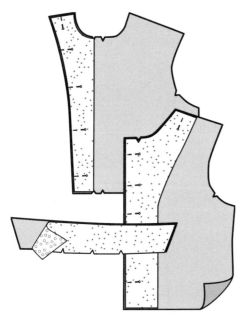

② 距外口边缘 0.64cm（1/4 英寸）处机缝固定。

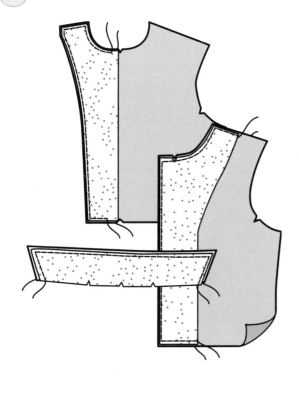

③ 如果有需要，可以用机器或手工三角针线迹将衬布的活动边缘与面料的反面缝合。

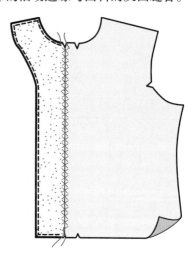

④ 将挂面外口做出净边，操作时可以采用机器包缝线迹或之字缝线迹固定，也可以将挂面外口缝份内折 0.64cm（1/4 英寸）并缝合固定。

> 首先，将外口缝份内折，包住衬布。

> 然后，使用手工缭缝线迹、机器包缝线迹或之字缝线迹缝合固定，防止衬布起泡。

内折0.64cm
（1/4英寸）

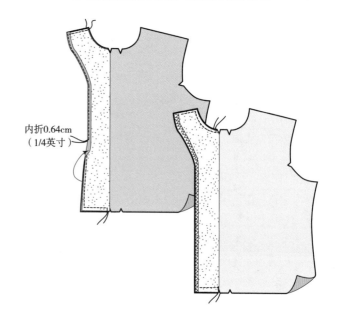

第三章

人体体型与规格尺寸表

第三章 学习目标

通过阅读本章内容，设计师可以：

➤ 理解服装与人体的关系。
➤ 确定各种体型与测量方法。
➤ 确定每一类体型的尺寸。

女性体型与规格尺寸表

在确定纸样的规格尺寸之前，应了解人体所属的体型类别，这非常重要。体型是对人体形状与身高的总体描述。以下列图表说明女子、男子与儿童的各种体型。

确定人体所属的体型后，应进行精确的人体测量，以此确定纸样的规格尺寸。人体测量时，被测者应着内衣或紧身衣，赤足，在腰间系一条标记带作为参照线。

测量胸围、腰围与臀围（最丰满部位），再测量后背长、后颈点到腰围线的长度、袖长，并记录所有测量数据。

测量表

（松量，指在纸样制图中根据需要加放的余量，即加放量。）

要想服装合体，首先应确保人体测量精准，这非常重要。为了获得精准的人体测量数据，被测者应着内衣。测量时，切记不要将皮尺拉得过紧，并在被测者腰间系一条标记带作为腰围线。

胸围 _____
沿胸部最丰满处水平围量一周。

腰围 _____
沿腰部标记带水平围量一周。

臀围 _____
沿臀部最丰满处（臀凸点）水平围量一周。

中臀围（腹围）_____
沿腹部最丰满处水平围量一周。

臂围 _____
沿手臂最粗处围量一周。

肩长 _____
从领后中心点到肩端点的长度。

胸高 _____
从颈侧点到乳点的直线长度。

前腰节长 _____
从颈侧点沿乳点到腰围线的长度。

后腰节长 _____
从颈侧点沿肩胛骨到腰围线的长度。

全臂长 _____
从肩端点到手腕尺骨点的长度。

腕围 _____
沿尺骨点围量手腕一周。

女少年小号体型，150～160cm（59～63英寸）

女少年小号体型的身材娇小，身高较矮，三围差异不大，这通常也是年轻成年女子体型特点。

纸样规格/成衣规格	XS		S		M	L
	3 - 4	5 - 6	7 - 8	9 - 10	11 - 12	13 - 14
胸围（英寸）	30½	31½	32½	34	36	38
腰围（英寸）	23	24	25	26½	28	30
臀围（英寸）	32½	33½	34½	36	38	40
背长（英寸）	14½	14¾	15	15¼	15½	15¾
胸围（cm）	77.5	80	82.6	86.4	91.4	96.5
腰围（cm）	58.4	61	63.5	67.3	71.1	76.2
臀围（cm）	82.6	85.1	87.6	91.4	96.5	101.6
背长（cm）	36.8	37.5	38.1	38.7	39.4	40

女青年小号体型，150～160cm（59～63英寸）

将女青年小号体型与女少年小号体型相比，前者体重稍偏重，身材更丰满，身高较矮，肩宽较窄，胸部更高，腰部更粗。

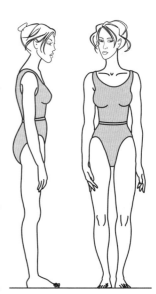

纸样规格/成衣规格	S		M		L	
	5 - 6	7 - 8	9 - 10	11 - 12	13 - 14	15 - 16
胸围（英寸）	32	33	34	35	36	38
腰围（英寸）	24	25	26	27	28	30
臀围（英寸）	35	36	37	38	39	41
背长（英寸）	14¾	15	15¼	15½	15¾	16
胸围（cm）	81.3	83.8	86.4	88.9	91.4	96.5
腰围（cm）	61	63.5	66	68.6	71.1	76.2
臀围（cm）	88.9	91.4	94	96.5	99.1	104.1
背长（cm）	37.5	38.1	38.7	39.4	40	40.6

女青年中号体型，163～175cm（64～69英寸）

女青年中号体型的发育完全，三围差异明显，腰节较长，胸部与臀部丰满，通常较为苗条。

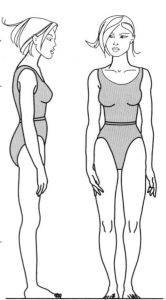

	XS		S		M		L	
美国纸样规格	6		10	12	14	16	18	20
欧洲纸样规格	36	38	40	42	44	46	48	50
成衣规格	2	4	6	8	10	12	14	16
胸围（英寸）	31	32	33	34½	36	38	40	42
腰围（英寸）	23	24	25	26½	28	30	32	34
臀围（英寸）	33	34	35	36½	38	40	42	44
背长（英寸）	15½	15¾	16	16¼	16½	16¾	17	17¼
胸围（cm）	78.7	81.3	83.8	87.6	91.4	96.5	101.6	106.7
腰围（cm）	58.4	61	63.5	67.3	71.1	76.2	81.3	86.4
臀围（cm）	83.8	86.4	88.9	92.7	96.5	101.6	106.7	111.8
背长（cm）	39.4	40	40.6	41.3	41.9	42.5	43.2	43.8

女子大号体型，163 ~ 175cm（64 ~ 69 英寸）

女子大号体型具有与女青年中号体型一样的三围比例，但身材更为丰满，通常腰部和胸部的围度与厚度更大。

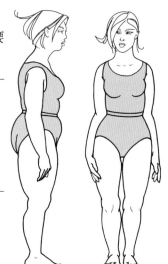

纸样规格	38	40	42	44	46	48	50
成衣规格	14W	16W	18W	20W	22W	24W	26W
胸围（英寸）	38	40	42	44	46	48	50
腰围（英寸）	34	36	38	40	42	44	46
臀围（英寸）	42	44	46	48	50	52	54
背长（英寸）	17¼	17⅜	17½	17⅝	17¾	17⅞	18
胸围（cm）	96.5	101.6	106.7	111.8	116.8	121.9	127
腰围（cm）	86.4	91.4	96.5	101.6	106.7	111.8	116.8
臀围（cm）	106.7	111.8	116.8	121.9	127	132.1	137.2
背长（cm）	43.8	44.1	44.5	44.8	45.1	45.4	45.7

矮胖女子体型，152 ~ 168cm（60 ~ 66 英寸）

矮胖女子体型的身材较胖，腰节短，身高更矮，体重更重。这通常是已过了更年期的妇女体型。

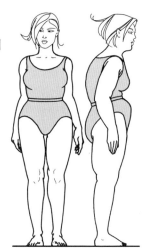

纸样规格/成衣规格	14½	16½	18½	20½	22½	24½
胸围（英寸）	37	39	41	43	45	47
腰围（英寸）	31	33	35	37½	40	42½
臀围（英寸）	39	41	43	45½	48	50½
背长（英寸）	15½	15¾	15⅞	16	16⅛	16¼
胸围（cm）	94	99.1	104.1	109.2	114.3	119.4
腰围（cm）	78.7	83.8	88.9	95.3	101.6	108
臀围（cm）	99.1	104.1	109.2	115.6	121.9	128.3
背长（cm）	39.4	40	40.3	40.6	41	41.3

女子加大号体型，163 ~ 175cm（64 ~ 69 英寸）

女子加大号体型特点是圆肩，肩宽尺寸可参照常规体肩宽尺寸，但是腹围赘肉多，臂膀更粗壮，胸围罩杯更大。根据尺寸，女子加大号体型又可以分为以下几种类型：苹果体型——胸围和臀围围度相同；鲁本斯绘画体型——臀围通常比胸围大25.4cm（10英寸）；梨子体型——臀围通常比胸围大30.5cm（12英寸）。这三种体型都没有匀称的腰身。

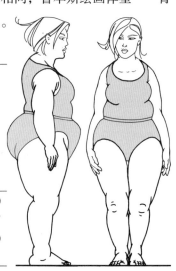

纸样规格	XXL	1X	2X	3X	4X	5X	6X
成衣规格	18 ~20W	22 ~24W	26 ~28W	30 ~32W	34 ~36W	38 ~40W	42 ~44W
胸围（英寸）	44 ~ 45	46 ~ 48	50 ~ 52	54 ~ 56	58 ~ 60	62 ~ 64	66 ~ 68
腰围（英寸）	36 ~ 37	38 ~ 40	42 ~ 44	46 ~ 48	50 ~ 52	54 ~ 55	56 ~ 58
臀围（英寸）	50 ~ 52	54 ~ 56	58 ~ 60	60 ~ 62	66 ~ 68	70 ~ 72	74 ~ 76
臂围（英寸）	15½	16½	18	19½	21	22½	24
胸围(cm)	112 ~ 115	117 ~ 122	127 ~ 132	137 ~ 142	147 ~ 152	155 ~ 160	165 ~ 170
腰围(cm)	92 ~ 94	97 ~ 102	107 ~ 112	117 ~ 122	127 ~ 132	137 ~ 140	142 ~ 147
臀围(cm)	122 ~ 132	137 ~ 142	147 ~ 152	155 ~ 160	165 ~ 170	175 ~ 180	185 ~ 190
臂围(cm)	39.5	42	45	49.5	53	57	61

儿童体型与规格尺寸表

通常，童装按照年龄划分服装的规格。然而由于儿童生长发育的速度不同，因此他们适合同一服装规格的时间并不完全同步，有的早、有的晚，这取决于其生长发育的速度。鉴于此，应当经常对儿童进行人体测量，并将测量数值与列表中的纸样规格进行对比，确定相对应的规格。

婴儿，61 ～ 91cm（24 ～ 36 英寸）

对于刚出生至 18 个月大的婴儿，其服装规格取决于婴儿的体重与身高。通常，男、女婴儿的服装在款式上相似，主要区别在于色彩和细节。

婴儿

纸样规格	刚出生 ~3个月	3~6个月 S	6~12个月 M	12~18个月 L
体重（磅）	14	15~20	21~26	27~32
身高（英寸）	24	24½~28	28½~32	32½~36
体重（千克）	6.4	6.8~9.1	9.5~11.8	12.2~14.5
身高（cm）	61	62.2~71.1	72.4~81.3	82.6~91.4

幼儿，79 ～ 102cm（31 ～ 40 英寸）

男、女幼儿的服装规格相同，但款式设计略有差异，服装的主要区别在于色彩。

幼儿

纸样规格	1T	2T	3T	4T
身高（英寸）	31	34	37	40
胸围（英寸）	20	21	22	23
腰围（英寸）	19½	20	20½	21
臀围（英寸）	20	21	22	23
身高（cm）	78.7	86.4	94	101.6
胸围（cm）	50.8	53.3	55.9	58.4
腰围（cm）	49.5	50.8	52.1	53.3
臀围（cm）	50.8	53.3	55.9	58.4

小女童，99 ～ 119cm（39 ～ 47 英寸）

对于学龄前至一年级的小女童，其服装与小男童服装在款式上相似，主要区别在于色彩和细节。

小女童

纸样规格	4	5	6	6X
身高（英寸）	39	42	45	47
胸围（英寸）	23	24	25	25½
腰围（英寸）	21	21½	22	22½
臀围（英寸）	23	24	25	26
身高（cm）	99.1	106.7	114.3	119.4
胸围（cm）	58.4	61	63.5	64.8
腰围（cm）	53.3	54.6	55.9	57.2
臀围（cm）	58.4	61	63.5	66

小男童，99 ～ 124cm（39 ～ 49英寸）

对于学龄前至一年级的小男童，其服装与小女童服装在款式上相似，主要区别在于色彩和细节。

纸样规格	4	5	6	6X
身高（英寸）	39	42	45	49
胸围（英寸）	23	24	25	25½
腰围（英寸）	21	21½	22	22½
臀围（英寸）	23	24	25	26
身高（cm）	99.1	106.7	114.3	124.5
胸围（cm）	58.4	61	63.5	64.8
腰围（cm）	53.3	54.6	55.9	57.2
臀围（cm）	58.4	61	63.5	66

小男童

大女童，127 ～ 155cm（50 ～ 61英寸）

与十几岁的少女相比，大女童身高更矮。大女童的身体刚刚开始发育，体型开始显现三围差，服装款式也更时尚。

纸样规格	7	8	10	12	14
身高（英寸）	50	52	56	58½	61
胸围（英寸）	26	27	28½	30	32
腰围（英寸）	22½	23½	24½	25½	26½
臀围（英寸）	27	28	30	32	36
身高（cm）	127	132.1	142.2	148.6	154.9
胸围（cm）	66	68.6	72.4	76.2	81.3
腰围（cm）	57.2	59.7	62.2	64.8	67.3
臀围（cm）	68.6	71.1	76.2	81.3	91.4

大女童

大男童，122 ～ 155cm（48 ～ 61英寸）

大男童与大女童在身高上略有差异。大男童的服装通常模仿成年男子服装款式。一些大男童的裤装包含了偏瘦型和加肥型。

纸样规格	7	8	10	12	14
身高（英寸）	48	52	56	58½	61
胸围（英寸）	26	27	28	30	32
腰围（英寸）	22	23	24	25	26
臀围（英寸）	24	27	28	29	31
身高（cm）	121.9	132.1	142.2	148.6	154.9
胸围（cm）	66	68.6	71.1	76.2	81.3
腰围（cm）	55.9	58.4	61	63.5	66
臀围（cm）	61	68.6	71.1	73.7	78.7

大男童

青少年体型与规格尺寸表

少男，155 ~ 173cm（61 ~ 68 英寸）

少男的服装规格通常介于大男童与成人之间。这个年龄段的少男经常穿着预科生风格（Preppy Look）的服装。

纸样规格	10	12	14	16	18	20
领围（英寸）	12½	13	13½	14	14½	15
胸围（英寸）	28	30	32	33½	35	36½
腰围（英寸）	25	26	27	28	29	30
袖长（英寸）	25	26½	29	30	31	32
领围（cm）	31.8	33	34.3	35.6	36.8	38.1
胸围（cm）	71.1	76.2	81.3	85.1	88.9	92.7
腰围（cm）	63.5	66	68.6	71.1	73.7	76.2
袖长（cm）	63.5	67.3	73.7	76.2	78.7	81.3

少女，152 ~ 160cm（60 ~ 63 英寸）

少女的胸围小，腰围大，臀围较小。

纸样规格	XS		S		M		L
	5 ~ 6	7 ~ 8	9 ~ 10	11 ~ 12	13 ~ 14	15 ~ 16
胸围（英寸）	28	29	30½	32	33½	35
腰围（英寸）	22	23	24	25	26	27
臀围（英寸）	31	32	33½	35	36½	38
背长（英寸）	13½	14	14½	15	15½	16
胸围（cm）	71.1	73.7	77.5	81.3	85.1	88.9
腰围（cm）	55.9	58.4	61	63.5	66	68.6
臀围（cm）	78.7	81.3	85.1	88.9	92.7	96.5
背长（cm）	34.3	35.6	36.8	38.1	39.4	40.6

男性体型与规格尺寸表

成年男子，173 ~ 183cm（68 ~ 72英寸）

大多数男子服装规格是根据发育完全的男子体型而定的。西服、夹克和运动衫的规格主要取决于胸围；礼服衬衫的规格主要取决于颈围和袖长；裤子规格主要取决于腰围。

男式运动衫、礼服衬衫和裤子

纸样规格	S		M		L		XL	
领围（英寸）	14	14½	15	15½	16	16½	17	17½
胸围（英寸）	34	36	38	40	42	44	46	48
腰围（英寸）	28	30	32	34	36	38	40	42
袖长（英寸）	32½	33	33½	34	34½	35	35½	36
领围（cm）	35.6	36.8	38.1	39.4	40.6	41.9	43.2	44.5
胸围（cm）	86.4	91.4	96.5	101.6	106.7	111.8	116.8	121.9
腰围（cm）	71.1	76.2	81.3	86.4	91.4	96.5	101.6	106.7
袖长（cm）	82.6	83.8	85.1	86.4	87.6	88.9	90.2	91.4

男式运动上装

男式运动上装的两个重要参考尺寸：**胸围与身高**。根据身高，其上装可分为如下三种常见类型：

- ➤ **短款**（身高160~170cm，5英尺3英寸~5英尺7英寸）。

- ➤ **常规款**（身高173~185cm，5英尺8英寸~6英尺1英寸）。

- ➤ **长款**（身高183~201cm，6英尺~6英尺7英寸）。

选择上装尺码时，首先参考胸围，其次是身高。胸围101.6cm（40英寸）的上装为常规尺码，如下表所示。

胸围尺寸（英寸）	38	39	40	41	42	43	44	46
上装尺寸（英寸）	38	39	40	41	42	43	44	46
胸围尺寸（cm）	96.5	99.1	101.6	104.1	106.7	109.2	111.8	116.8
上装尺寸（cm）	96.5	99.1	101.6	104.1	106.7	109.2	111.8	116.8

第四章

设计企划与面料选择

设计室——卡伦·凯恩（Karen Kane）品牌公司

第四章 学习目标

通过阅读本章内容，设计师可以：

➤ 通过研究当代服装设计师，了解服装设计过程。

➤ 通过研究设计特色、造型线、面料的性能、给人的感受及色彩等，学会如何选择面料。

➤ 学习各种面料的护理方法。

➤ 学习如何选择一个纸样。

➤ 学习如何调整样衣室的服装或现有纸样。

➤ 学习排料，了解纸样纱向的重要性。

➤ 掌握双向纸样排料与单一方向纸样排料。

➤ 掌握面料裁剪技巧。

➤ 掌握将纸样标记转移到面料上的准则。

设计企划

当代服装设计师

时尚是人类历史的组成部分，反映了历史的发展变化。时尚不断重演，某些特定历史时期的服装会再度盛行，这就是时尚，也意味着服装款式的变化。在时尚界，也许这一年对人体的某一部位着重强调，而下一年则变为特意遮蔽。每年、每季时尚都在改变，包括裙长、鞋型、裤子宽松度，甚至服装的比例。时尚常常受到许多名模、明星等名人的影响。当然，要想穿着时尚并非易事。现在不再仅仅只有两种明显的服装风格——商务与休闲。在我们的生活中，着装规范已经大大放宽。

当代服装设计师可以选择不同规模的工作单位就职，可以是拥有数百万美元资产的公司，也可以是中型设计公司，还可以是小型定制店，后者属于众所周知的家庭手工业。无论工作单位规模是大还是小，设计师都需要履行各种工作职责。

通常，服装设计师是设计室的负责人，负责新款系列服装的生产（服装公司的规模、服装的类型、定价范围和销售方法都会影响生产量）。过去，服装公司通常生产一年四季的服装（既包括春装、夏装、秋冬装，也包括假日装）。但是随着全球经济的改变，许多服装公司每个月都会举办一场小型服装发布会。

一名成功的服装设计师有能力创造令人耳目一新、心动不已的作品，并展示其专业知识与才能。服装设计师被寄予厚望，不仅要管理设计室的员工，创作符合公司生产计划的新款服装系列，还要负责调研并确定颜色、款式、面料以及皮带、纽扣等配件。根据调研，服装设计师会准备"故事板"，进行草图设计。各服装设计师开发新款服装系列的方法多种多样。很多服装设计师习惯先画时装草图，然后将其转交给助理进行设计拓展；而有些服装设计师则直接使用白坯布或选定的面料在人台上立裁，一边用珠针固定裁片、一边塑形，直至造型满意，然后将未完成的部分交给助理完成；还有一些服装设计师则是先画草图，然后绘制平面纸样，再通过立体裁剪检查服装的合体度。各公司服装设计师的工作任务与职责取决于公司的规模和客户群。

当设计完成后，往往由客户与销售人员共同审核。一些设计由于款式、面料不符或价格太高而被淘汰；一些设计则需要调整面料或设计细节，使价格不超过公司的定价范围。通常，一个服装系列的款式相对不多，被大大精简，力求节约生产。

面料选择

　　无论你是作为家庭产业的个体设计师，还是大型公司的服装设计师，在进行创意设计时，首先是结合色彩与织物样卡来审视人体比例，然后进行款式设计，塑造你想表现的社会风尚和艺术效果。设计作品可以向他人传达设计者的相关信息。服装不仅仅要对他人有吸引力，还要能增强着装者的自信。为了达到此设计目的，应力求服装具有弥补体型不足和修饰美化的作用，这非常重要。应确定哪些设计要素能令人愉悦、发挥作用。针对人体的不同部位，利用色彩与款式来塑造美观理想的视觉效果，并以此来选择合适的服装面料。

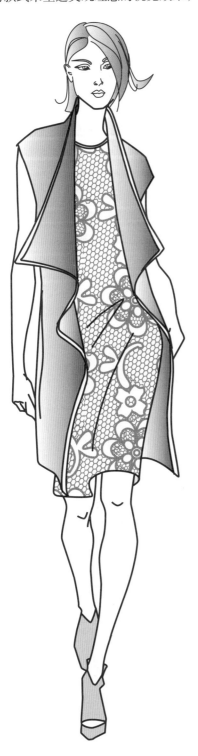

设计特点

　　在进行服装设计时，应强调人体体型的优点，这是重要的设计方法。如果某人体型的突出优点是胸部形态，则可以采用悬垂效果好或光亮的面料来设计常规款的紧身胸衣。如果人体胸部较小，则可以将腰线以上的胸部造型设计得较为宽松。对于腰围小、臀围大的体型，切记不要选用明亮艳丽的腰带来强调腰线，如果设计需要，可以选用细而普通的腰带。对于臀围大的体型，深色裙可以使臀围显得小一些。

线型设计

　　利用连续的线型设计可以形成错觉，塑造想要的效果，例如采用公主线、加长领、纵向褶裥、纵向蕾丝边或加长的前开襟等都可以令着装者显得高挑或苗条。对于夹克，通常大身底边应与手腕齐平，当然短夹克除外。身材纤瘦的女性可以穿宽松的半身裙，弱化臀部造型。多褶裙适合任何体型，可以根据穿着者的身高调整裙长。帝国式裙装设计可以令着装者的腿部线条与身高显得修长。为了避免"头重脚轻"的外观，应注意下摆宽与臀宽、肩宽的比例。

注重面料的性能

选择性能优良的面料进行设计非常重要。天然纤维，如棉、麻、丝和羊毛，透气性好，其制成的服装穿着舒适。柔软的面料具有收身效果，可以使着装者形体看起来更具柔韧性。采用这些面料制成服装，面料会自然悬垂，形成纵向褶皱，显得着装者身材苗条、纤长。如果整件服装都采用表面粗糙、光亮或硬挺的面料制成，则不仅可以凸显着装者的形体，还可以塑造美观别致的服装廓型。如果将这些粗糙、光亮或硬挺的面料与柔软的面料结合使用，则可以增加服装的趣味性。

注重面料给人的感受

为了使服装符合人体体型，这里提供一些设计建议，请采纳。例如，素色面料对服装的设计细节可以起到强化作用，而格子或印花面料则可以起到弱化作用。此外，深色面料在视觉上会产生收缩的视觉效果，使着装者显瘦，纵向窄条纹面料也会使着装者显瘦，而宽条纹面料则会使着装者显胖。

注重面料的印花

如果服装选择朦胧柔和的满地印花面料，则能很好地掩饰体型不足。当然，印花面料的图案既可以别致醒目，也可以简洁朴素。当下流行的印花面料中，可以起到修饰美化体型的图案主要有以下几种类型：花卉、圆点、条纹及其他几何图案。整件服装的设计可以采用混搭手法，选择不同类型的面料或者使用印

花面料的正、反面，从而塑造出独树一帜的服装风格与修长的廓型。

注重面料的色彩倾向

拓展设计、进行个性化设计需要注重色彩运用。色彩往往代表着情感倾向，能唤起人们的情感意识。将色彩、面料与设计巧妙结合，可以美化服装，彰显着装者的体型优点。

中性色（黑色、灰色）、褐色及米黄色在视觉上给人以收缩感，明亮的色彩则引人注目。单色服装可以营造修长苗条的效果。黑色女装应力求简洁利落的线条、优良合身的裁剪，并选择手感好的面料，注重特色。小黑裙是女士衣橱中必不可少的衣服，适用于各种场合，是理想的服装选择。

从头到脚，服装的色彩都应当尽量给人身材高挑的视觉感受。通过恰当的色彩对比，可以平衡人体的比例关系，并掩盖体型的不足。在某些部位使用中性色与深色，可以产生收缩或拉长的视觉效果。如果想强调脸部附近的区域，则可以选用鲜艳明亮的色彩。

面料预缩

面料进行高温或蒸汽整理时，纱线会变得松弛并收缩。许多面料经过水洗或干洗后尺寸会缩短。常见的高收缩率面料有：未经整理的纯棉、纯麻和纯羊毛面料。因此，对面料进行预缩整理非常重要，以防在水洗或干洗后服装尺寸发生变化。

整纬

整纬是使经、纬纱线之间保持正确交织角度的整理。缝制完成的服装必须正确悬挂。在裁剪面料之前，应当检查纬纱是否变形，这非常重要。

对变形的面料应进行整纬整理，首先将面料的两条布边对齐，从而对折面料，然后将两条布边用珠针固定在一起，再沿着纱向将面料钉在板或桌上，最后轻轻地拉扯纬向纱线，直至经、纬纱线呈90°。

表4.1
面料预缩表

面料	方法
未经整理的纯棉面料	将面料放入洗衣机中，加入少量的水，不要完全浸没，开机洗涤。洗涤结束后，将面料从洗衣机中取出，放入自动烘干机，烘干加热的热量会使湿态下的面料发生收缩。当面料完全干燥后，将其从自动烘干机中取出
未经整理的纯羊毛面料	将面料放入干洗机中，只需蒸汽熨烫整理，无须洗涤。蒸汽中的热量会令纱线松弛、面料发生收缩
未经整理的纯麻面料	上面提到的两种方法都适用，既可以选择机洗/烘干，也可以选择干洗。由于未经整理的纯麻面料容易起皱，因此采用干洗更简便
丝、黏胶、涤纶及其他合成纤维混纺面料	不用预缩

提示：

许多精纺羊毛面料在销售时会标注"可缝纫"，这意味着面料已经过整理，适合裁剪和缝纫。一些新型可洗羊毛面料无需通过高温或蒸汽进行预缩。

当工厂生产面料时，为了保证经、纬纱向不变形，会将成品布卷放于布撑上进行传输。各生产商存放成品布卷。当铺料裁剪时，将布卷放在带有张力辊的扩幅机上，以保持经、纬纱向的平直。如果面料纱向没有扭曲变形，则无须对面料进行整纬整理。

将面料对折后卷成布卷，面料纱向易变形。将布卷竖立置于商店陈列时，布卷展示的时间越长，面料纱向变形的程度会越大。

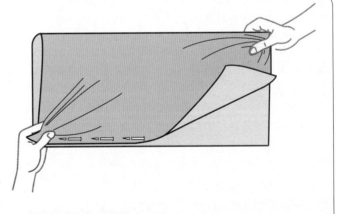

为服装设计作品选择面料

为了确保最终的服装成品效果满意，在选择面料的时候一定要考虑自己的缝制水平，这非常重要。对于格子面料、有倒顺向的面料、过厚或过薄的面料、带亮片的面料、起绒面料和弹性面料等，要求操作者的缝制水平较高。而对于**绒面呢、涤棉混纺面料、棉布、麻布和中等厚重的羊毛面料**而言，操作者只需掌握基本的缝制技能即可。当选择面料的时候，可以将长约91.4cm（1码）或更多的面料悬垂于手臂上，握住面料使其靠近身体，感受面料的悬垂效果。

表4.2罗列了多种服装类别及其对应的常用面料和护理要求。介绍内容根据难易程度排列，先从设计容易、面料处理轻松的服装入手，由易到难，一直到设计难度大、面料处理不易的服装。

表4.2
面料选择指南

服装类别	常用面料	护理要求
运动装、保暖服、日常穿着的连衣裙、半身裙、裤子、男士礼服衬衫、轻便装	**中等厚重的纯棉机织物或针织物**，如灯芯绒、牛仔布、府绸、泡泡纱、细平布、绒布、珠地布、绒布、仿麂皮棉织物、牛津布等	可机洗，如果织物未经预缩整理则会缩水；耐用性好，透气、舒适；熨烫时需要在潮湿状态下进行，可以高温熨烫
	中等厚重的涤棉混纺机织物或针织物；中等厚重的羊毛织物，如法兰绒等	可机洗，不会缩水，可使用漂白剂；使用高温蒸汽熨斗熨烫；羊毛织物只能干洗，除非有可水洗标识
	中等厚重的亚麻织物或印花薄型毛织物	易起皱；机洗会有缩水倾向，可选择干洗；如果织物未经预缩整理，则可将织物打湿后拉伸
	网眼棉织物，如粗厚方平组织织物、手工纺织物和纱罗织物等	可机洗，如果织物未经预缩整理则会缩水
运动装、泳装、舞台服装及特种服装，如某些弹力裤和针织衣	**弹性针织物**，如氨纶织物等	可机洗，不可漂白；低温烘干；低温熨烫
	涤棉混纺机织物	可机洗，无需预缩，快干；无需熨烫或稍稍熨烫
驳领夹克、从中等厚重到厚重的大衣、西服和运动外套	**厚重的毛纤维混纺织物**，如羊毛、山羊绒、骆驼毛、羊驼毛、羊毛混纺织物，又如粗花呢、粗纺厚呢等	只能干洗，除非另有说明；现在一些羊毛织物标有可水洗标识
	厚重的棉机织物，如牛仔布和帆布等	可机洗，如果织物未经预缩或相关整理则会缩水
	中等厚重或厚重的亚麻织物、混纺织物、丝绸、黏胶纤维织物、起绒织物	只能干洗，除非另有说明
	中等厚重或厚重的皮革和人造裘皮	专业干洗；需要专业的缝制工艺
	锦纶织物，内部填充羽绒或涤纶的锦纶绗缝织物	可机洗亦可干洗；无需熨烫或稍稍熨烫

服装类别	常用面料	护理要求
睡衣、贴身内衣、女衬衫、品质优良的连衣裙	**透明薄棉织物，**如细薄棉布、点子花薄纱、上等细平布、巴厘纱、纱罗织物等	可机洗，如果织物未经预缩或相关整理则会缩水；易起皱。熨烫时需要在潮湿状态下进行，可以用蒸汽熨斗熨烫
	透明薄织物或轻薄织物，如100%纯涤纶面料或涤纶混纺面料、乔其纱、雪纺、欧根纱、涤纶/丝混纺织物、轻薄的绉绸、涤棉混纺织物等	可机洗；无需熨烫或稍稍熨烫
	轻薄织物或中等厚重织物，如绒头织物、法兰绒、丝绸、缎纹织物、山东绸、人造丝绸、双绉、人造棉布、针织布等	只能干洗，除非另有说明；许多新型织物、起绒布、法兰绒和混纺织物可机洗
晚礼服和晚会便装	**透明薄织物或轻薄织物，**如欧根纱、雪纺、蝉翼纱、透明棉织物、丝绸、人造丝绸、混纺织物、金属线织物、透明蕾丝等	只能干洗，除非另有说明
	轻薄织物或中等厚重织物，如生丝织物、缎纹织物、塔夫绸、织锦、天鹅绒、平绒、轻薄羊毛织物（印花薄型毛织物、法兰绒、乔赛绉）、金属线织物、厚蕾丝、珠饰面料等	

选择纸样

准备纸样

在服装工业中，设计室人员会运用样衣纸样来缝制样衣，为发布会做准备。纸样的纸张通常为马尼拉纸，这样就可以将纸样直接放在面料上进行裁剪。

在学习缝制的过程中，很多人会使用商业纸样，其包装中通常提供了商业纸样使用说明，这非常重要。

选择正确的规格

在购买纸样之前，应测量服装穿着者的体型并确定其所属类型（参阅第三章人体体型与规格尺寸表）。

女装

- ➤ 根据测量的胸围尺寸，选择衬衫、夹克或连衣裙的纸样规格。
- ➤ 根据测量的臀围尺寸，选择裤子或半身裙的纸样规格。

童装

- ➤ 根据测量的胸围尺寸，选择衬衫的纸样规格。
- ➤ 根据测量的腰围尺寸，选择裤子或半身裙的纸样规格。

男装

- ➤ 根据测量的胸围尺寸，选择西装、夹克或运动衫的纸样规格。
- ➤ 根据测量的领围和袖长尺寸，选择礼服衬衫的纸样规格。
- ➤ 根据测量的腰围尺寸，选择裤子的纸样规格。

提示：

高胸型与丰胸型

通常情况下，请根据丰胸型的模特尺寸调整服装纸样。如果根据高胸型的模特尺寸确定纸样规格，则纸样规格对顾客而言有可能太小，且侧缝线和袖窿处需要调整。这将导致袖窿造型不平衡，袖子悬垂不当或受到拉拽。

读懂纸样的包装袋

各个公司的纸样包装袋有所不同。下面的图示说明了纸样包装袋的各种特点和信息。

纸样包装袋的正面

纸样公司名称

纸样编号

规格范围

包装袋上会标注纸样规格范围。

服装效果图或照片

通常，凡是纸样包装袋上所展示的服装效果图或照片，包装袋内都会提供相应的纸样。包装袋上常常不止一款服装效果图或照片，如果其中一款未提供纸样，则包装袋上会明确说明。

平面款式图

平面款式图是一种描绘了细节设计的款式线描图。

纸样包装袋的背面

难度水平（在包装袋的正面或背面）

一些纸样包装袋提供了制作服装所需缝制技能的建议。初学者应选择容易缝制的服装纸样，而经验丰富者则可以选择设计感强或难度更大的服装纸样。

纸样说明

这一部分介绍了每一款服装的设计细节，有的还会描述服装整体造型（如宽松型、合身型、紧身型等）。切记，对于并不复杂的设计细节，你可以适当改变，如口袋造型或领外口线造型。

面料建议

建议选择面料时应注意其垂感和手感，要符合特定的设计要求。如果纸样适合选用针织面料，则纸样包装袋上会明确标注。

公司的规格尺寸表

这里提供了服装纸样所对应的规格尺寸表，介绍了人体尺寸和体型类别。如果你测量的人体尺寸不同于标准尺寸，则请参阅印刷在纸样包装袋上或实际纸样裁片上的成衣尺寸（见下图）。通常，操作中需要进行一些修改。请参阅本章“调整纸样”内容。

需要的配件

罗列了缝制必需的配件，例如每一款衣服的纽扣、拉链、挂钩、松紧带、缝线等。

成衣尺寸

对于裤子、半身裙和连衣裙而言，其服装成品的长度与底边围度有助于预测款式设计的宽松度，也有助于判断是否需要调整长度。一旦提供了成衣尺寸，则有助于预估每一款服装的松量。在纸样裁片上通常会标注胸、腰、臀尺寸。

需要的面料量

纸样包装袋中所涉及的每一款服装，都提供了需要的面料量。通常，面料的幅宽为 115cm（45 英寸）和 150cm（60 英寸）。如果所选面料的幅宽有所不同，则请参阅“附录 C 单位换算表”（参阅第 385 页）。

注：这部分在英国采用英制单位，在法国则采用公制单位。

B5999 U.S. $19.95 CAN. $19.95 ● BLACK **M**

SIZES/TAILLES	XS/TP 3-4	S/P 6-8	M/M 10-12	L/G 14	XL/TG 16	XXL/TTG 18W-20W	1X 22W-24W	2X 26W-28W	3X 30W-32W	4X 34W-36W	5X 38W-40W	6X 42W-44W
Bust	34-35	36-37	38-39	40-41	42-43	44-45	46-48	50-52	54-56	58-60	62-64	66-68
Waist	25-26	27-28	29-30	31-32	33-34	36-37	38-40	42-44	46-48	50-52	54-55	56-58
Hip	35-36	37-38	39-40	41-42	43-46	48-52	54-56	58-60	62-64	66-68	70-72	74-76
Bicep	–	–	–	–	–	15½	16½	18	19½	21	22½	24
Poitrine	87-89	92-94	97-99	102-104	107-109	112-115	117-122	127-132	137-142	147-152	155-160	165-170
Taille	64-66	68-71	74-76	79-81	84-87	92-94	97-102	107-112	117-122	127-132	137-140	142-147
Hanches	89-92	94-97	99-102	104-107	109-117	122-132	137-142	147-152	155-160	165-170	175-180	185-190
Tour de bras	–	–	–	–	–	39.5	42	45	49.5	53	57	61

easy

MISSES'/WOMEN'S TOP: Pullover top (semi-fitted through bust) has right front pleated into overlapped yokes, shaped hemline, and narrow hem.

Combinations: **Miss** (XS-S-M-L-XL), **Woman** (XXL-1X-2X-3X-4X-5X-6X)

SIZES	XS	S	M	L	XL	XXL	1X	2X	3X	4X	5X	6X
A 45"*/**	1⅞	2	2	2	2⅛	2½	2½	-	-	-	-	-
60"*/**	1½	1½	1½	1½	1¾	1⅞	1⅞	1⅞	2⅜	2⅜	2½	2½
B 45"*/**	2¼	2⅜	2⅜	2½	2½	2½	2⅝	-	-	-	-	-
60"*/**	1¾	1¾	1¾	1⅞	1⅞	1⅞	2	2⅜	2⅜	2½	2¾	2¾
CONTRAST B												
45", 60"*/**	⅜	⅜	⅜	⅜	½	⅜	⅜	⅜	⅜	½	½	½
FUSIBLE INTERFACING A, B												
18", 20"**	⅝	⅝	⅝	⅝	⅝	⅝	⅝	⅝	⅝	⅝	⅝	¾

Designed for lightweight woven and stable knit fabrics.
FABRICS: Linen, Crepe, Jersey, Challis. **Contrast B:** also Lace. **Interfacing:** For Lace, use Netting.
Unsuitable for obvious diagonals.
*With Nap. **Without Nap.

FINISHED GARMENT MEASUREMENTS
Back length from base of your neck

A, B	15⅛	15¼	15⅜	15½	15⅝	15⅛	15¼	15½	15¾	16	16¼	16½

facile

HAUT (J. FEMME/PETITE J. FEMME): Haut à passer par la tête (semi-ajusté à la poitrine), avec devant droit plissé aux empiècements superposés, ligne d'ourlet avec forme et ourlet étroit.

Séries: **J. Femme** (TP-P-M-G-TG), **Femme** (TTG-1X-2X-3X-4X-5X-6X)

TAILLES	TP	P	M	G	TG	TTG	1X	2X	3X	4X	5X	6X
A 115cm*/**	1.80	1.90	1.90	1.90	2.00	2.30	2.30	-	-	-	-	-
150cm*/**	1.40	1.40	1.40	1.40	1.60	1.80	1.80	1.80	2.20	2.20	2.30	2.30
B 115cm*/**	2.10	2.20	2.20	2.30	2.30	2.30	2.40	-	-	-	-	-
150cm*/**	1.60	1.60	1.60	1.80	1.80	1.80	1.90	2.20	2.20	2.30	2.60	2.60
CONTRASTE B												
115, 150cm*/**	0.40	0.40	0.40	0.40	0.50	0.40	0.40	0.40	0.40	0.50	0.50	0.50
ENTOILAGE THERMOCOLLANT A, B												
46, 51cm**	0.60	0.60	0.60	0.60	0.60	0.60	0.60	0.60	0.60	0.60	0.60	0.70

Créé pour des tricots stables et des tissus tissés de poids léger.
TISSUS: Toile de lin, Crêpe, Jersey, Etamine. **Contraste B:** aussi Dentelle. **Entoilage:** Pour Dentelle, utilisez Maille.
Grandes diagonales ne conviennent pas.
*Avec Sens. **Sans Sens.

MESURES DU VÊTEMENT FINI
Longueur - dos, votre nuque à l'ourlet

A, B	39	39	40	40	40	39	39	40	40	41	41	42

缝份与标记

商业纸样公司通常使用1.59cm（5/8英寸）的缝份。而在服装工业生产中，缝份的大小并不完全相同，主要取决于缝合线的位置、缝合方式以及所选的面料。

在使用商业纸样时，建议对纸样的缝份进行调整，然后将纸样放到面料上进行裁剪。这对于领围线、领片、挂面止口尤为重要，可以节省修剪的时间，更利于缝制，且成型效果更好。

标记

理解纸样上的标记与对位点位置对于缝制服装非常重要。下面对标记与部位对位点进行了罗列，这些对于服装设计作品的成功完成举足轻重。

纸样对位点

对位点是在纸样上所做的一个标记或一系列标记（十字标记），以标示服装缝制或打褶裥时所需对位的标记。你应当能够识别下面纸样上的标记与对位点。

> 纱向线。
> 前中心线。
> 后中心线。
> 省道、褶、裥。
> 肩部标记。
> 所有折叠线。
> 前袖窿上的单对位标记。
> 后袖窿上的双对位标记。
> 口袋位。
> 调节线。

缝份

缝份大小取决于面料的类型与制作方法。下面文图列举了常规合缝与底边的放缝。

常规合缝缝份宽度——1.27cm（1/2英寸）

> 肩缝。

> 侧缝。
> 腰缝。
> 袖窿弧线。
> 分割线。
> 裤下裆缝。
> 袖子与袖克夫缝线。

调整后的缝份宽度——0.64cm（1/4英寸）

注：这类缝份宽度减小了，故缝合完成后无需修剪缝份，节省了时间。

> 领。
> 贴边。
> 领口线。
> 无袖袖窿弧线。

特殊缝线的缝份宽度

> 来去缝（法式缝）缝份：1.27cm（1/2英寸）。
> 暗包缝或明包缝缝份：1.9cm（3/4英寸）。
> 针织锁边缝份：0.64cm（1/4英寸）。
> 拉链止口缝份：2.54cm（1英寸）。
> 半身裙、连衣裙和女衬衫的底边：2.54cm（1英寸）。

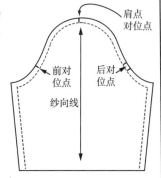

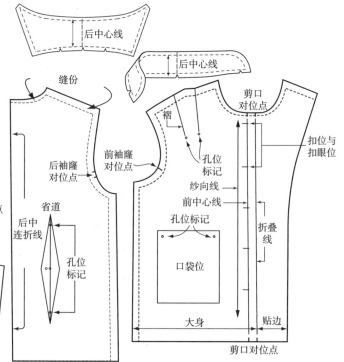

调整纸样

在完成纸样设计和确定规格后,需要进行首次试衣,检查尺寸与合体度,从而对纸样进行审核与必要的调整。

设计工作室通常会雇佣一个专业的试衣模特,为了更好地试穿样衣,模特尺寸应符合公司所定位的顾客尺寸。通过模特试衣,服装设计师与设计助理、纸样师一起观察每一款服装设计作品的廓型与垂感,并作出评价。当模特穿着样衣移动时,设计师可以判断服装的悬垂效果是否理想,服装的合体度与舒适性是否达到预期,并且根据着装者的活动进行适当调整。设计师深知,如果服装设计合身、比例得当,则服装看起来富有吸引力,可以掩盖体型的不足,令着装者更漂亮,这样的服装不仅让人愉悦且穿着舒适。

简单的立体裁剪法可以运用到纸样调整中,效果很好。运用立体裁剪调整纸样改变了操作习惯,有利于款式合身、提升服装视觉效果。

① 对齐前中心线、后中心线与侧缝线。

对齐前中心线、后中心线与侧缝线,确保纸样裁片从上到下竖直,纸样裁片不能扭曲或向前、向后倾斜(以脊柱作为后中心线参照,以肚脐作为前中心线参照)。

注:此时不要用珠针固定肩缝线。

② 调整侧缝线。

检查侧缝造型和松量的合适度。所有的服装都应具有一定的松量以适合人体运动。松量的大小取决于服装的款式。通过在臀、腰和腋下区域的侧缝处增加或减少围度来调整侧缝的松量。

准备纸样裁片与试衣

试衣时,通常模特身着紧身衣或紧身连衣裤,也可以在女装人体模型上试衣,如果纸样裁片使用的是薄纱织物而不是平纹细布,那么可以在纸样裁片的背面粘贴无纺衬,从而提高裁片的稳定性。这种方法可以增加纸样裁片的硬挺度,确保纸样裁片悬垂适当,而无需缝制平纹细布来试样。

观察以下服装部位并评价,首先从肩部开始,由上至下检查纱向、省道和分割线。观察服装是否有足够的松量或松量过大。然后检查领围、领、公主线、育克和袖的造型特征。最后检查扣位、扣眼位、袋位及装饰边位。

在评价具有独特设计的服装适体度时,一定要检查以下设计细节与纸样细节。如果这些部位处理不当,最终的服装成品将会出现空隙、扭曲,这些均是由细节处理不当导致的。

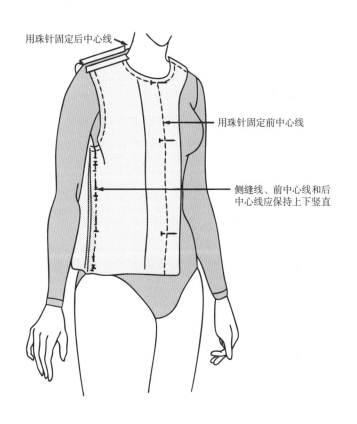

用珠针固定后中心线

用珠针固定前中心线

侧缝线、前中心线和后中心线应保持上下竖直

③ 调整肩缝线。

从袖窿中部向上到肩部，然后由肩部到领口部位，保持纸样裁片的平顺，如果此时肩缝不能对合上，则需要增加量直到肩缝对合上。这时应标示理想的肩宽。

提示： 将纸样裁片悬挂在肩上。该部分造型必须与人体相同，以确保服装合身并悬垂自然、正确。如果纸样裁片的肩斜比人体肩斜小 5°，将会出现不正确的悬垂状态。

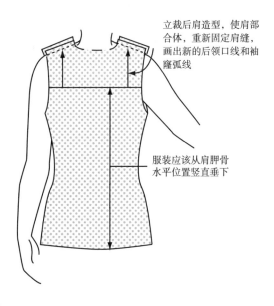

立裁后肩造型，使肩部合体，重新固定肩缝，画出新的后领口线和袖窿弧线

服装应该从肩胛骨水平位置竖直垂下

④ 胸省。

胸省应该指向胸部最丰满处。用十字符号标记该点位置，并从该省道最宽的部位重新连接新的十字符号，画出新的省道。

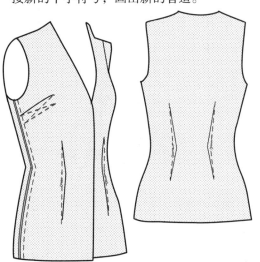

⑤ 公主线。

对于较小的胸部罩杯，可从前侧片去掉多余的"罩杯量"，如图所示。如果需要大的罩杯造型，可在前侧片的对位点之间增加罩杯量。

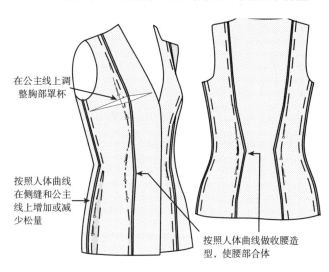

在公主线上调整胸部罩杯

按照人体曲线在侧缝和公主线上增加或减少松量

按照人体曲线做收腰造型，使腰部合体

⑥ 调整袖窿。

大多数纸样采用常规袖肥。但有时，也可能需要小一点或大一点的袖窿。如果需要小袖窿，则提高袖窿底弧线，并重新设定对位点。如果需要大袖窿，则降低袖窿底弧线，并重新设定对位点。当袖窿改变后，只需选择与袖窿匹配的袖山即可。如图所示。

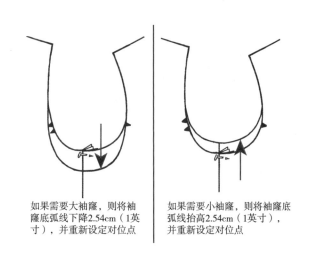

如果需要大袖窿，则将袖窿底弧线下降2.54cm（1英寸），并重新设定对位点

如果需要小袖窿，则将袖窿底弧线抬高2.54cm（1英寸），并重新设定对位点

⑦ 标记修正后的纸样。

　　使用软芯铅笔或记号笔，对所有修正的部位进行标记。取下珠针，将纸样裁片放平。根据所作的修正标记，借助尺子重新绘制线条，并确定修正部位的缝份。选择便宜的面料，进行裁剪缝合，以便检查袖子的合体度。

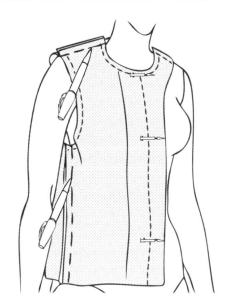

⑧ 检查袖窿的平衡性。

　　为了使袖子正确悬垂，袖窿应该匹配好，造型正确。后袖窿弧长应比前袖窿弧长多1.27cm（1/2英寸）。如果长度相差更大一些【超过1.91cm（3/4英寸）】，则试衣非常有必要，尤其是对后肩宽部位。

➤ 测量前袖窿弧长。
➤ 测量后袖窿弧长。

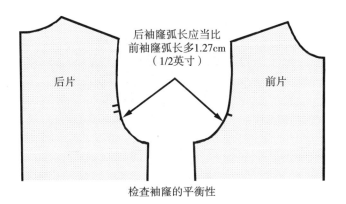

后片　　　　　后袖窿弧长应当比前袖窿弧长多1.27cm（1/2英寸）　　　　　前片

检查袖窿的平衡性

⑨ 最后调整袖子。

　　确定正确的袖窿尺寸后，就可调整袖子了。使用平纹细布或便宜的面料裁剪袖子。将袖子假缝或手缝到袖窿上，并对齐所有的对位点。注意将肩点对准肩缝，这个标记点控制着袖子的悬垂。如果出现问题请按以下方式进行调整：

➤ 袖山头偏低——从对位点开始，在袖山上增加所需要的长度量。

➤ 袖子扭曲——在后袖山上增加1.27 ～ 2.54cm（1/2 ～ 1英寸）的量。从后袖山对位点到肩缝位置重新圆顺袖山弧线。

➤ 袖子活动量不足——调整腋下，将袖底点向上抬高1.27cm（1/2英寸），向外放出2.54cm（1英寸），重新圆顺袖山弧线，将对位点沿新的弧线下移2.54cm（1英寸）。

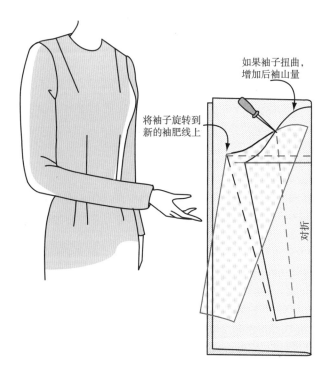

如果袖子扭曲，增加后袖山量

将袖子旋转到新的袖肥线上

对折

⑩ 检查纸样侧缝的平衡性。

在腋下袖窿底点将前、后侧缝用珠针固定在一起。以该珠针固定位置为轴心，旋转纸样直至前中心线和后中心线平行。前、后侧缝应该长度相同、形状一致，如果有不同之处，请修正，使其一致（如图所示）。

⑪ 检查前片与后片的平衡性。

前片应比后片宽 1.27cm（1/2 英寸）。当前、后侧缝用珠针固定在一起时，前中心线与后中心线应该平行。同时，前、后侧缝的长度相同、形状一致（参阅第③步）。

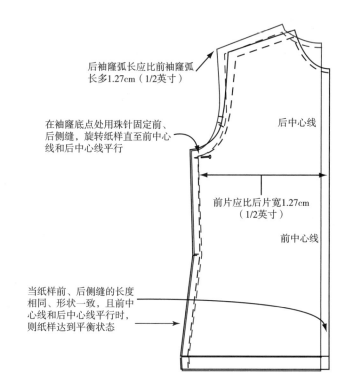

后袖窿弧长应比前袖窿弧长多1.27cm（1/2英寸）

在袖窿底点处用珠针固定前、后侧缝，旋转纸样直至前中心线和后中心线平行

后中心线

前片应比后片宽1.27cm（1/2英寸）

前中心线

当纸样前、后侧缝的长度相同、形状一致，且前中心线和后中心线平行时，则纸样达到平衡状态

调整裙子的腰线

对于成熟女性，她们所穿裙子的前腰线可能会向下或向上倾斜。为确保裙子的底边与地面平行，最好根据人体的倾斜度修正腰线。

➢ 选用适合臀围测量值的纸样规格，在腰线上增加 2.54cm（1 英寸）的量。裁剪并缝合主要裙片，以便形成完整的裙身效果。不要处理腰线。

➢ 将裙子穿在身上，正面朝外。沿着腰线系一条斜纹带或 0.64cm（1/4 英寸）宽的松紧带。在腰节部位进行调节，将斜纹带向上拉或向下拉直至裙子的底边、臀围线与地面平行。

➢ 省道或褶调整小一点或大一点，以符合腰部造型。

➢ 绘制新的腰线。将这些标记转移到纸样上。

调整裤子的部位

由于人体骨盆形态与裆深的多样性，故建议先使用便宜的面料制作样裤进行试穿，然后再使用正式面料缝制裤子。

➤ 使用与臀围尺寸匹配的纸样，沿着腰围上部，在缝份处追加2.54cm（1英寸）。按照纸样裁剪面料。缝制裆弯线、侧缝线和下裆线。用珠针别出省道或褶裥，沿烫迹线压烫裤子，然后穿着在人体上进行修正。

➤ 在腰线上系一条斜纹带或0.64cm（1/4英寸）宽的松紧带，在腰节部位上下调节斜纹带直至合适的位置，此时，裤子的臀围线与地面平行，裤腿保持顺直、无扭曲（采用这种方法除了能确定腰部形态外，还可以确定立裆的深度。）

➤ 用珠针调整省道和褶裥的大小以匹配腰围。如果腰围尺寸发生变化，请调整腰头尺寸以匹配腰围。

➤ 在斜纹带处绘制新的腰围线，然后将这些标记转移至纸样上。

➤ 如果在后裆缝处有太多的余量，甚至产生凹陷，这时可将后裆弯向下挖深。

➤ 确定裤长。在纸样膝围部位进行调整。

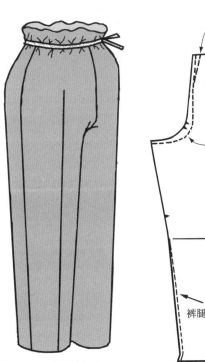
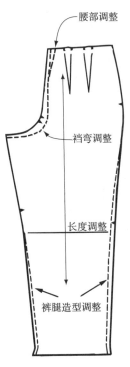

腰部调整

裆弯调整

长度调整

裤腿造型调整

检查裤子的松量

每一个设计都会围绕臀围、腹围与腰围设定合适的松量。重新试穿调整，根据需要调整侧缝线来增加或减少松量，从而增加或减少臀围或腰围。为了保持纸样的平衡，侧缝处必须保证最合适的量。

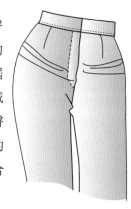

评估前裆弯的适体度

如果在前裆弯处有抽紧的现象，则需要加大前裆宽0.64~1.27cm（1/4~1/2英寸），在前裆弯线末端补足所缺的量。

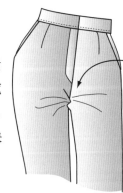

评估后中腰位的适体度

检查后中腰位是否有多余的空隙量或绷紧的现象。如果有这些问题，可打开裤子后中缝线，用珠针根据人体实际情况重新别珠针固定。

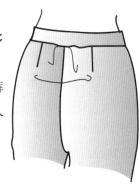

检查后裆弯

如果在后裆弯有太多的余量，甚至产生凹陷，则需将后裆弯向下挖深。这种情况的发生大多是因为着装者的臀部呈扁平状，故通过下挖后裆弯线可以去除多余的面料。

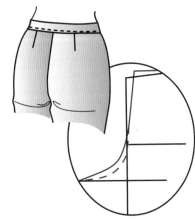

纸样与面料排料

准确裁剪面料

在确定面料与纸样后，就可以用面料进行排料了。准确排料与裁剪，这非常必要，在纸样上即使有 0.32cm（1/8 英寸）的误差也将改变服装的适体性。裁剪时，应当细致、准确，这样会节省时间、避免后期麻烦，有利于获得好的服装造型。

根据面料进行合理排料至关重要（参阅之后的排料指南，学习起绒、起毛织物或单一朝向织物的排料方法，如天鹅绒、灯芯绒、锦缎、格子面料、不均匀条纹或单一方向的印花面料的排料方法）。

排料

在服装公司的样衣室，通常使用马克纸、牛皮纸或电脑绘制纸样。用于样衣制作的纸样只能裁剪一次，这与家用缝纫者使用的纸样情况相同。针对单层面料排料时，使用克重较轻的马克纸制作排料用的样衣纸样，将纸样平铺在面料上，注意具有对折线的纸样要左右对称排料，而其他纸样则需标注左、右片。针对非单层面料排料时，则将纸样直接放在面料上排料，如果纸样采用牛皮纸制作，则必须使用划粉画细线。所有的排料纱向必须保持一致。

如果使用电脑绘制纸样，会根据每个部门的需要制作纸样，如样衣室用纸样与生产用纸样。

掌握切实可行的裁剪方法

为了防止面料滑动、扭曲及裁剪时移动，将棕色牛皮纸、抽屉衬纸或未付印的新闻用纸放在面料下面，这对裁剪轻薄织物，如人造丝绸、雪纺、绉纱、丝绒、针织物以及里布，尤为重要。纸张可以起到支撑面料的作用，有利于准确完成裁剪，操作干净利落，而且与常规裁剪相比，这种方法不会损坏剪刀与轮刀。

注：在服装公司中，常常要求使用纸张进行辅助裁剪，以确保准确无误。

① 将一张纸（棕色牛皮纸、抽屉衬纸或未付印的新闻用纸）放在裁剪台上。在纸上画一条垂直于纸边或布边的纬线，将面料（单层或双层对折）与纸样如图对齐并用珠针固定，经纱与纬纱保持垂直，面料保持平整。面料全长用珠针固定，如果排料台面不够用，可将已用珠针固定的布片折叠，直至整块布片用珠针固定。

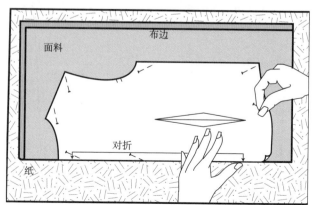

2 首先用熨斗将纸样上的折痕熨平整，然后在纸样连折部位用珠针固定，将纸样与面料、纸固定在一起。排料中保持所有纸样的纱向一致，最后用珠针将纸样的其余部位与面料、纸固定在一起。

3 现在沿着纸样同时裁剪面料与纸。操作时，用手持续轻抚面料，避免裁边呈锯齿状或波浪形。同时防止裁剪时剪刀带动面料移动，即使是已经用珠针别好的面料，在裁剪中有时也会发生移动，故一定要控制好剪刀，防止面料扭曲。

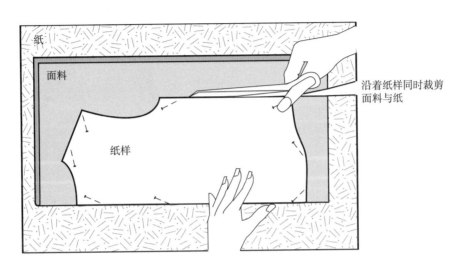

沿着纸样同时裁剪面料与纸

选择排料方案

　　每一个纸样公司都会提供一份排料说明书，以图示说明不同面料幅宽、风格和规格的特定纸样排料。有些说明书会涉及起绒面料和单向印花面料的排料，起绒面料表面具有毛绒或拉绒效果，如天鹅绒、灯芯绒等，对这些面料的排料一定要谨慎。此外，有些说明书会着重介绍条格面料的排料。在实际操作前，请学习以下内容。

确定纱向线

　　用直线表示纱向线，每一块纸样上都应画好纱向线，以表明纸样在面料上的放置方向。

　　纸样上的纱向线（即经向线）通常与面料的布边平行。在商业纸样上还常常标记对折线，对折线通常对应的是面料的经纱方向。

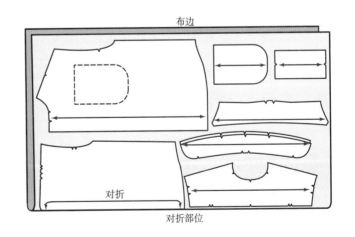

双向纸样排料

对于纯色或无方向性的印花面料，可采用双向纸样排料，并确定纸样片上部的位置（需要根据面料的纹理来放置纸样）。双向纸样排料通常适用于纯色织物、非起绒起毛的平纹织物、图案对称的印花织物（如条纹面料或圆点面料）。

提示：

通常，将面料正面相对，对折面料，在面料反面进行排料，这样在面料上做标记时可以避免弄脏面料。注意，应沿着经纱方向对折面料，并与两侧的布边对齐。

对于大多数带有图案或起绒起毛的面料而言，其正面是很容易辨认的。然而，有些面料的正面则很难辨认。如果遇到这种情况，则请折叠面料的一角，比较面料的两面，面料的正面比反面可能更富有光泽、其图案更鲜亮。如果你确实难以分辨，则可选择自己喜欢的一面作为正面，并确保排料的一致性，请用划粉在面料的反面做标记。

对于起绒、起毛面料，在进行多层排料时，请将面料正面相对，一层层平整叠放。切记，不要用手掌压平面料表面，因为这样会令织物拉伸变形或毛绒纠缠，如果这样裁剪，裁片就不会准确。

单一方向纸样排料

这种排料方式通常适用于具有方向性的面料，例如起绒起毛面料、针织面料、条纹面料与格子面料等。

采用单一方向纸样排料，所有纸样的方向必须一致。换句话讲，就是各纸样片的上部朝向一致，同样，其底边也朝向一致。针对具有方向性的面料，如一些针织面料、条纹面料与格子面料等，需要采用单一方向纸样排料，这样可以确保条纹、方格对齐，织物表面的明暗度一致（如起绒、起毛面料），具有方向性的面料通常都采用单一方向排料。

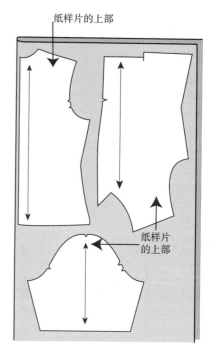

纸样片的上部

纸样片的上部

双向纸样排料

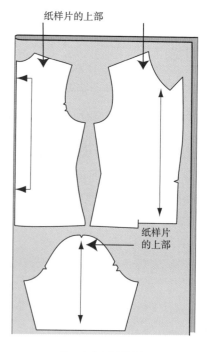

纸样片的上部

纸样片的上部

单一方向纸样排料

条纹面料排料准备

在裁剪台上对条纹面料进行排料时，应当确保面料上下层条纹对齐。

方格面料排料准备

对方格面料进行排料时，应当确保面料上下层方格的纵、横向纹路对齐。

操作时，首先将一张纸（如新闻用纸）放在裁剪台上，然后将面料放于纸上，在一条布边的位置用珠针将面料一边与纸的一边固定。将面料对折，一边对齐上下层面料的纹路，一边用珠针固定另一边。如果纹路不能对齐，则可能需要对面料进行整纬整理（参阅第 65 页"整纬"）。

> **提示：**
>
> 在对齐纵向条纹时，两条布边应当保持平行，但不必重合。

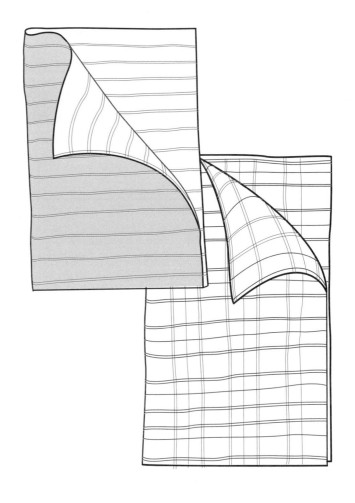

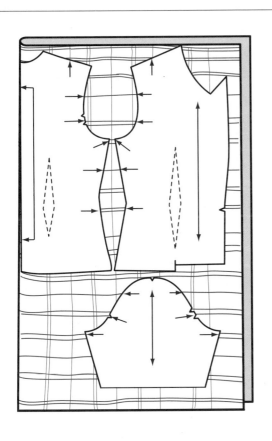

条纹或方格面料排料

首先将纸样放于对折好的面料上（根据面料的不同而有所不同）。然后按照面料上的条纹在纸样上标记相应的条纹位置（纵向与横向都要标记），用铅笔在纸样的肩部、侧缝和袖窿对位点处做标记。

将同一部位的条纹标记转移到相对应的其他纸样上，根据标记进行合缝。这些标记有利于肩缝与肩缝、侧缝与侧缝等合缝线之间的对齐。此外，袖山与袖窿之间的对位点也需要对齐。

将带有标记的纸样放到面料上，确保面料的条纹（纵向与横向）与纸样上的条纹标记一致。

衬布排料

进行衬布排料时，将需要粘衬的纸样放在衬布上。根据需要，确定衬布是单层还是双层排料。将各纸样的纱向对齐面料的纱向。用珠针将纸样与衬布固定。

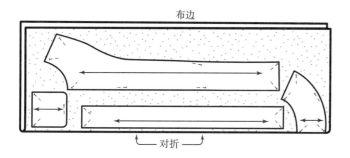

里布排料

进行里布排料时，也按照面料的纱向排料。如果需要，可以将里布对折，将纸样放在双层里布上操作。用珠针将纸样与里布固定。

提示:

压烫黏合衬：确定需要压衬的纸样，计算所需衬布的大小并准备好衬布。预选裁剪与衬布大小相同的面料，用蒸汽压烫的方法，将黏合衬粘在面料的反面。同时修剪面料和黏合衬，这样裁片不会变形。

将纸样与面料用珠针固定

将各纸样与面料的经向线或对折线对齐，然后用珠针固定。保持珠针在裁剪线以内，在纸样的每一个转角处固定一枚珠针，并且每隔几英寸固定一枚珠针。注意珠针使用不要过多，否则会引起面料变形。在别珠针的时候，注意保持纸样平整。尽可能将纸样与纸样挨着放置，完成纸样排料。

在面料上用珠针固定纸样的经向线和对折线

1 对于放在面料对折处的纸样，应将纸样的对折线与面料的对折线对齐，并沿着对折线用珠针精准固定。注意，此类纸样应先用珠针固定好，然后再进行其他纸样的固定。

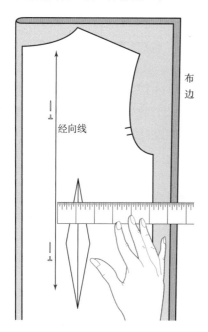

2 固定其他纸样时，沿着面料的经纱方向，用珠针将纸样经向线的一端固定到面料上，移动纸样，直至经向线的另一端与布边（或面料对折线）的距离恰好和第一次固定端与布边（或面料对折线）的距离相同。

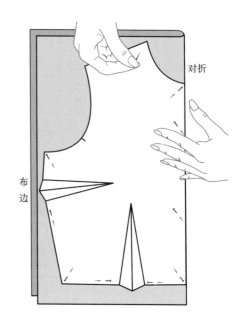

裁剪纸样与面料

保持裁剪台上面料的平整。裁剪时，纸样在剪刀的左边（如果是用左手，则位置相反）。一只手放在纸样上，靠近裁剪线，另一只手操作剪刀。

提示:

裁剪时，要使用整个剪刀的刀刃，靠近剪刀尖处停止。不要进行短距离、波浪式裁剪。

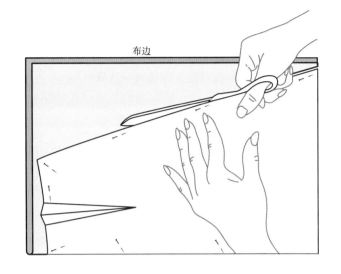

布边

转移纸样标记

应将纸样上的标记准确转移到面料上，这非常重要，有利于设计细节的精确缝制。标记包括：对位点、省道、塔克、褶裥、对折线、前中心线、后中心线与袋位等。

简单快速的纸样标记法

① 使用剪刀尖在对位点、省道、塔克、褶裥、对折线、前中心线、后中心线的位置剪开一个小口。

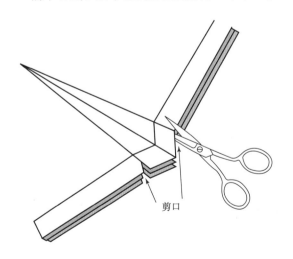

剪口

② 在距省尖点 1.27 cm（1/2 英寸）的位置，使用锥子或珠针穿透纸样和各层面料。

③ 使用铅笔或锥子，将省道这个位置标记到面料上。

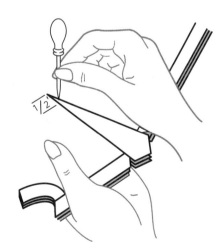

1/2

铅笔标记法

①　在省道各端点、纽扣、袋位以及其他不能打剪口的纸样标记部位，都插入一枚珠针。

纸样

②　在面料的反面，使用铅笔或划粉在珠针所在位置标记一个圆点。

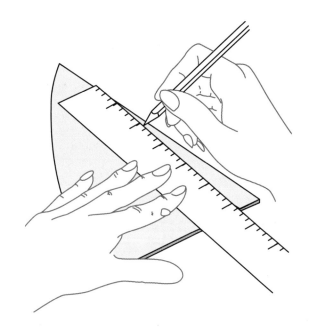

第五章

缝制工序

服装缝制工序说明

简单服装的缝制工序

第五章 学习目标

通过阅读本章内容，设计师可以：

➤ 掌握逐步制作的方法。

➤ 掌握各个部件、细节的缝制步骤。

➤ 掌握服装缝制工序。

➤ 将简单的服装"组装"成型。

服装缝制工序说明

本章介绍了如何将设计的服装组装成型。在服装业中，经验丰富者不会使用书面的工艺说明单，但是会遵循合理的服装缝制工序，分步骤操作。将服装各部件组合成完整的服装，即所谓的"组装"服装，这是一套系统的缝制方法。操作时，首先缝制省道、塔克、褶裥和分割线，然后完成侧缝与肩缝的缝制。

按照服装缝制工序操作，可以确保服装各部件的缝制步骤少，服装外观好，容易整烫，且花费时间少。按照缝制工序的各个步骤操作，将很容易理解各类衬衫、马甲、夹克、连衣裙、半身裙、裤子等服装的缝制。这些缝制步骤对于配备工艺说明单的服装加工具有一定的参阅作用。

在本书相应章节中，详细介绍了服装部件、细节的缝制步骤。将服装各部件准确地缝合在一起，就形成了完整的服装，在样衣室中常常这样缝制样衣。在服装工业中，一般不采用手缝技术，而是机缝技术，这样能确保生产效率与标准化外观。

重要的是，操作时必须按照缝制步骤进行，不要随意跳过某些步骤。如果没有特定的设计步骤说明，则依序进入下一个步骤。这种操作意识需要在实践中加以强化，从而提升缝制技巧，更好地理解各种服装的缝制方法。

提示：

服装设计专业的学生需要学习工业化的服装缝制步骤。其缝制步骤适用于设计室和缝纫车间。其主要区别在于：设计室通常只有四种专业设备——平缝机、包缝机、扣眼机与钉扣机；而缝纫车间则有更多的专业设备。

在选择好面料后，将纸样放在面料上，准确裁剪面料，并将纸样上的对位标记转移到裁片上。请参阅相应章节的操作指南。

① 敷衬。

对于需要敷衬的服装各部件，在缝制之前必须先将衬布与面料进行复合。大多数女衬衫的领、袖克夫、领口和贴边部位都需要敷衬。大多数半身裙和裤子的腰头也需要敷衬。

衬布根据克重有很多种类，要选择与面料厚度匹配的衬布。衬布一般有黑色和白色可供选择，也有机织衬布和非机织衬布可供选择，还有黏合衬和非黏合衬可供选择（参阅第二章第 48 ～ 52 页"衬布"）。

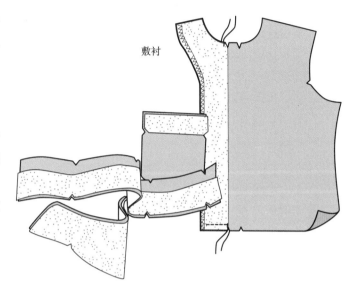

敷衬

提示:

压烫黏合衬

确定需要压衬的纸样，计算所需衬布的大小并准备好衬布。预选裁剪与衬布大小相同的面料，用蒸汽压烫的方法，将黏合衬粘在面料的反面。同时修剪面料和黏合衬，这样裁片不会变形。

② 制作省道、塔克和褶裥。

检查各纸样上的所有省道、塔克与褶裥，不管它们的位置在哪里，都必须先缝合，然后再缝合其他缝合线。然而，对于周身褶裥的褶裙，则需要先缝合侧缝，再缝褶裥（参阅第八章和第九章内容）。

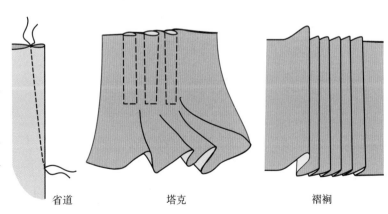

省道　　　　　塔克　　　　　褶裥

③ 缝合分割线。

　　分割线指除了肩缝、袖窿弧线和侧缝之外的其他破缝线。通常是从部件的一条缝（或服装的一边沿）到另一条缝（或服装的另一边沿）。例如，育克是从一侧缝至另一侧缝，公主线是从肩缝到底边。缝合这类分割线，可采用暗包缝、活页接缝或嵌条缝。

　　接下来缝合前、后中心线和裤子的裆缝，直至拉链开口的位置，在面料表面缝出理想的线迹。

　　不要缝合侧缝和肩缝。此时，已经完成服装的前片与后片。将服装的前、后片放平，侧缝或肩缝先不要合缝（参阅第七章内容）。

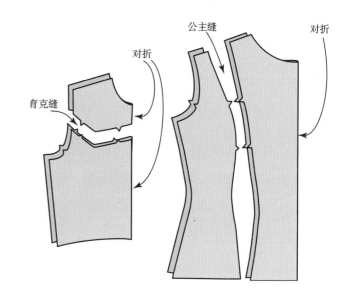

提示：

　　如果设计的款式需要在分割线处缉明线，则明线的颜色可以选择与面料相同的颜色，也可以选择面料的对比色；如果想要加粗线迹，则可以使用锁扣眼线或双股机缝线（参阅第六章内容）。

④ 缝制口袋。

　　衣片放平，则容易缉口袋。如果服装有一对口袋，则两侧应保持对称平衡。口袋是显而易见的服装细节，缝制口袋的用时在一定程度上可以体现出制作者的技能与工艺水平（参阅第十三章内容）。

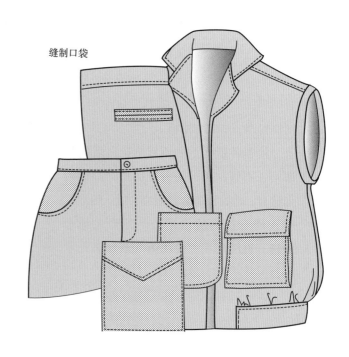

5 绱拉链。

如果服装设计了拉链，则此时就可以绱拉链了，注意保持服装的平整。

拉链通常用于夹克、半身裙、裤子、腰部无断缝线（腰缝）的连衣裙。大多数女衬衫在前中或后中有纽扣，所以不需要绱拉链。请检查纸样，根据需要确定是否选用拉链作为闭合件以及拉链的类型（参阅第十二章内容）。

注：如果这是一件有腰缝或高腰缝的连衣裙，则请跳过此步骤，直接进行第⑥步操作，有关连衣裙绱拉链请见第⑯步。如果服装需要钉扣、锁扣眼而不是绱拉链，则请跳过此步骤而进行下一步骤。直至服装缝制结束，再钉扣和锁眼（参阅第⑱步）。

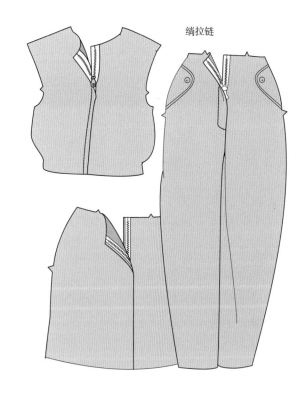

绱拉链

6 合肩缝。

大多数连衣裙与女衬衫的前、后身片与贴边都有肩缝，此时，对所有肩缝进行合缝处理。

注：通常，肩缝缝合采用平缝，但是也有例外，例如，男衬衫可能采用暗包缝（参阅第七章"缝合方法"）。

提示：

合缝前，先烫平各裁片缝合线，切忌没有熨烫就缝合。

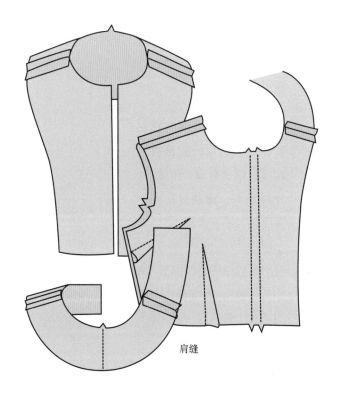

肩缝

(7) 缲衬衫袖。

大多数定制服装或较合体的服装通常都选用装袖或圆袖造型，这类袖子要完成第⑫步后才能缲袖。但是，对于衣身为平面结构造型的上衣，可以先将袖子与衣身袖窿缝合，然后再缝合侧缝。

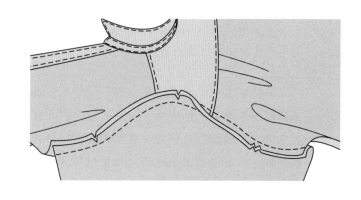

(8) 缝合侧缝和下裆缝。

现在可以得到服装的基本雏形了，选择一种符合服装设计和面料的缝线，然后缝合衬衫、上身、半身裙和裤子的所有侧缝，缝合裤子的所有下裆缝。

注：如果设计的连衣裙配有一条半身衬裙，则必须先缝合此衬裙的侧缝，而不是将衬裙直接缝合在大身上。

注：大多数服装都有侧缝，然而一些围裹式服装则没有设计侧缝，针对后者，请跳过此步骤而进行下一步骤。

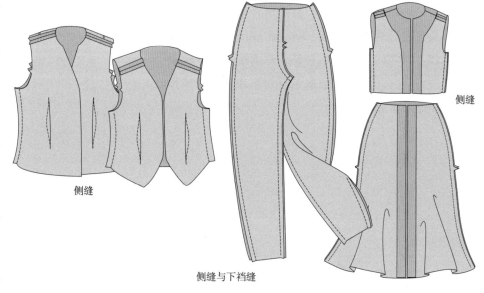

侧缝

侧缝与下裆缝

侧缝

(9) 缲半身裙和裤子的腰头或贴边。

缲腰头、腰部贴边、裙贴边或松紧带腰头（参阅第二十章内容）。

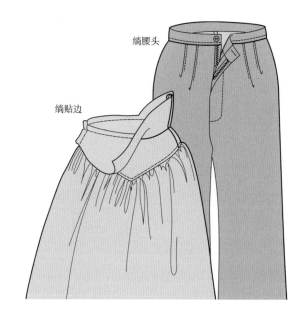

缲腰头

缲贴边

提示：

如果服装需要配里布，则请按照服装面料的缝制步骤缝制里布。然后，将里布与面料缝合，注意操作时将里布和面料的反面相对，腰线与腰线对齐，再缲腰头。

10 制作领子。

缝制领片，压烫领子的一边，在第⑪步之前完成。将领子准备好是非常重要的，但暂时不要将领子缝合到服装上（参阅第十五章内容）。

注：如果连衣裙和女衬衫没有设计领子，则请跳过此步骤，但要用一条斜绲条或贴边来对领口做净处理。贴边的缝制在后面介绍。

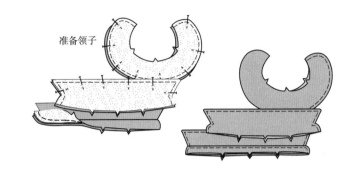

准备领子

11 绱领。

在此时绱领。将领子与衣身领口线或前中领子贴边缝合。但是，对于无领的领口需要缝制一条斜绲条或贴边，如第⑭步。

注：一些领子不需要贴边，一些领子需要全贴边，而另一些领子则需要部分贴边（参阅第十五章内容）。

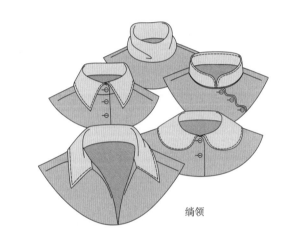

绱领

12 制作袖子。

绱袖之前要先完成袖子的所有细节，例如袖开衩、袖克夫、荷叶边、抽褶和松紧带等（参阅第十四章内容）。

在将袖子与衣身袖窿缝合之前，请先完成袖子的细节部分，这样更容易处理袖子与大身的缝制。

提示：

如果服装为无袖设计，则请跳过此步骤，但要采用一条斜绲条、贴边或卷边缝来对袖窿做净处理，贴边的缝制在后面介绍。

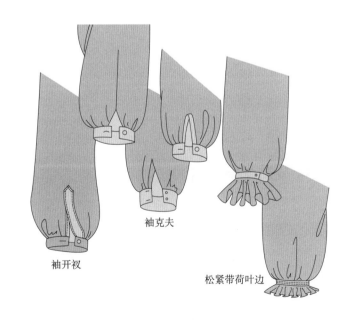

袖克夫

袖开衩

松紧带荷叶边

(13) 绱袖。

现在已经准备好衣身了，可以将完成的袖子与衣身的袖窿进行缝合（参阅第十四章第230～235页"袖型设计"）。

注：如果服装为无袖设计，则袖窿处需要一条斜绲条、贴边或卷边缝来对袖窿做净处理。参阅第⑭步。

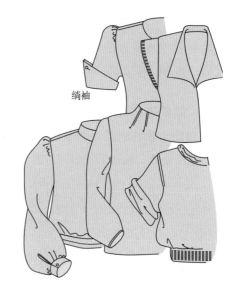

绱袖

(14) 缝合贴边（无领或无袖）。

缝合袖窿和领口的贴边或斜绲条。

如果服装为无袖或无领设计，则需要用斜绲条和贴边来隐藏毛边，使其边缘平滑干净（参阅第十七章和第十章内容）。

注：许多女衬衫和连衣裙的前中部位都有贴边设计，但通常是在绱领之前就已经完成了该贴边的缝制。

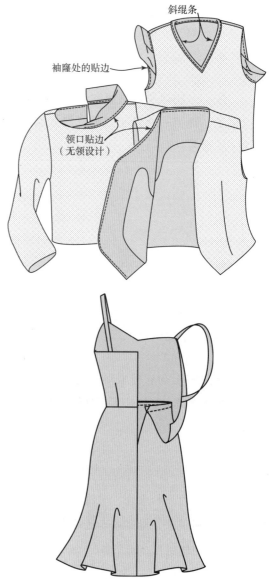

斜绲条

袖窿处的贴边

领口贴边
（无领设计）

(15) 缝合连衣裙的腰缝或高腰缝。

当缝制一条带腰缝或高腰缝的连衣裙时，需要将上身和下裙在腰线处缝合，使其成为一个整体（参阅第二十章内容）。

16 绱拉链（有腰缝的连衣裙）。

　　如果连衣裙有腰缝或高腰缝、拉链设计，则此时就可以绱拉链了。如前所述，纸样上会标记适合服装的拉链类型和尺寸。通常，后中拉链的长度为45.72~55.88cm（18~22英寸，参阅第十二章内容）。

　　注：连衣裙的前中若选择纽扣作为闭合件则无需绱拉链。如果服装设计的是钉扣和锁眼，则请跳过此步骤。

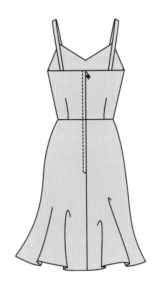

缝底边

17 底边处理。

　　选择一个适合服装和面料的底边处理方法（参阅第二十一章内容）。

　　如果没有特意装饰底边，则底边通常不会引人注目。处理底边的目的是使其光洁，防止脱线，并稍稍增加底边的重量，令服装悬挂起来更显平整。

18 完成服装闭合件。

　　此时请钉扣、锁眼。应先思考扣眼的位置，通常，纽扣与扣眼位于前中心线上，而不是服装的边缘。此时也可以选择钩襻、盘扣及其他闭合件。请选择最适合服装的闭合件，并完成服装。

　　注：在服装上挖扣眼之前，应当取一小片废弃的面料进行锁眼试验。

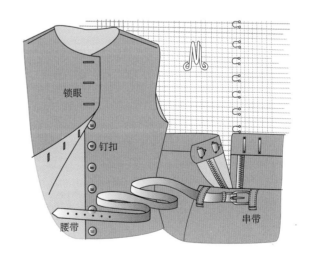

锁眼

钉扣

腰带

串带

19 收尾工作。

腰带、蝴蝶结、管状细带等配件都是需要完成的服装收尾工作。

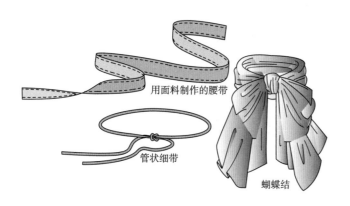

用面料制作的腰带

管状细带

蝴蝶结

缝制工序速查
指南

请按照下面的步骤进行操作，如果某步骤不适合你的服装，请跳过该步骤。对表进行复制、分组汇总，并将列表放在缝纫机旁边以便随时查阅。

1	敷衬	
2	制作省道、塔克和褶裥	
3	缝合分割线	
4	缝制口袋	
5	绱拉链	
6	合肩缝	
7	绱衬衫袖	
8	缝合侧缝与下裆缝	
9	绱半身裙和裤子的腰头或贴边	
10	制作领子	
11	绱领	
12	制作袖子	
13	绱袖	
14	缝合贴边（无领或无袖）	
15	缝合连衣裙的腰缝或高腰缝	
16	绱拉链（有腰缝的连衣裙）	
17	底边处理	
18	完成服装闭合件	
19	收尾工作	

简单服装的缝制工序

如第 84 页所述，按照服装缝制工序一步一步操作、将设计的服装"组装"成型，这是一套系统有序的缝制方法，构成了服装的缝制流程。很多样衣室在缝制样衣时都遵循服装缝制工序。换句话说，所有的省道、塔克、褶裥和分割线应提前缝合，这时还没有缝合侧缝、肩缝，请必要时再缝合。

下面展示了几款服装设计图，包括裤子、半身裙、针织 T 恤和衬衫，并简略介绍其缝制工序。在后面章节中还会具体讲解特定服装的缝制细节。

松紧带裤子

① 缝合前、后裆缝。

② 缝合侧缝。

③ 缝合下裆缝。

④ 折叠腰头并缝合，预留出一个穿松紧带的小口。

⑤ 将松紧带穿入腰头。

⑥ 缝合裤口底边。

关于缝制细节请参阅其他章节内容。

育克半身裙

① 前、后裙片抽碎褶（如果需要）。

② 将前育克片与前裙片缝合，将后育克片与后裙片缝合。如果裙身需要丰满的造型，则首先在缝合线处抽褶。

③ 缝合后中心线并绱拉链。

④ 在两侧缝上绱口袋，并缝合侧缝。

⑤ 缝合底边。

⑥ 钉扣和锁眼。

针织 T 恤

1 缝合肩缝，如果要用斜绲条包缝领口，则距离领口和肩部边缘 2.54cm（1英寸）处不缝合。

2 绱袖时，将袖山与袖窿缝合，使用衬衫绱袖的方法。

3 将侧缝和腋下袖底缝一起缝合。

4 用斜绲条包缝领口，或者缝制半开襟并绱领。

5 制作袖子的细节（袖克夫或袖折边）。

6 缝合底边。

7 如果需要，钉扣和锁眼。

关于缝制细节请参阅其他章节内容。

育克衬衫

1 将后育克片与后衬衫片缝合。

2 缝合明门襟。

3 将前育克片与前衬衫片缝合。

4 制作领子并绱领。

5 缝制袖衩。

6 绱袖时，将袖山与袖窿缝合，采用衬衫绱袖的方法。

7 将侧缝和腋下袖底缝一起缝合。

8 缝合底边。

9 钉扣和锁眼。

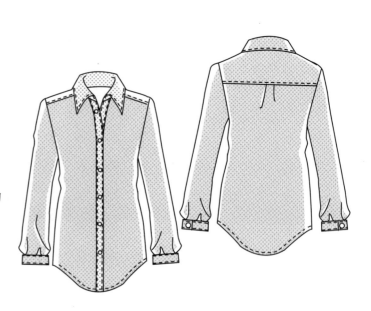

第六章

缝纫针法

第六章 学习目标

通过阅读本章内容，设计师可以：

➤ 学习手缝针法。

➤ 学习缝纫机机缝指南。

➤ 了解常规针距。

➤ 识别基础针法。

➤ 识别之字缝。

➤ 识别缉明线。

➤ 学习缉明线的方法与用途。

➤ 学习皱缩方法。

➤ 学习抽碎褶方法与褶量分配。

➤ 学习锁边方法。

➤ 学习各种底边缝法。

练习用纸样

缝制指南请参阅附录。根据缝制指南，可以学习如何控制机器的节奏，如何推送面料，如何在开始与结尾处使用倒针。

提示：

当缝合细薄或光滑的面料时，为了使缝制更加容易，可以在面料下面放一张薄纸，防止面料滑动。当缝合完成后，将薄纸撕掉。

当缝合天鹅绒或起毛面料时，请沿着需要缉缝的位置手针绷缝，以防止面料滑动。注意要按照相同毛向缝合。

遇到需抽紧或要加固的部位，如领尖、袖口、开领口部位，需要更精细、更紧的线迹，通常采用6~7针/cm（16~18针/英寸）。

重要术语及概念

线迹：指使用针线进行缝纫操作所形成的缝线组织。线迹可以是手缝线迹，也可以是机缝线迹；可以是功能性线迹，也可以是装饰性线迹；可以隐藏在服装内部，也可以显露在服装表面。

永久性线迹：用于缝合缝份、省道和塔克。其针距和松紧变化根据所用面料而定。对于大多数中厚型面料而言，4~5针/cm（10~12针/英寸）；对于透明薄型面料而言，5~6针/cm（14针/英寸）；对于厚重型面料而言，通常是3~4针/cm（8~10针/英寸）。

常规线迹：指笔直的、一致的、等长的线迹，通常作为永久性线迹使用。

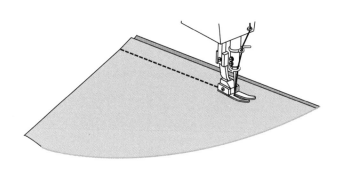

假缝（攥针）：采用手缝或机缝暂时缝合，形成长针脚线迹，2~3针/cm（6针/英寸）。假缝线迹末端不要固定或打倒针，在拆除假缝线迹之前，每隔几英寸将线剪断以便于拆除。

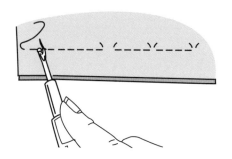

固定缝：指在服装组装之前使用平缝机在距离缝份 0.32cm（1/8 英寸）的位置缝纫，其用途是保持服装部件的原本形状，防止被拉伸，尤其适合领口部位。

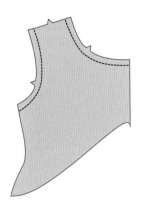

之字缝：指利用机缝形成的锯齿形线迹，用于拼接两块面料并具有一定的装饰性。其针距和宽度可以变化，这取决于所需要的效果。在缝边运用之字缝可以防止面料脱散。

之字缝也可以用于针织面料（参阅第十一章内容）。

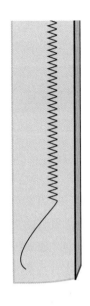

提示：

　　每当缝纫的时候，请将食指放在压脚的后面，以防止面料在缝纫过程中被拉伸变形。

定向缝：指防止缝边被拉伸。一般来说，肩缝是从领口向袖窿缝合；侧缝是从腋下向腰线缝合，袖缝是从腋下向袖口缝合；半身裙缝和裤子缝是从底边向腰线缝合。

别针假缝：指用珠针将需要缝合的两层面料预先固定，利于一起推送面料，令缝纫操作更容易。使用珠针的数量根据需要而定，避免上下层面料滑离。

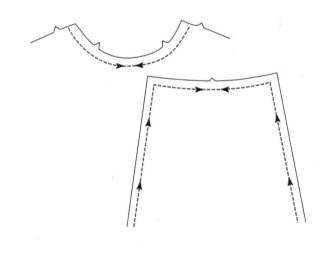

别针假缝

缉明线：指在服装表面缉缝单行或多行机缝线迹，固定服装面料层。明线用于造型分割缝、口袋、门襟和育克，其作用是增加服装的稳固性。明线也可以作为装饰线迹，大多距离边缘 0.64cm（1/4 英寸）。

明线通常比常规平缝线迹要长，其针距应设置为 2~3 针 /cm（6~8 针 / 英寸）。

明线是一种既有装饰性又有实用性的线迹，可以强调服装的接缝。明线使用的缝线通常与面料颜色相匹配。如果想要获得装饰效果，则需要选用与面料颜色呈对比色的缝线或锁眼丝线作为上线。因为明线在服装表面，一目了然，所以需要精心选配和缝制。

对明线进行定位，通常遵循一个基准。最常见的是利用压脚边缘作为基准，可以缉缝出笔直精确的明线。也可以利用其他物品作为基准，例如一条标记带、机器上的标记线、针板或压脚上附带的刻度标记线等，都可以作为纫缝的标记。

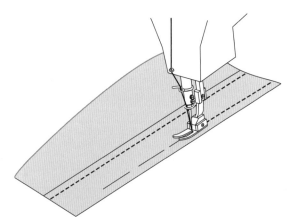

漏落缝：又称为灌缝，指在服装正面由缝线所形成的凹槽里进行缝纫。因为是缉缝在凹槽里，所以线迹不易被察觉。在缝制腰头、袖口、领子和法式斜绲条的时候，如果不想要线迹明显，则可以采用漏落缝完成。操作时，一般选择与面料颜色相匹配的缝线及常规针距。

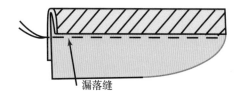

漏落缝

缉边线：即缝边线迹，指靠近缝边的一种线迹，其缝线应距离边缘在 0.16cm（1/16 英寸）内。如果缝线距离边缘超过 0.16cm（1/16 英寸），则被作为明线。

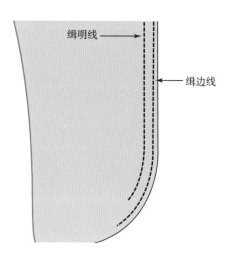

缉明线

缉边线

贴底车缝：指一排缝合在贴边或者内层的缝线，防止贴边、内层或者缝边在服装表面出现波浪状。

当贴底车缝时，手按着分开贴边与大身衣片，并将各层缝份倒向贴边一侧。在贴边的正面，靠近缝边位置进行机缝。当缝合的时候，在缝合线的两边轻轻拉着贴边和大身衣片，使其能够放平。

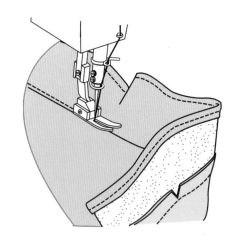

皱缩与吃缝

皱缩与吃缝是一种缝合方法，适用于服装的一条缝边比与之缝合的另一条缝边略长的时候。为了确保缝边平整且没有不良皱褶，必须对较长的缝边进行皱缩或者吃缝，从而与短的缝边缝合在一起。

皱缩与吃缝通常用于袖山、容易变形的领口弧线、胸围线之上的公主线接缝和微喇裙的下摆折边等。

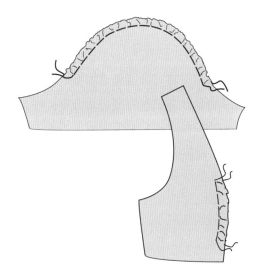

皱缩

① 请将左手食指紧紧地顶在压脚的后面，并用缝纫机沿缝合线机缝单行的缝线。注意使面料在压脚下自然前移，形成一条皱缩的缝线。面料在食指与压脚之间堆叠起来，便产生了皱缩。

③ 将皱缩的缝边向上，沿着缝线缝合。使用常规缝法，将两条缝边缝合在一起。千万注意不要出现折叠或皱褶。

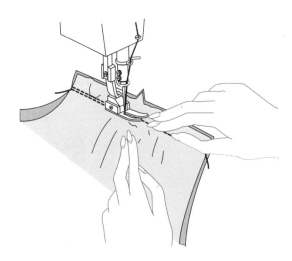

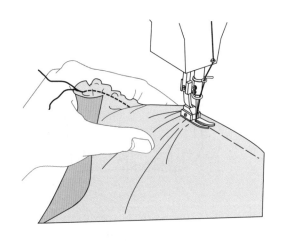

吃缝

在靠近缝线的两侧机缝两条平行的绷缝线迹，抽紧缝线形成所需的皱缩效果（稍稍皱缩即可，参阅第七章第 110 ~ 111 页 "绷缝"）。

② 将皱褶均匀分布。将需要缝合的裁片的正面相对，用珠针将较短的缝边别到需要皱缩的缝边上，大约每隔 1.27cm（1/2 英寸）别一个珠针。

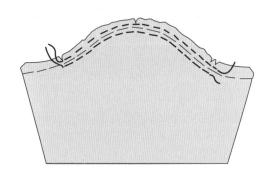

抽碎褶

　　抽碎褶是指沿着缝线推叠面料形成碎褶，塑造丰满造型，并将这些碎褶按需要进行分布。许多服装裁片在缝合前需要抽碎褶。抽碎褶可以用于服装的部件或者细节中，例如荷叶边、褶饰、紧身腰褶裙、蓬袖、泡泡袖、连衣裙结构线或者衬衫结构线。

抽褶压脚

　　大部分缝纫机的配件中都含有抽褶压脚，利用这种压脚可以快速机缝一条或者多条碎褶，且碎褶均匀。这种压脚经过专门设计，能够固定每一针的隆起造型，故可以确保抽褶均匀。根据缝纫机的不同，抽褶压脚的造型也多种多样，但是它们的底部通常都有一个"隆起"的造型。

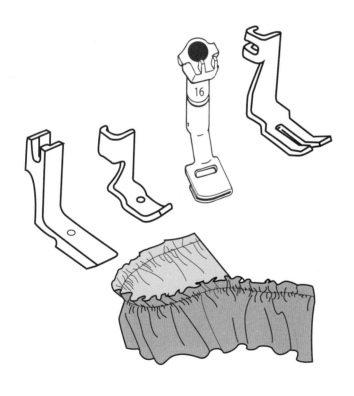

① 抽碎褶时，请将左手食指紧紧地顶在**抽褶压脚**的后面，并沿缝合线机缝，形成碎褶，注意在需要抽褶的位置从开始到结束都要抽褶，让面料在抽褶压脚下自然前移。面料在食指与压脚之间堆积起来，形成碎褶，抬起左手食指，释放堆在一起的碎褶。再将手指放回压脚后面，重复操作，直至完成想要的碎褶长度。

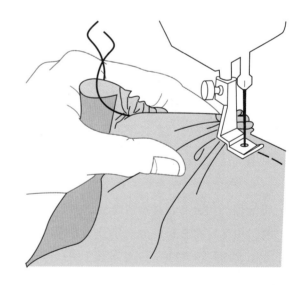

提示：

　　缝纫机针距的大小决定了褶量的大小。针距越大，褶量越大；针距越小，褶量越小。另外，厚重面料在抽碎褶时需要调紧缝线的张力。

2 将碎褶均匀分布。将需要缝合的裁片正面相对，用珠针将较短的缝边别到抽碎褶的缝边上。将抽碎褶的裁片放在上面，大约每隔 1.27cm（1/2英寸）别一个珠针。

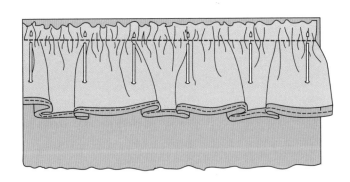

3 保持碎褶均匀分布在服装部件上面，按照缝线缝制。使用常规线迹将两块裁片缝在一起，注意不要出现任何折叠。

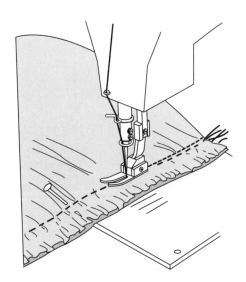

抽碎褶的其他方法

　　还有一种抽碎褶的方法，即机缝两条平行的绷缝线迹，抽紧底线直至达到想要的碎褶效果。但是，不推荐采用这种方法，而是推荐使用抽褶压脚，后者效率更高，更节约时间。

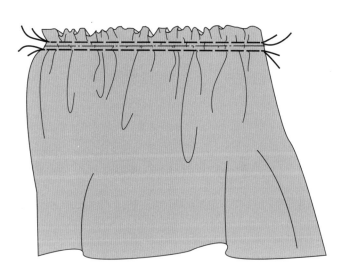

缝松紧带

松紧带通常是用来塑造服装袖山头的褶饰、收袖口或者将服装某部位收小至合适的围度（如在服装腰部缝松紧带）。

① 将松紧带对折（如果有必要也可以四折），如图所示，用珠针对对折的部位进行标记，将松紧带划分好。将需要缝松紧带的服装部位也同样划分好，并用珠针进行标记。

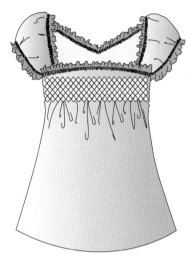

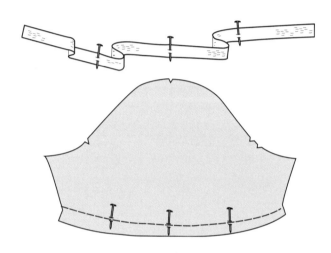

② 在服装面料的反面放置松紧带，注意划分的位置。从服装部位的一端开始，用珠针将其与松紧带的一端固定，确定服装部位与面料的对位位置，直至另一端。

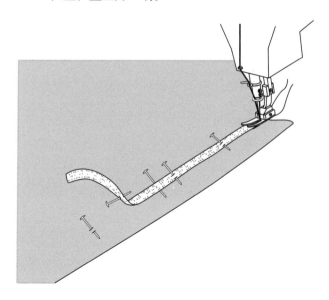

③ 当机针定位后，拉伸所划分的第一部分的松紧带，使其与第一部分的服装部位对准并机缝。第一部分完成后，再用相同的手法拉伸松紧带，继续缝合松紧带与服装部位，直至全部完成。

注：缝合松紧带的服装部位呈现碎褶造型，当穿着时，该部位可以自然拉伸，具有一定的弹性。

注：可以采用之字缝线迹，结合常规线迹、机针和梭芯一起使用。

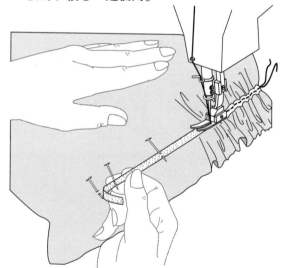

提示：

可以橡筋线作为底线，达到服装衣片抽褶的效果。手工将橡筋线缠绕在梭芯上。注意不要拉伸橡筋线。使用常规线作为上线。

底边缝法

　　许多缝法都可用于服装底边。应选择与服装匹配的缝法，缝线松紧度要适宜、均匀，确保服装的平整。针距应一致，并且在面料正面不露痕迹。下面列举了一些针法，请根据服装和面料进行选择。

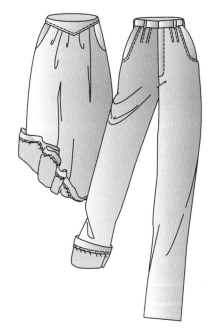

缭针

　　缭针是一种细小、稳定的针法，适用于手缝底边或绱拉链，也被称为手工挑针。

① 在底边处，先用针在衣身上挑起一两根纱线。

② 然后在距离底边卷边边缘约 0.64cm（1/4 英寸）的位置将针插入。

③ 如此重复运针，即先挑起衣身纱线，再插入底边卷边处，直至底边全部完成。

三角针

　　三角针是一种手缝的、短倒针针法，从左到右相互交替运针，形成紧密的交叉线迹，非常适用于底边。

① 在靠近底边卷边边缘处，从右向左在衣身上水平挑起少量纱线。

② 在第一针的右下方，用针斜向挑起底边卷边的少量纱线。

③ 如此循环运针，形成"Z"形，直至底边全部完成。

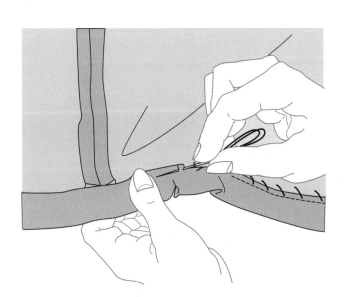

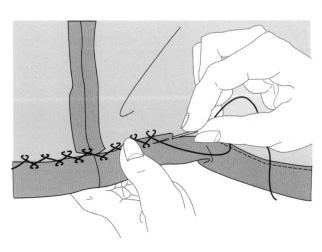

明缲针或暗缲针

明缲针或暗缲针是手缝针法，其线迹极为细小、正面几乎看不见，适用于缝底边。通过将针穿行于面料折叠部位来隐藏线迹。

① 在底边处，用针在衣身上挑起一两根不明显的纱线。

② 在第一针的斜向位置，在底边卷边处也挑起一两根纱线。

③ 如此重复运针，即先挑起衣身纱线，再挑起底边卷边纱线，直至底边全部完成。

暗缲针

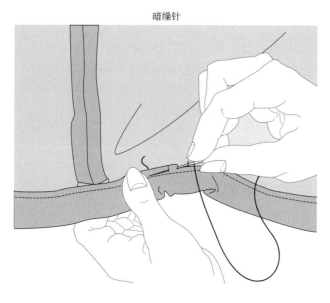

明缲针

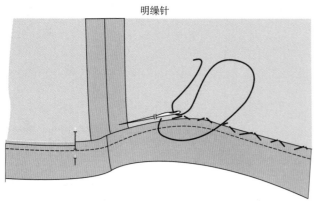

窄卷边缝

窄卷边缝是一种用缝纫机缝制的窄边，适用于衬衫和一些半身裙的底边。

① 首先将服装底边向上扣折0.64cm（1/4英寸），然后再按底边位置扣折【通常底边缝份是1.27cm（1/2英寸）】。

② 用缝纫机沿卷边适当位置机缝。

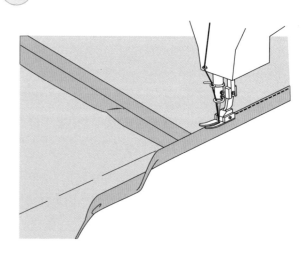

卷边或锁边

利用家用/工业包缝机，可以形成富有特色的卷边或锁边线迹，适用于丝巾、半身裙、餐巾和连衣裙等制作中，使其底边或毛边保持干净整洁，防止边缘脱散。美国国内家用包缝机需要特殊装置。专用工业包缝机则可以缝出服装工业所需的锁边线迹。

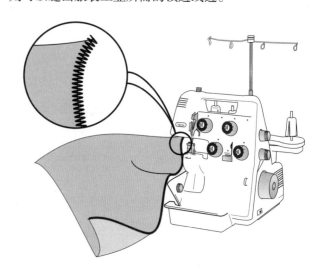

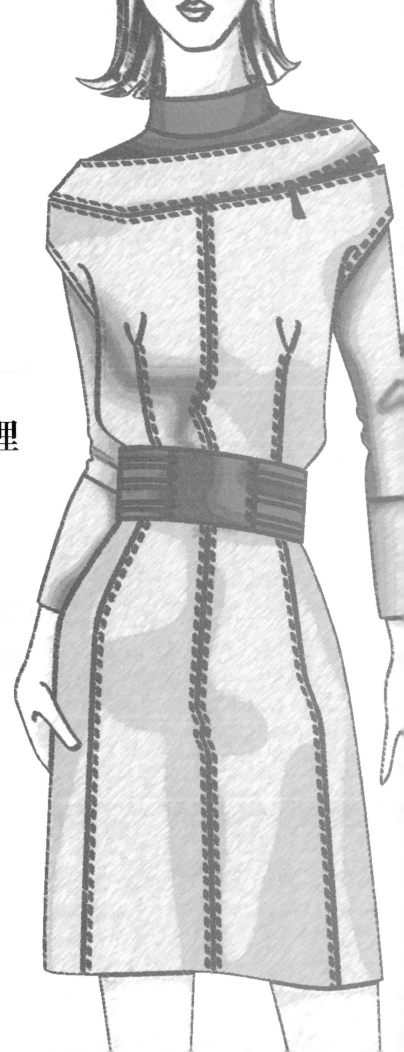

第七章

缝合方法与缝份处理

第七章 学习目标

通过阅读本章内容，设计师可以：

➤ 确定缝合基本类型。
➤ 根据刻度标记线进行缝制训练。
➤ 学习运用常规缝法将长度相同的裁片进行缝合。
➤ 学习运用绷缝法缝合裁片。
➤ 学习嵌条缝。
➤ 学习明包缝。
➤ 学习曲线缝。
➤ 学习转角缝。
➤ 学习衬衫育克缝。
➤ 学习毛边做净处理。
➤ 学习暗包缝。
➤ 学习活页接缝。

重要术语及概念

接缝：指将两块或多块裁片对齐后缝合。应当根据面料、服装类型及接缝位置，选择合适的接缝类型。

请按照以下方向进行缝合：

➤ 肩线——从领口到袖窿。
➤ 大身侧缝线——从袖窿底（腋下）到腰线或底边。
➤ 袖缝线——从腋下到袖口。
➤ 裙缝线——从底边到腰线。

缝份：亦称缝头或做缝，即留出的从缝线到布边的面料余量。缝份从0.64 ~ 2.54cm（1/4 ~ 1英寸）不等。在美国，服装缝份通常为1.59cm（5/8英寸）。

倒针：指缝纫机反方向缉线。在缝线开始和结束的位置采用倒针，来回缝合，可以加固缝线。

缝线：指服装裁片上缝合的线迹。

针距：根据服装部位缝合类型的不同而有所变化。

➤ **缝纫机常规缝线：**针距为4 ~ 5针/cm（10 ~ 12针/英寸）。

➤ **绷缝：**通常针距大，为2 ~ 3针/cm（6 ~ 8针/英寸），绷缝结束时不用倒针，目的是方便之后拆除绷缝线。

➤ **接缝上的加固线：**针距非常短，为6 ~ 7针/cm（16 ~ 18针/英寸），加固容易变形的部位，如转角部位。

刻度标记线： 有助于缝制平行于缝边的直线。刻度标记线通常标示在缝纫机的针板上。这些标记线通常以0.32cm（1/8英寸）为间隔设置有多条，表明了裁片的缝份宽度。

> **提示：**
>
> 　　在针板上沿着所选择的刻度标记线贴上一条标记带，以便提供一条贯穿缝纫机缝纫台的缝制标记线。

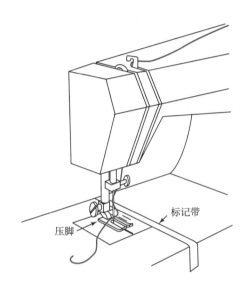

标记带

压脚

压脚： 缝纫机的送料机构附件，当机针缝合的时候，可以保持面料在机台上固z定移动。通用型压脚适合多种缝合线迹。

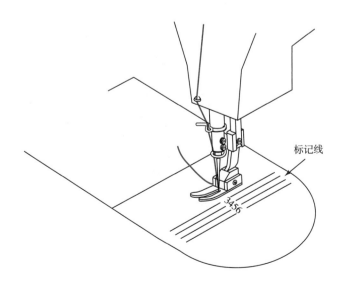

标记线

刻度标记线

　　缝合开始时和完成后，都应确保机针和压脚处于最高位置。在压脚后面应该留长约12.7cm（5英寸）的缝线。

　　将面料放在压脚的下面，使裁片毛边位于机针的右面，确保毛边与针板上的刻度标记线平行，从而对缝合线进行直接定位。

　　放下压脚，当缝合面料时，应轻轻地拉住面料，同时使面料的前行轨迹与针板上的刻度标记线平行。

　　当用缝纫机缝合面料时，应注意裁片的毛边而不是机针。先向前缝合0.64cm（1/4英寸），然后倒退至面料的边缘，再向前沿着缝合线进行平缝；在缝合线结束的位置打0.64cm（1/4英寸）的倒针，最后再向前缝合至面料的边缘。

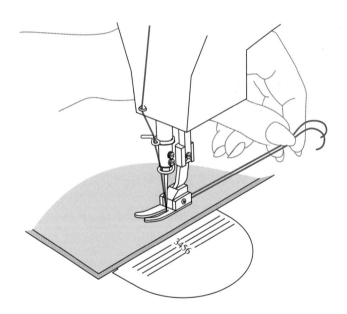

练习用纸样

　　本章介绍了各种缝合方法，并在附录中提供了练习所需的部分纸样。请按照纸样裁剪并进行缝制练习。

缝合方法

平缝

　　平缝是将两块裁片缝合在一起最常用的一种缝法，主要用于侧缝、肩缝和造型分割线的缝合。除针织面料外，平缝适用于大多数面料，针距4～5针/cm（10~12针/英寸）。细节请参阅第六章。服装缝份宽度通常为1.59cm（5/8英寸），工业成衣缝份宽度为1.27cm（1/2英寸）。

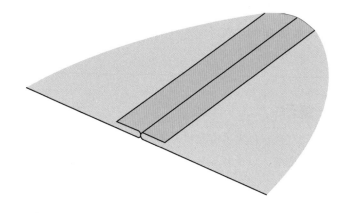

③　将底线和上线从压脚下穿出，向后拉。

① 将第一块裁片放在缝纫台上，注意裁片正面朝上。

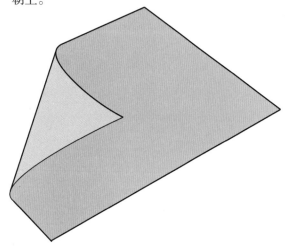

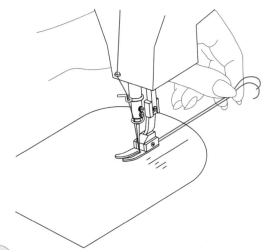

④　将两块裁片需缝合的起始处放在压脚下，将裁片的毛边与缝纫机针板上的刻度标记线对齐。

② 将第二块裁片放在第一块裁片之上，注意两块裁片正面相对。

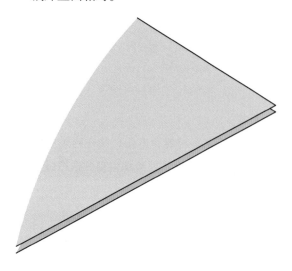

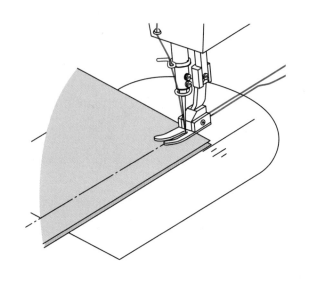

⑤ 沿着缝纫机针板上的刻度标记线，按照缝合线向前缝合裁片 0.64cm（1/4 英寸），然后打倒针，再向前缝合直至完成平缝。

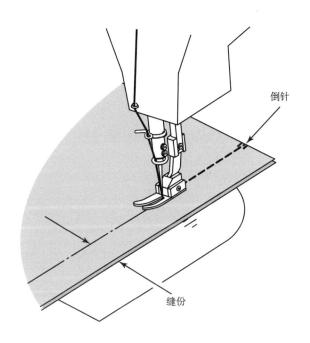

倒针

缝份

⑦ 将连着线的裁片拉到压脚的后面，沿着裁片的边缘剪断缝线。

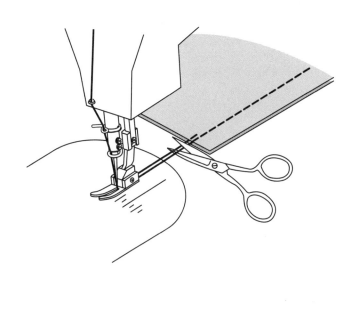

⑥ 在缝合线结束的位置，打 0.64cm（1/4 英寸）的倒针，然后再向前缝合直至裁片边缘。

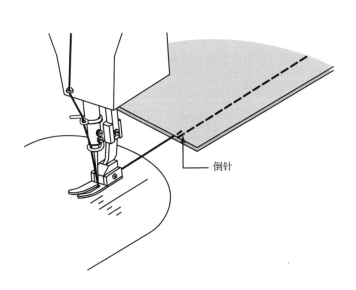

倒针

⑧ 将缝份劈缝熨烫。

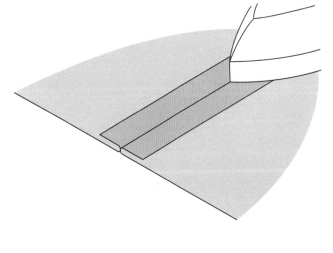

绷缝

绷缝是将两块裁片临时缝合在一起的针法，常常用于嵌条缝、活页接缝以及绷拉链前的初步缝合，也可用于服装试样的样衣缝合。针距是 2 ~ 3 针 /cm（6 针 / 英寸），通常是缝纫机最长的针距。绷缝缝份宽度与平缝缝份宽度相同。

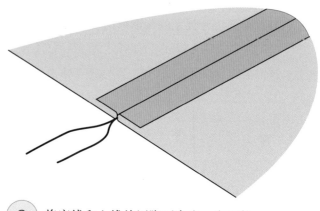

① 将第一块裁片放在缝纫台上，注意裁片正面朝上。

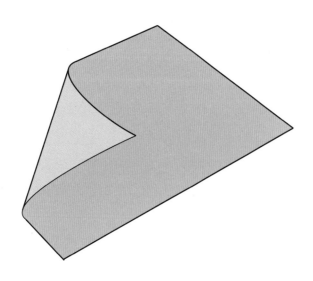

② 将第二块裁片放在第一块裁片之上，注意两块裁片正面相对。

③ 将底线和上线从压脚下穿出，向后拉。

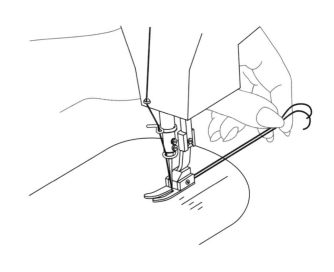

④ 将两块裁片需缝合的起始处放在压脚下，将裁片的毛边与缝纫机针板上的刻度标记线对齐。

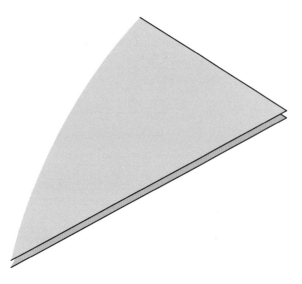

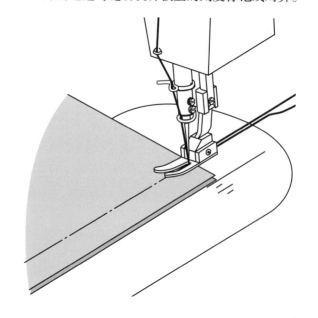

⑤ 沿着刻度标记线，使用最长的针距，不要打倒针，
按照缝合线向前继续缝合直至完成整条缝线。

⑦ 将缝份劈缝熨烫。

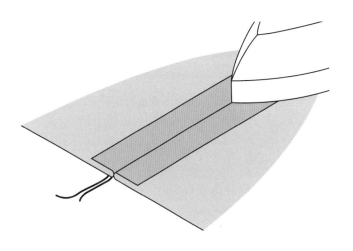

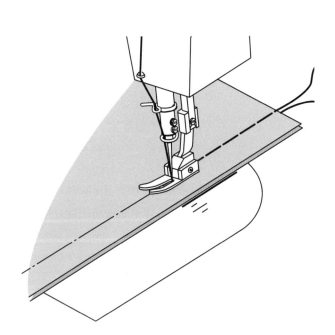

⑥ 将连着线的裁片拉到压脚的后面，在裁片和机
针的中间剪断缝线。

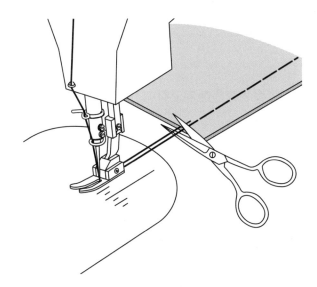

嵌条缝

　　嵌条缝是一种很实用的缝法，通过嵌条缝可以将一条蕾丝边或一条与服装面料颜色相近或对比的布条固定到缝合线的下面，形成嵌条。当拆除合缝处的绷缝线后，布条就从完成的缝线边显现出来。嵌条缝可以为平缝增加装饰性，多用于育克线上。

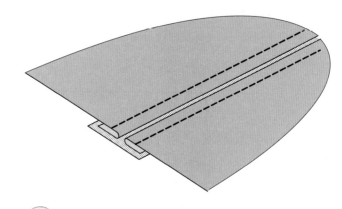

① 运用绷缝针法进行平缝，请参阅本章第110～111页。

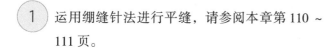

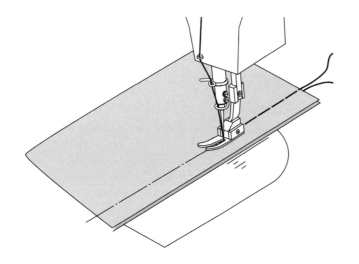

② 将缝份劈缝烫开。

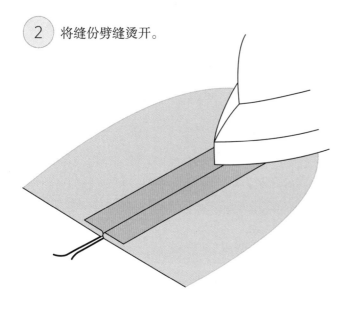

③ 裁剪一条与服装面料颜色相近或对比的布条，其布条宽度为缝份宽度的两倍。将布条如图所示放在服装裁片缝份上。如果需要请用珠针固定。

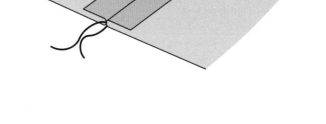

④ 将服装裁片翻至正面朝上，确保布条仍位于服装裁片缝份处。

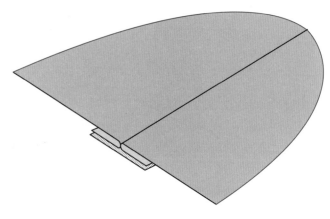

⑤ 在一侧，以压脚作为参照物，距缝线 0.64cm（1/4 英寸）处缉缝一条笔直的线迹。

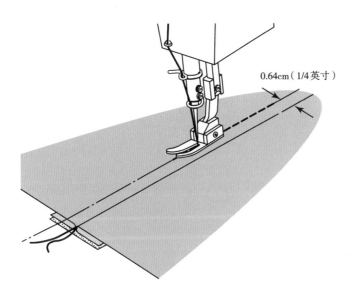

0.64cm（1/4英寸）

⑦ 拆除绷缝线，露出嵌入的布条。

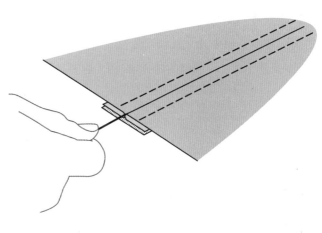

⑥ 在另一侧，重复上一步骤，并用熨斗烫平。

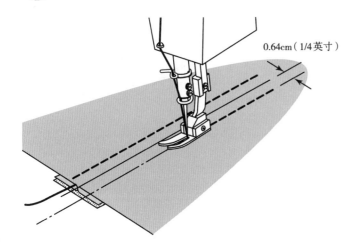

0.64cm（1/4英寸）

来去缝

  来去缝，亦称法式缝，是一种在一条缝线内又缝合另一条窄缝线的缝法，目的是包住面料的毛边，避免脱散。这种缝法适用于透明薄纱面料和女式内衣，可以隐藏透明面料的毛边。采用来去缝，无论从服装的正面还是反面来看，其缝线处都具有整洁干净的外观。来去缝不适合有弧度的缝合线，因为容易鼓起变形。

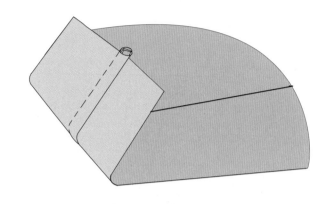

① 将两块裁片放在缝纫台上，注意裁片**反面相对**。沿着缝纫机针板上的刻度标记线，缝合一条缝份宽度为 0.64cm（1/4 英寸）的缝线，如图所示，平缝并打倒针（参阅第 109 页）。

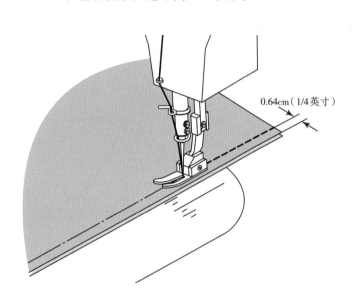

0.64cm（1/4英寸）

③ 将缝份劈缝熨烫。

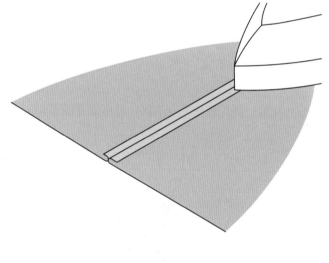

② 修剪缝份，确保缝份宽度为 0.32cm（1/8 英寸）。

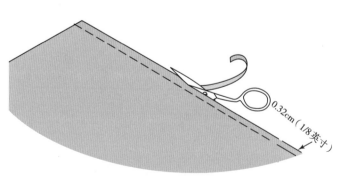

0.32cm（1/8英寸）

④ 将裁片对折，注意裁片正面相对。

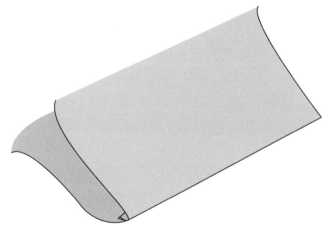

⑤ 按 0.64cm（1/4 英寸）的缝份宽度再次缝合。如图所示，平缝并打倒针（参阅本章第 109 页）。

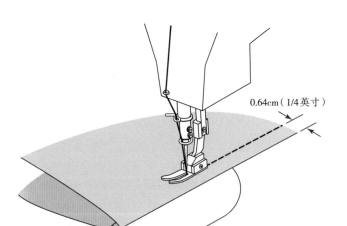

0.64cm（1/4 英寸）

⑥ 将服装裁片翻至正面朝上，将缝份烫向一侧。注意，从服装正面看，合缝处是一条完成的缝合线，从反面看缝份已经被封闭。

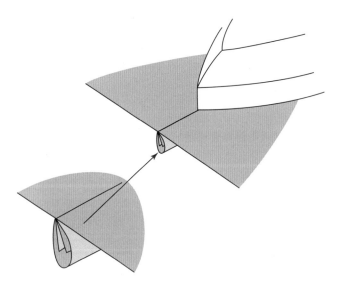

提示：

　　封闭的来去缝可运用于装饰性服装或缝边外露的服装。

明包缝

明包缝是一种使服装合缝处正反面都保持整洁的缝法。采用明包缝，服装正面会呈现两条缝线。明包缝通常适用于运动装和两面穿的服装，可以使合缝处牢固耐磨。

注：如图所示，这里介绍的是利用缝纫机进行明包缝的步骤，适合设计室。而工厂会有专用的生产设备，以便批量生产。

① 将两块裁片放在缝纫台上，注意裁片**反面相对**。

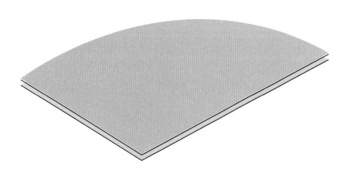

② 平缝一条缝线（参阅本章第108~109页），将缝份倒向一侧熨烫。

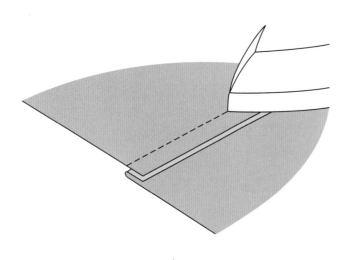

③ 将双层缝份边缘扣折0.64cm（1/4英寸）。

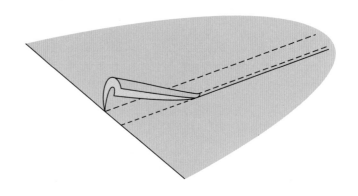

④ 如图所示将缝份放平。

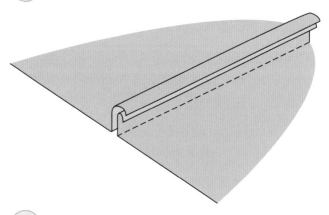

⑤ 以压脚内侧边作为缝制参考线，紧贴扣折边缝合所有面料层。

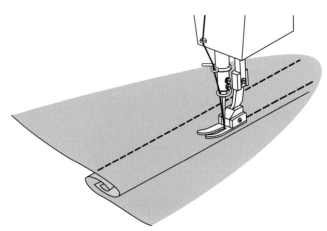

夹心嵌条缝

　　夹心嵌条缝是一种制作装饰缝或装饰边的缝法，常运用于服装或家居时尚用品（如抱枕）中，凸显特色设计。夹心嵌条缝可用于领口线、领外口、口袋边缘等，以强调这些部件的外边缘，其缝线处会显得比较硬挺。夹心嵌条缝适宜中等厚度的面料。

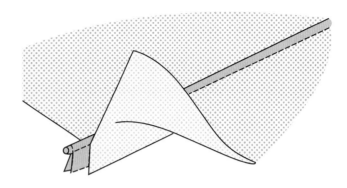

① 将第一块裁片放在缝纫台上，注意裁片正面朝上。将嵌条放在裁片上，使嵌条的毛边与裁片的毛边对齐。沿着缝合线将嵌条绷缝在面料的缝份上。

③ 使用嵌线压脚或者拉链压脚，沿着缝合线挨着嵌线的边缘缝合。

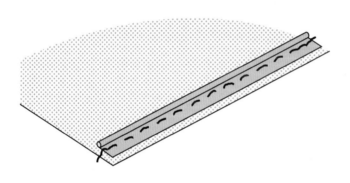

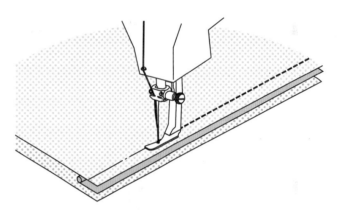

② 将第二片裁片放在嵌条上，注意裁片正面朝下。确保所有的毛边都对齐。

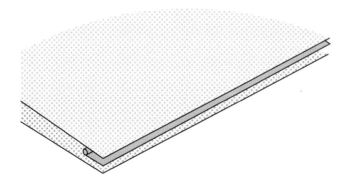

提示：

　　对于外弧形的夹心嵌条缝，需要拉长外弧缝份并放松嵌条缝合；对于内弧形的夹心嵌条缝，需要拉长嵌条，稍微放松外弧缝份。

曲线缝

曲线缝可以起到塑形的作用，通常用于服装造型分割线，如公主线、衣身育克和裙子育克等。

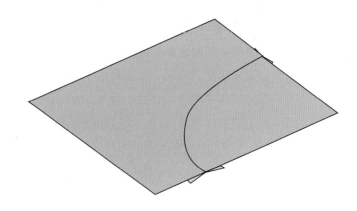

① 将具有凹弧线的裁片放在缝纫台上，注意裁片正面朝上。

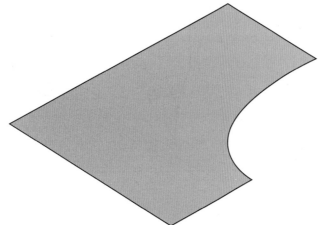

② 将具有凸弧线的裁片放在第一块裁片上，注意第二块裁片反面朝上，如图所示。

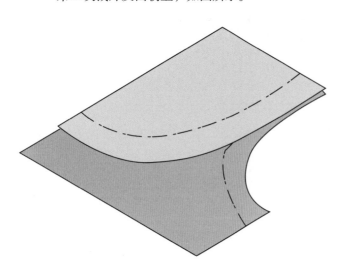

③ 开始平缝（参阅本章第 108 ~ 109 页）。

④ 继续缝合至缝合线（或裁片边缘）的分叉处。

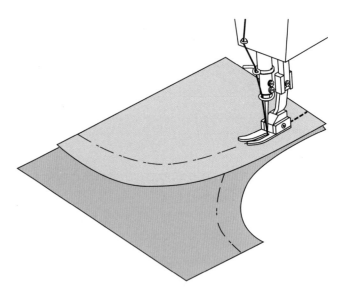

5　下落机针、扎入裁片，抬起压脚。

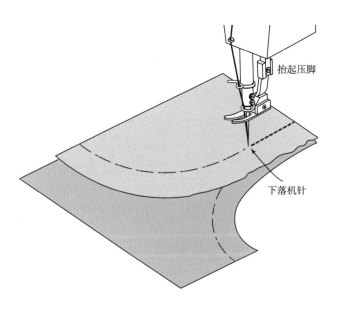

抬起压脚

下落机针

6　以机针为轴，转动上层裁片，直至缝合线（或裁片边缘）交汇重合。

7　继续缝合。

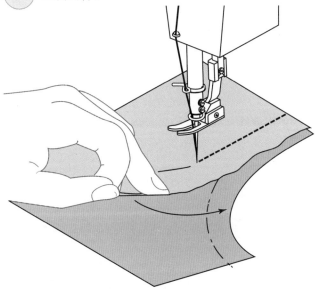

8　重复上述步骤直至完成缝合线。

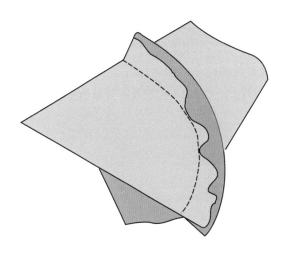

9　将全部缝份倒向一侧熨烫。

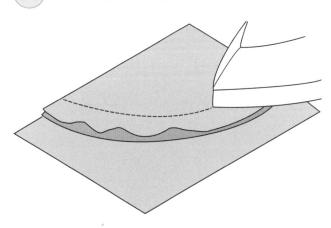

转角缝

转角缝常用于方形育克和正方形或 V 形的造型分割线、领口线中，这些部位有转角，处理起来比较棘手，因为必须恰好在转角的缝合转折点或 V 形转折点上转折。这种处理转角的缝制方法也可以应用在其他有角度的缝合线上，如三角形布或有尖角的育克。

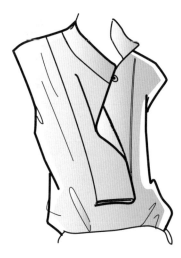

① 将第一块裁片（通常是较大的一片）放在缝纫台上，注意面料正面朝上。

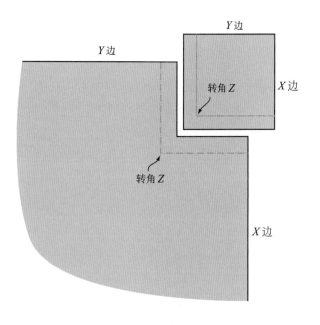

注：有针对性地学习这部分内容，如图所示，注意裁片的 *X* 边、*Y* 边与转角 *Z*。

② 将第二块裁片放在第一块裁片上，注意两块裁片正面相对，对齐缝合线（在这个案例中，对齐 *Y* 边和缝合线）。

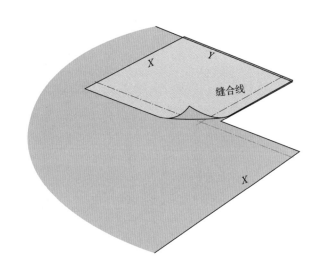

③ 沿着缝合线缝至转角 *Z* 处。

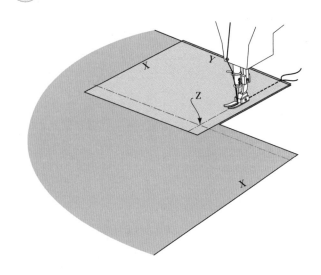

④ 下落机针，抬起压脚。保证机针扎在裁片转角 Z 的位置。

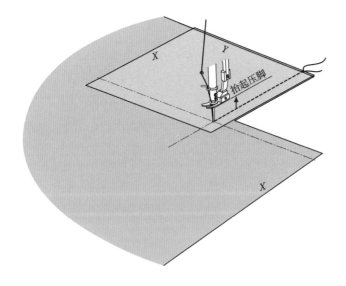

⑤ 小心地将下层裁片转角 Z 处剪开，注意不要将缝线剪断，在距转角 0.16cm（1/16 英寸）的位置停下。

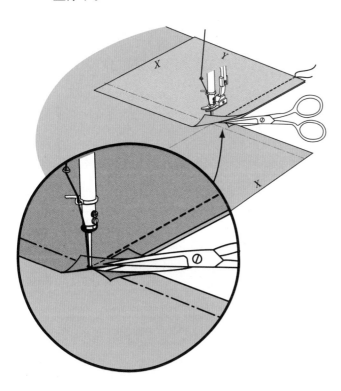

⑥ 保持机针下落、抬起压脚，以缝合线转角 Z 处的机针为轴，转动上层裁片。继续转动上层裁片直至与下层裁片的缝合线交汇重合（在这个案例中，对齐 X 边和缝合线）。

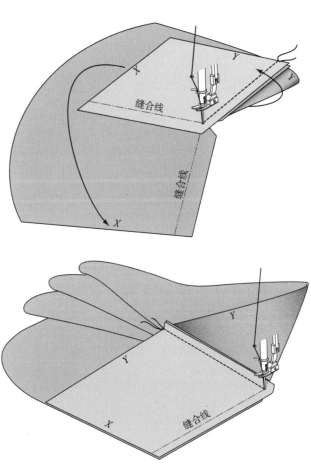

⑦ 继续缝合，直至完成缝合线。

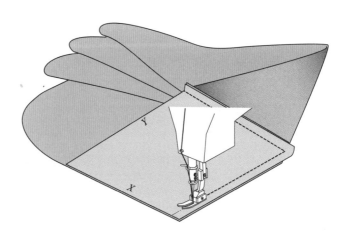

衬衫育克缝

　　运用传统衬衫育克缝，可以完成各种育克结构线和前门襟，适用于男、女、童装中的正装衬衫与休闲衬衫。育克的面、里层通常选用与服装相同的面料。然而，对于绗缝的法兰绒衬衫，通常育克里层选用里布。

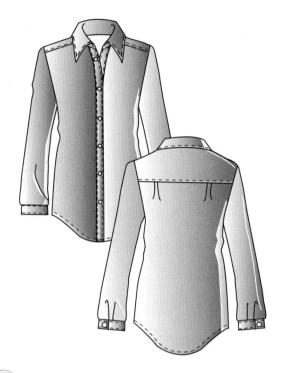

① 缝合所有的塔克、褶和裥。注意衬衫后片的褶（有些衬衫仅仅只有一个褶，位于后中位置）。

② 将衬衫后片夹在育克的面层与里层之间并缝合。

③ 将衬衫的右前片、左前片与
育克里层（只有一层）对齐
缝合。

注：将育克里层正面与
前片反面相对，也就是说，
正面与反面相对。

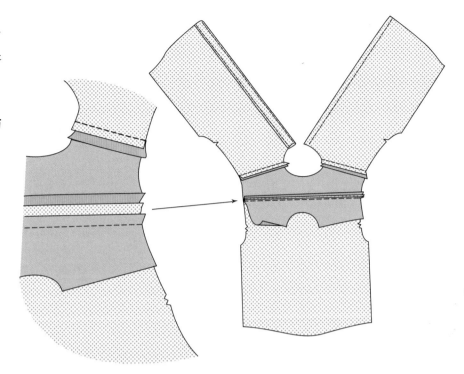

④ 将两层育克向上翻并烫平，在后育克缝线上缉
明线。

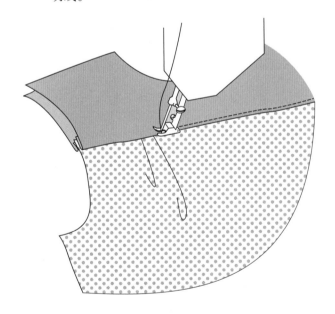

⑤ 扣烫面层的育克的肩部缝份，并用珠针将肩部
扣烫好的缝份与前片肩缝的缝份假缝，再将面
层育克机缝到衣身上。

注：现在可以给衬衫绱袖了，可选择开放
式衣袖的缝制方法，同时绱领，通常选用立翻
领或中式立领。

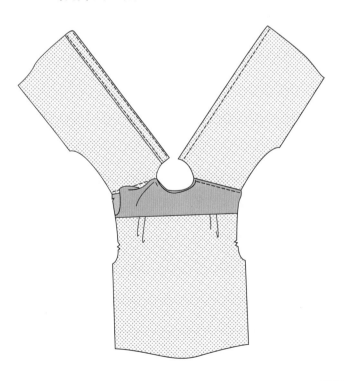

褶边接缝

利用褶边接缝，可以将已购买或自己已抽好褶的装饰褶边缝到接缝边缘、领口、袖口或女衬衫贴边上，如图所示。

① 用珠针将已制作好或已购买的褶边固定到服装裁片的外边缘处。褶边的反面应与服装裁片边缘的正面相对。

② 在适当位置绷缝褶边。

③ 将贴边放在褶边上面并用珠针固定。

④ 沿着缝合线缝合，完成整个外层缝线长度。

⑤ 将服装裁片正面翻出，沿边缉缝。用熨斗将外边缘处烫平。

注：对塑造"直立的"褶边，请将褶边的正面与服装裁片的正面相对。

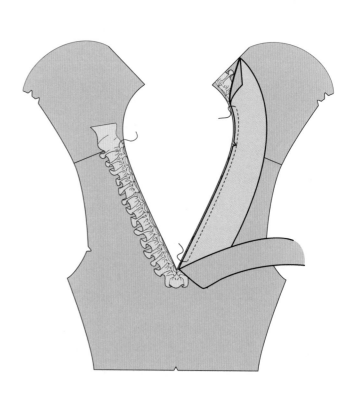

缝份处理

平缝做净处理

平缝做净处理可以使缝边干净整洁，防止脱散，尤其适合粗纺织物、粗花呢等；同时，也使服装内部干净整洁，适合制作无里布的夹克。

① 平缝，请参阅本章第 108 ～ 109 页。

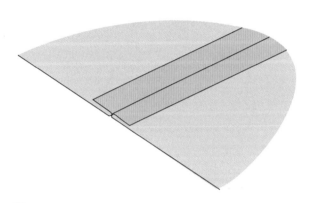

② 将裁片缝合线部位放在缝纫台上，注意裁片反面朝上，如图所示，将一边缝份向下扣折。

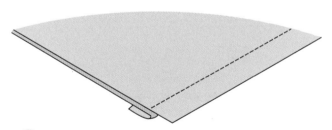

③ 将露出的缝份向上扣折 0.32cm（1/8 英寸）。

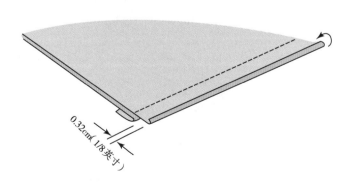

0.32cm（1/8 英寸）

④ 沿扣折边缉缝。

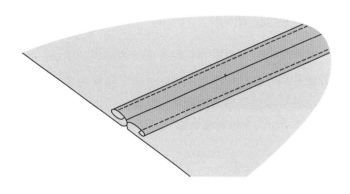

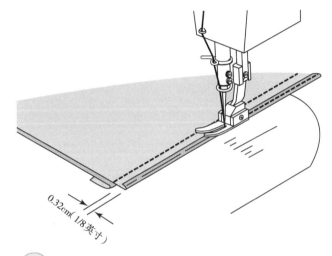

0.32cm（1/8 英寸）

⑤ 另一边缝份也按以上步骤处理。

⑥ 将缝份劈缝熨烫。

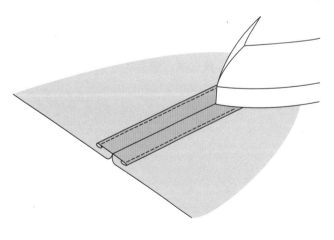

平缝包边处理

平缝包边处理需要斜绲条来处理缝边的毛边。当缝合粗疏织物或粗纺毛织物时，由于面料边缘容易脱散，故非常适合采用这种缝法。此外，该缝法也适用于人造毛皮或无里布的夹克，使其外观干净整洁。

(1) 平缝，请参阅本章第 108 ~ 109 页。

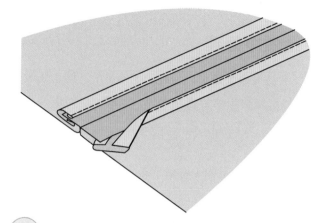

(4) 沿着斜绲条的扣折边缉缝。

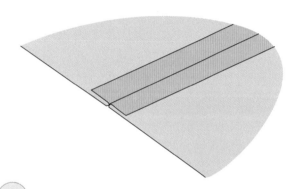

(2) 将裁片放在缝纫台上，注意裁片反面朝上，如图所示，将一边缝份向下扣折。

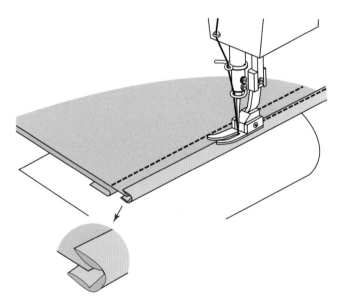

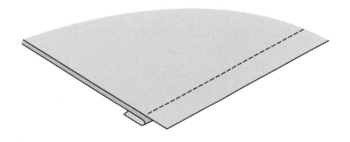

(5) 另一边缝份也按以上步骤处理，然后将缝份劈缝烫开。

(3) 用购买的斜绲条夹住露出的缝份边缘。

> **注：如果需要，缝边的毛边均可以采用斜绲条来处理。**

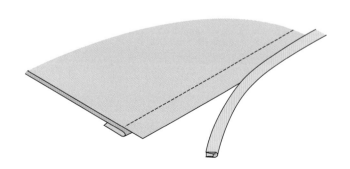

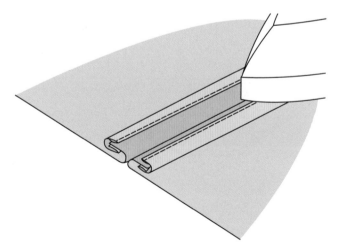

暗包缝

　　暗包缝是在平缝的基础上采用与面料同色或呈对比色的线再缉明线，故缝份处理细致。这种缝法通常用于公主线和育克缝上，且常常采用结实耐用的面料。暗包缝既能使缝边牢固，又具有一定的装饰效果。

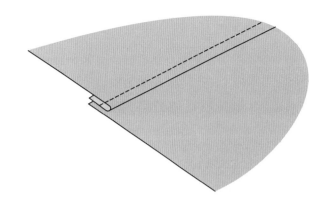

① 平缝，请参阅本章第 108 ~ 109 页。

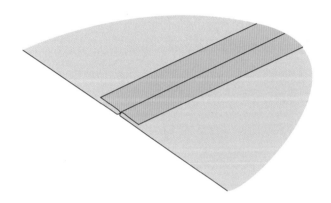

② 将缝份倒向一侧熨烫。

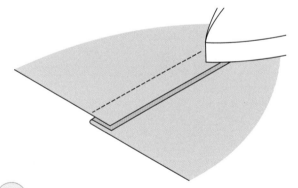

③ 将两块裁片翻过来，注意裁片正面朝上。

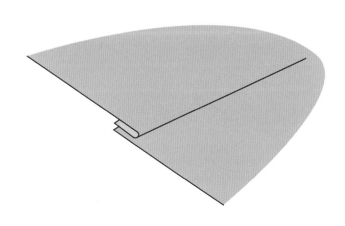

④ 以压脚作为参照物，在距缝合线 0.64cm（1/4 英寸）的位置缉缝一条平直的线迹。

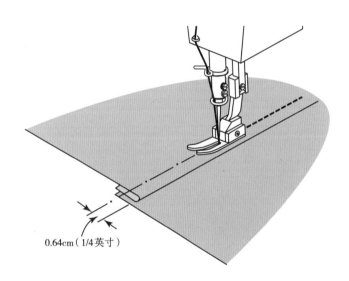

0.64cm（1/4 英寸）

⑤ 熨烫平整。

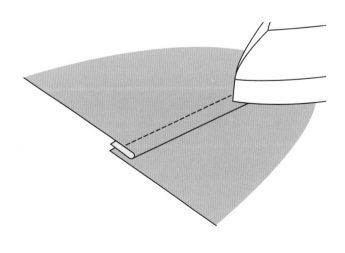

活页接缝

活页接缝具有装饰性。这种缝法形成一个小的塔克造型，突出了结构细节，给服装增添了趣味性。活页接缝适合大多数面料，除了透明薄纱面料。

① 绷缝，请参阅本章第 110 ~ 111 页。

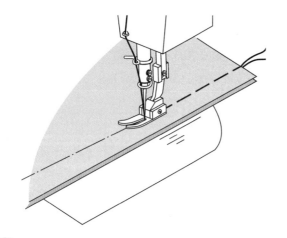

② 将缝份倒向一侧熨烫。

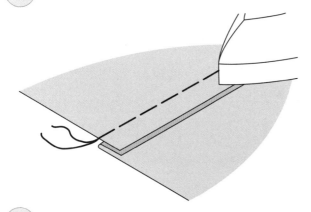

③ 将两块裁片翻过来，注意裁片正面朝上。

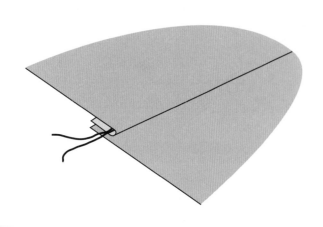

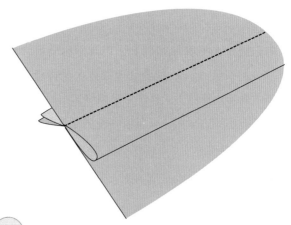

④ 以压脚作为参照物，在距缝合线0.64cm（1/4英寸）的位置缉缝一条平直的线迹。

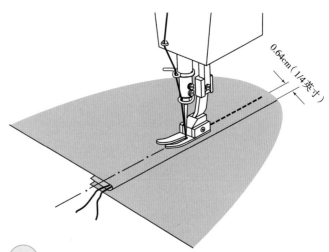

⑤ 熨烫平整。

⑥ 拆除绷缝线。

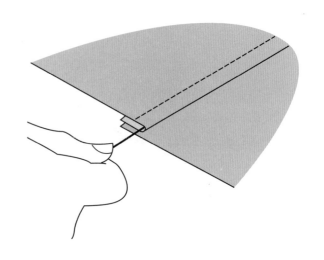

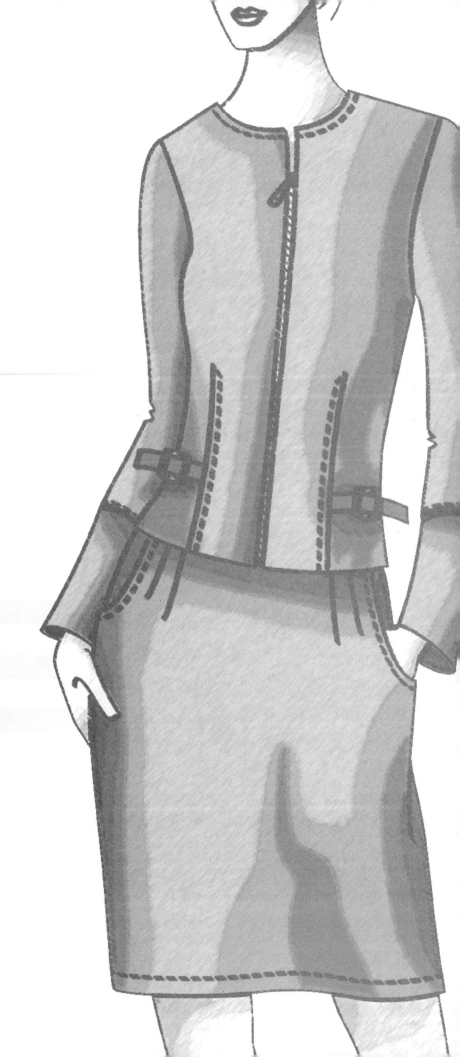

第八章

省道

第八章 学习目标

通过阅读本章内容，设计师可以：

➢ 掌握省道的各种术语与类型。

➢ 了解省道的作用。

➢ 掌握省道的各个组成部分。

➢ 学习从纸样到面料的省道标记转移方法。

➢ 学习适合省道的缝制技巧。

➢ 学习服装工业中的省道缝合方法。

➢ 学习如何确定省道缝合线迹。

➢ 学习省道的正确熨烫方法。

练习用纸样

附录中提供了缝合锥形省、鱼眼省与弧形省所需的纸样。

重要术语及概念

省道：指在服装上根据人体体表形态收掉多余的面料量。本章介绍了省道的不同类型。省道必须准确定位和缝合，以确保符合着装者的人体曲线。

省道是服装缝制中最基本的结构要素，具体收省部位如下：

➢ 前身片收省，使其符合人体轮廓。

➢ 前身片收省，省道从前身片边缘指向体表高点，塑造胸部造型，符合人体形态。

➢ 后腰收省，使面料贴合人体腰线。

➢ 后领口或肩线收省，塑造肩部造型，并使肩胛骨部位有一定的活动量。

➢ 肘部收省，制作合体袖，满足肘部运动。

➢ 半身裙与裤子的前、后片收省，使腰部合体，并使臀部有一定的松量。

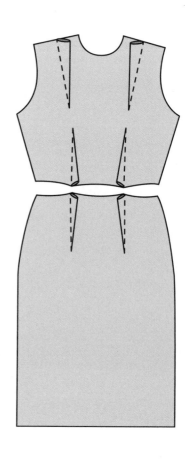

省边线：指省道两边的缝迹线。

省尖点：指省道结束的尽头，即消失点。

省量大小：指省道开口的宽度。

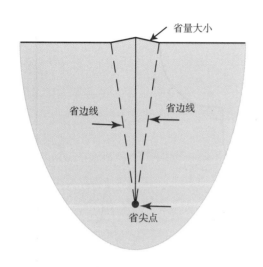

胸省：有利于服装胸部合体。胸省通常起始于肩部或侧缝，结束于距离胸点 5.08cm（2 英寸）的位置（胸点就是体表高点）。

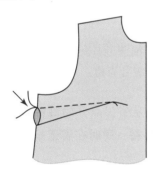

裙省和裤省：位于裙子或裤子的腰线部位，通常前省比后省短。

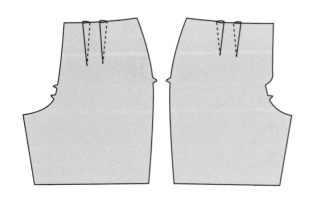

鱼眼省：常用于腰部无断缝的服装，例如衬衫、连衣裙、马甲或夹克，使服装腰部具有松量，腰部曲线更加自然流畅，臀部的活动量更大。

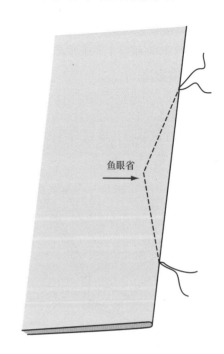

法式省：是一种弧形省，其省道起始于臀围线至腰线以上 5.08cm（2 英寸）之间的某一点，从侧缝开始收省至省尖点。

省道可以是直线型、楔型，或者剪掉其中心线区域多余的量，这取决于省量大小。

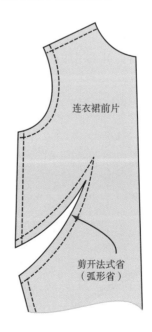

锥形省

锥形省常用于衣身、半身裙或袖子上，是最基本的省道，可令服装平顺、适体，并在人体丰满部位塑造饱满的服装造型。在服装工业中常常采用这类省道，并形成专业的缉省方法。

转移锥形省标记

将纸样上的省道标记转移到面料的反面上。详细说明请参阅第四章第 81 ~ 82 页。

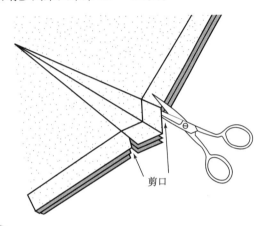

剪口

1　将面料正面相对，使剪口末端对齐，开始对折省道。

2　继续对折省道（沿着省道中心线），直至钻孔处或铅笔标记处。

3　如果有必要，可采用珠针固定并用铅笔在缝合线上做标记。

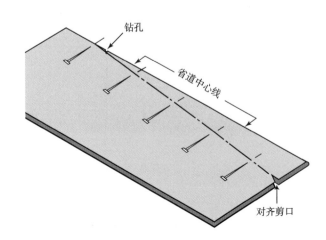

钻孔

省道中心线

对齐剪口

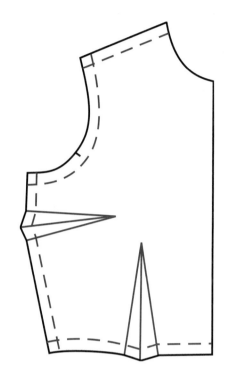

4　从钻孔或铅笔标记处向上 1.27cm（1/2 英寸）的位置开始缝合（并打倒针），确保机针恰好在面料对折后重合的缝合线上扎入。以直线或轻微的弧线缝合省道。

　　注：从省尖点开始缝合省道，确保之前的钻孔不外露，同时在省道折叠部位打倒针，防止抽皱。

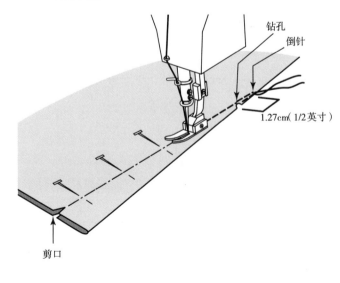

钻孔

倒针

1.27cm（1/2 英寸）

剪口

5 沿着缝合线准确缝合省道，从省尖点一直缝合到省宽的一端，打倒针并剪断缝合线。

6 将省道倒向前（后）中心线或下方，用熨斗熨烫，切记必须从反面熨烫。可以使用布馒头来塑造省道区域的形态。请参阅第一章"熨烫方法"。

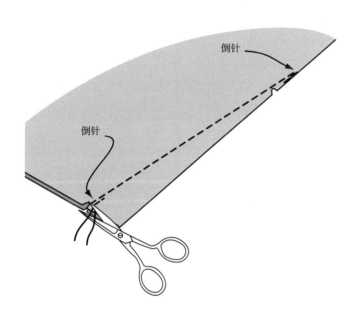

倒针

倒针

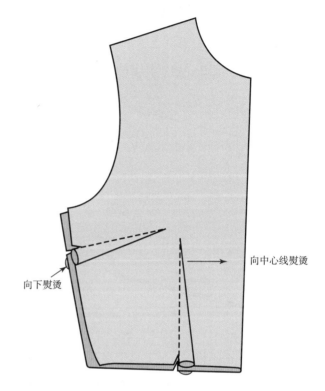

向下熨烫

向中心线熨烫

提示:

　　熨烫时，可以将一张纸片夹在省道和面料之间，防止服装正面出现烫痕。

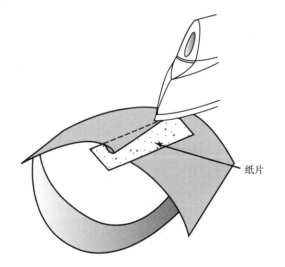

纸片

弧形省

弧形省是一种单省，通常用于机织面料制成的束身胸衣或露背吊带紧身衣，可以使服装更加合体。大多数时候，弧形省位于侧缝，亦被称为法式省。

转移弧形省标记

运用铅笔标记法，将纸样上的省道标记转移到面料的反面上。

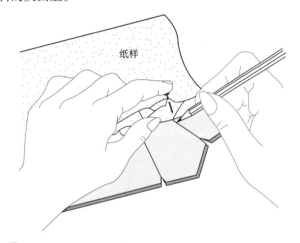

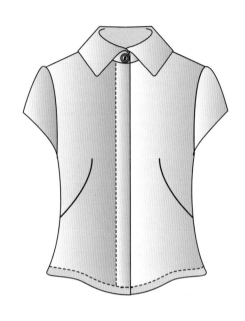

① 将面料正面相对，使剪口末端对齐，开始对折省道。继续对折省道（沿着省道中心线），直至钻孔处或铅笔标记处，确保省道形态准确。

③ 从钻孔或铅笔标记向上 1.27cm（1/2 英寸）的位置开始缝合（并打倒针），确保机针恰好在面料对折后重合的缝合线上扎入。

② 如果有必要，可采用珠针固定并用铅笔在缝合线上做标记。

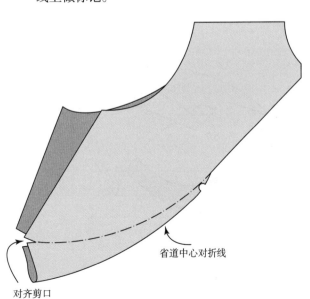

省道中心对折线

对齐剪口

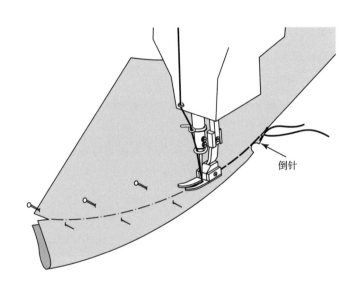

倒针

④ 沿着缝合线准确缝合省道，从省尖点一直缝合
到省宽的一端，打倒针并剪断缝合线。

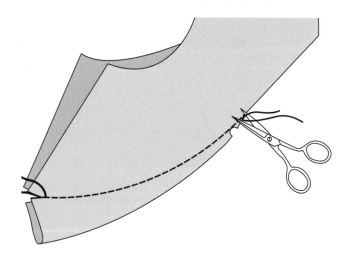

⑤ 如图所示，对折叠的省道打剪口以缓解张力，
使省道弧线平顺。

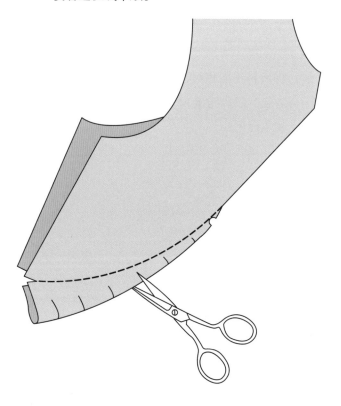

⑥ 将省道倒向前（后）中心线或下方，用熨斗熨烫，
切记必须从反面熨烫。可以使用布馒头来塑造
省道区域的形态。

提示：

熨烫时，可以将一张纸片夹在省道和面料之
间，防止服装正面出现烫痕。

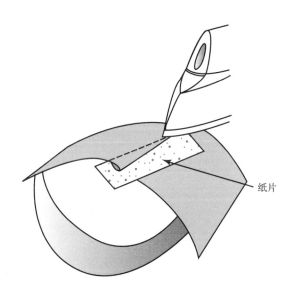

纸片

剪开省

剪开省用于省量大的服装（主要用于服装的前身）。剪掉省道中心线区域多余的量，再缝合省道，可以使省道造型更平顺，避免鼓起。这种省道多用于采用机织面料制作、省量大的女衬衫和连衣裙。省道缝好后再熨烫。

转移剪开省标记

将纸样上的省道标记转移到面料的反面上。

A 沿纸样上的剪开线剪掉省道多余的量。

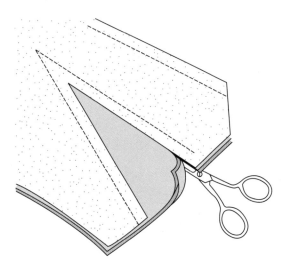

B 在省边线末端位置打剪口。

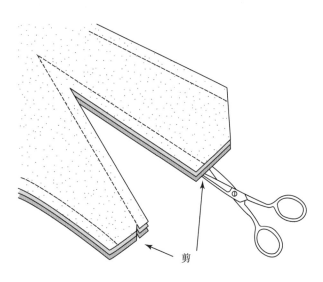

C 在距省尖点 1.27cm（1/2 英寸）的位置钻孔或用铅笔做标记。

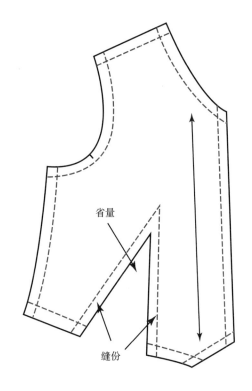

1 将面料正面相对，使剪口末端对齐，开始对折省道。沿省道缝份继续对折省道，直至钻孔或铅笔标记处。

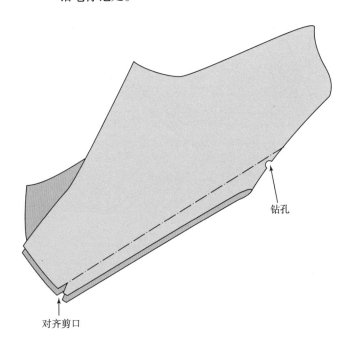

2　如果有必要，可采用珠针固定并用铅笔在缝合线上做标记。

3　从钻孔或铅笔标记向上 1.27cm（1/2 英寸）的位置开始缝合（并打倒针），确保机针恰好在面料对折后重合的缝合线上扎入。

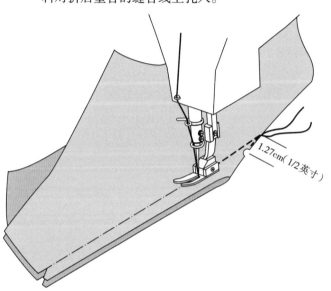

1.27cm（1/2 英寸）

4　沿着缝合线准确缉缝省道，从省尖点一直缉缝到省宽的一端，打倒针并剪断缝合线。

5　使用布馒头熨烫省道。

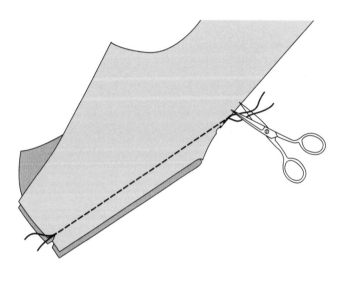

鱼眼省

鱼眼省是一种两端都为省尖点的省道，适用于腰部塑形，省道的大小和长度都可以改变。

注：鱼眼省常运用于服装工业中，应注意其标记和缝制方法，针对大批量服装生产，如图所示请在面料上用钻头钻孔，这种方法可以避免熨烫省道后裁片钻孔外露。

转移鱼眼省标记

将纸样上的省道标记转移到面料的反面上。

A 在距每个省尖点 1.27cm（1/2 英寸）的位置用珠针穿透纸样和各层面料，用铅笔标记或用锥子钻孔。

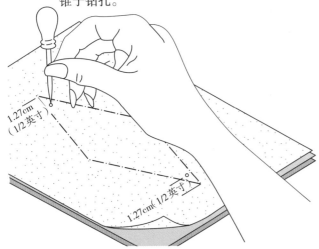

B 在省道中心点和距省宽点 0.32cm（1/8 英寸）的位置分别用铅笔标记或钻孔。

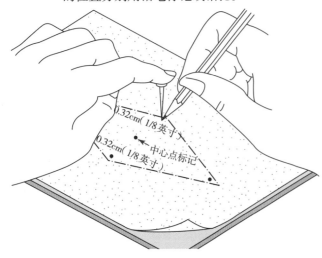

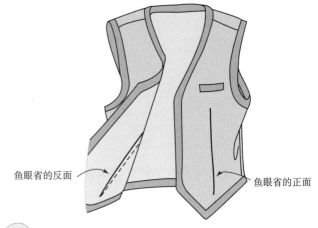

鱼眼省的反面　　　　　　鱼眼省的正面

① 将面料正面相对，对折省道，使上、下和中心点的标记位于对折线上，这条对折线即省道中心线。

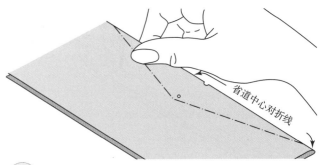

省道中心对折线

② 缝合省道，从上方标记向上 1.27cm（1/2 英寸）的位置开始，一直到省宽点标记外 0.32cm（1/8 英寸）的位置，再到下方标记向下 1.27cm（1/2 英寸）的位置。

③ 将面料反面朝上，熨烫省道。注意将省道中心线中部剪开，将省道朝衣片中心线方向烫倒。

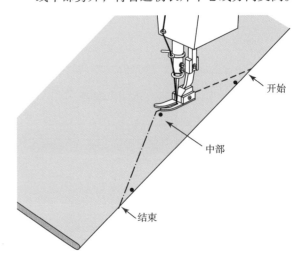

开始

中部

结束

第九章

褶裥和塔克

第九章 学习目标

通过阅读本章内容，设计师可以：

➢ 了解褶裥的不同风格类型。

➢ 了解褶裥的用途与常用部位。

➢ 学习褶裥和塔克的缝制技巧。

➢ 学习褶裥的熨烫方法。

➢ 学习塔克的正确熨烫方法。

重要术语及概念

褶裥：指在服装边缘折叠多余的面料从而形成叠缝装饰，即由本身的面料通过双层折叠而形成，褶裥宽1.59 ~ 5.08cm（5/8 ~ 2 英寸），其应用存在以下特点：

➢ 可以单独使用或连续使用。

➢ 用于腰部、肩部或臀围线处。

➢ 用于大身育克缝或裙子育克缝下。

➢ 用于袖口边缘，使其达到合体效果。

➢ 用于袖山，进行设计造型。

➢ 用于女衬衫、紧身胸衣或夹克上，可以在胸围线以上或肩部打开褶裥。

定型褶裥：沿其长度方向有深深折痕线的褶裥，可以间隔均匀地设计定型褶裥，或是在适当压褶部位缉线。最常见的定型褶裥类型有：

➢ 风琴褶裥。

➢ 工字褶裥（或称箱形褶裥、对裥）。

➢ 水晶褶裥。

➢ 暗裥。

➢ 助行褶裥。

➢ 刀形褶裥。

➢ 压线褶裥。

提示：

在完成服装的刀形褶裥之前，应处理好底边，简化处理过程。先确定服装成品的衣长，再进行褶裥处理。

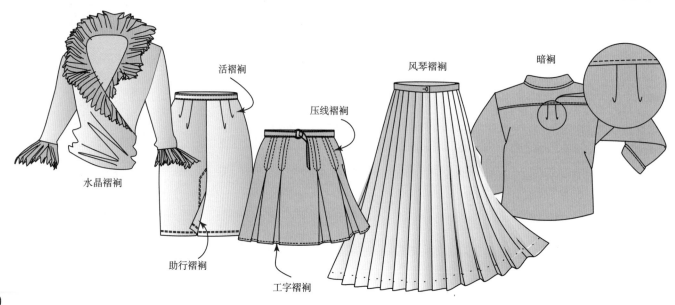

水晶褶裥　　活褶裥　　压线褶裥　　风琴褶裥　　暗裥

助行褶裥　　工字褶裥

褶裥既可以是**定型褶裥**，也可以是**活褶**。折叠褶裥，可以在缝线的适当位置缉缝，或熨烫后朝一边缉缝，在褶裥打开处可以形成自然的造型效果，使服装符合人体曲线。

活褶：是一种不定型褶，在褶的位置没有折痕线，其造型效果更加自然柔和，如运用于袖口边缘和裙子腰线上的活褶。

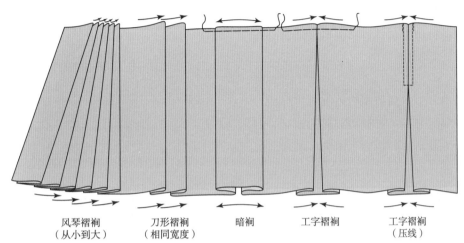

| 风琴褶裥
（从小到大） | 刀形褶裥
（相同宽度） | 暗褶 | 工字褶裥 | 工字褶裥
（压线） |

塔克：指在服装上收掉多余的面料量，缉缝褶裥边缘直至结束处或打开处。

塔克主要有两种基本类型：

> 半活塔克。
> 细缝塔克。

半活塔克：可以起到既控制松量又增加松量的作用，还可以作为设计的细节。

细缝塔克：是间隔均匀的平行褶裥，褶裥宽 0.64 cm（1/4 英寸）或更小，制作时可以从服装的一边缉缝到另一边，也可以缉缝褶裥后打开，增加服装的丰满度。

这两种类型的塔克都可运用在服装的正、反面。

通常，塔克的用途与特点：

> 运用于特定部位，以保持合适的松量或呈现装饰效果。
> 运用于前衣身的腰线、肩部或前中位置，打开褶裥、释放面料以符合胸部形态。
> 运用于后衣身的腰线或肩部，打开褶裥、释放面料以符合人体曲线。
> 运用于半身裙、长裤或短裤的腰线，为臀部和腹部提供松量。
> 运用于一片式服装的腰线，在合体部位的上方和下方打开褶裥、释放面料，增加松量。
> 塔克可以代替省道，塑造出更加自然柔和的效果。

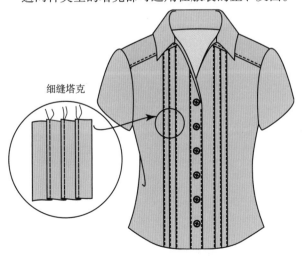

细缝塔克

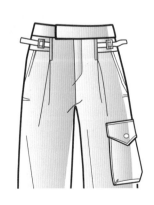

褶裥

刀形褶裥

刀形褶裥是在面料上压出一系列的折痕，并倒向同一方向。刀形褶裥可以成组设计，也可以均匀分布于服装一周。

在纸样上，每个刀形褶裥都用两条垂直线标记，垂直线从腰线或分割线开始一直到服装底边结束。一条垂直线标出褶裥上端折叠的位置，而另一条垂直线标出褶裥下端打开的位置。每一个褶裥在腰线或分割线上的深度都是成比例的。

转移刀形褶裥标记

注：在服装工业中，根据纸样裁剪面料后，应立即对所有刀口标记、省边线、褶裥线打剪口，以便将纸样标记准确转移到面料上。

A 在每一个褶裥的末端打剪口。

B 将纸样从面料上移开。以剪口作为参照，使用直尺、划粉（或铅笔）标出褶裥线。

采用手针绷缝线标出褶裥位置。每7.62cm（3英寸）缝一小段。折叠线使用一种颜色的线，而定位折线使用另一种颜色的线。

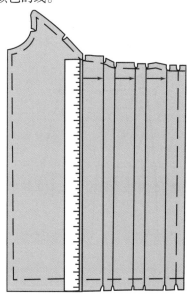

提示：

在完成服装的刀形褶裥之前，应处理好底边，简化处理过程。先确定服装成品的衣长，再进行褶裥处理。

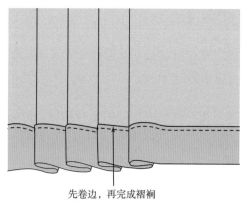

先卷边，再完成褶裥

① 沿着折叠线（上、下端均有标记）折叠织物，并与定位折线重合，形成褶裥。使用珠针沿每一个褶裥的折叠长度固定褶裥。

② 在褶裥上部绷缝，确保褶裥在合适的位置。

③ 在正面压烫褶裥时要使用一块垫布。对于造型自然柔和的服装，请用熨斗轻轻熨烫褶裥；对于造型硬挺、轮廓鲜明的服装，则使用较大的压力熨烫褶裥。然后将服装翻过来，从服装反面再熨烫。

④ 缝合服装相邻裁片（如大身片、育克片或腰头）。

褶裥变化

制作压线褶裥，如图所示，在靠近折叠线的边缘缉明线，从底边一直缉到裙子上褶裥开始的位置。

折叠后缉明线

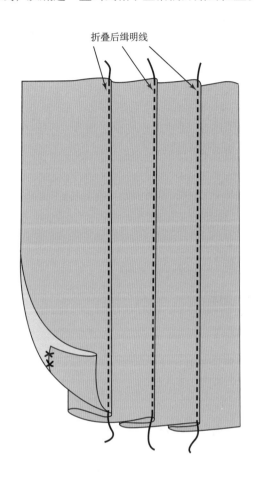

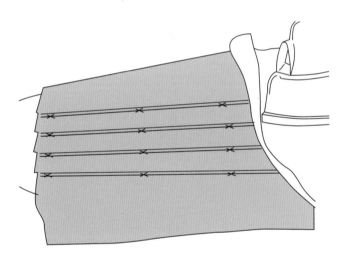

工字褶裥

工字褶裥是由两个宽度相同、相对折叠而成的褶裥，不熨烫的工字褶裥为活褶，其造型自然，可以增加服装的松量。通过缝合褶裥的一端，可以使褶裥形态较为稳定。工字褶裥通常应用于裤子或裙子的育克缝、腰缝以及袖子的下边缘。

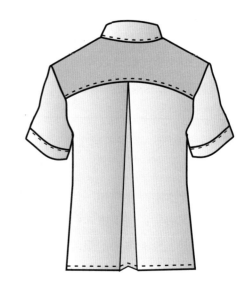

① 将面料正面朝上，使两个褶裥互相折向对方，并在中间对合。

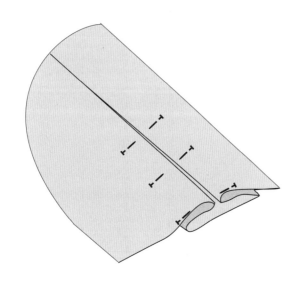

③ 将褶裥熨烫平整。

② 在褶裥上部绷缝，确保褶裥在合适的位置。

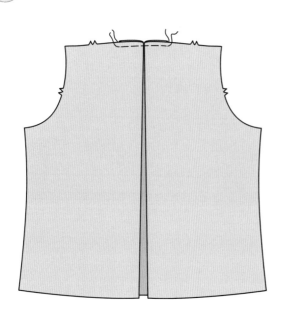

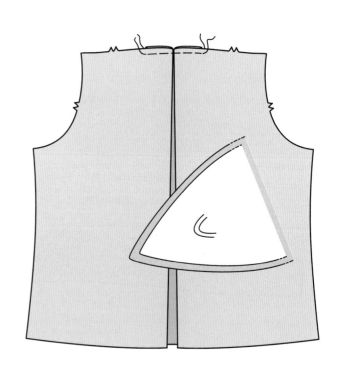

内缝褶裥

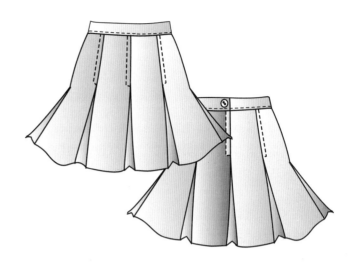

内缝褶裥是在缝份处添加额外面料而形成的褶裥，通常是纵向添加，然后熨烫褶裥，并在其上部缉明线以固定褶裥。缝合缝份后熨烫褶裥，熨烫方向不同，其褶裥风格也不同。

工字褶裥

折叠的褶裥是面对面对折形成。

暗裥

折叠的褶裥是背对背对折形成（与工字褶裥的方向相反）。

助行褶裥

按同一方向折叠压烫的褶裥。

① 将面料正面相对，将褶裥的缝线对齐。

② 从缝合线的上端到褶裥缝线的底端用常规线迹缉缝。

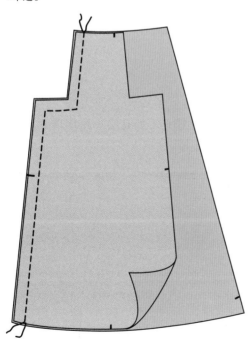

③ 在褶裥缝线的上端打剪口，熨烫缝份，并按想要的褶裥方向熨烫褶裥。

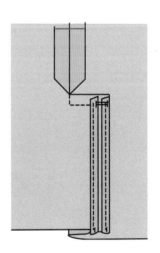

④ 在服装的正面缉明线或缉边线。

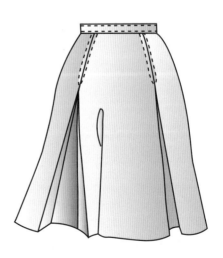

塔克

活塔克

活塔克可以起到既控制某位置松量又增加松量的作用，例如胸部或臀部。有时，活塔克的两端都打开，以增加松量。塔克之间的距离取决于所设计的服装成品效果。活塔克多应用于半身裙、裤子的腰部和大身的肩部。

转移活塔克标记

注：在服装工业中，根据纸样裁剪面料后，应立即对所有刀口标记、省边线、褶裥线打剪口，以便将纸样标记准确转移到面料上。

按如下步骤将纸样上的塔克标记转移到面料的反面上：

A 在塔克线的末端打剪口。

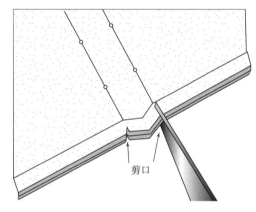

剪口

B 用珠针穿透纸样和各层面料，用铅笔标记所需缝线。

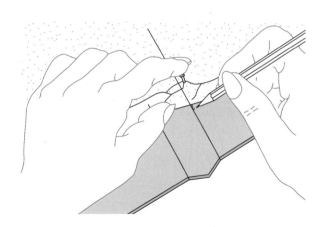

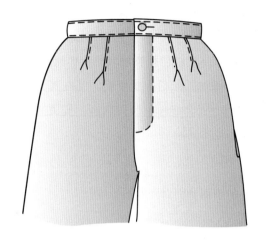

① 将面料正面相对，折叠塔克，使剪口端对齐。

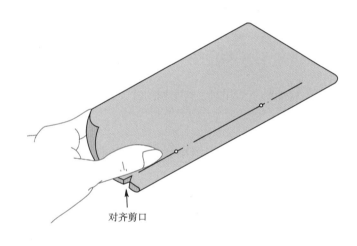

对齐剪口

② 继续折叠塔克（如有必要可用珠针固定）直至塔克的末端。

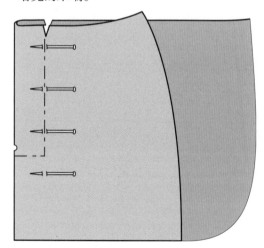

③ 从剪口端向塔克打开端（塔克的末端）缉缝（并打倒针）。

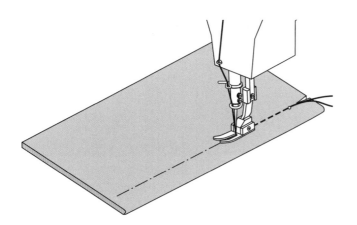

④ 如果需要，在缝合塔克后再横向缉缝。

剪口

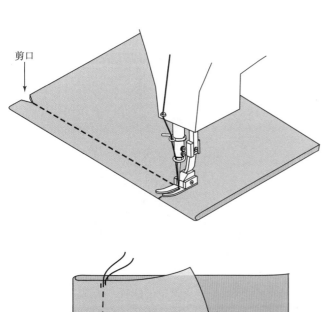

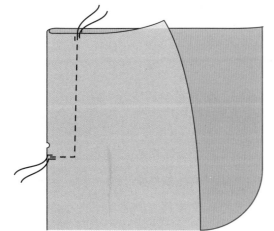

⑤ 所有塔克完成缉缝后，请朝同一方向压烫，通常使其倒向服装的中心线。

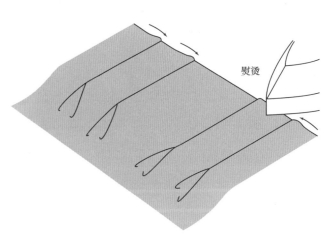

熨烫

练习用纸样

附录中提供了缝合活塔克所需的纸样。

细缝塔克

细缝塔克指缉缝固定的细窄褶裥【通常褶裥宽 0.32 ~ 0.95cm（1/8 ~ 3/8 英寸）】。细缝塔克有各种长度和宽度，应用细缝塔克可以增加服装的设计感。衣片上的细缝塔克可以与衣片同长，即从上端缝至下端；也可以比衣片短，即在所需的某一点结束缝合。根据设计确定细缝塔克的宽度和间距。

① 在面料需缉缝细缝塔克的一面上，标记细缝塔克的每条缝迹线。如果需从面料正面缉缝细缝塔克，则请使用绷缝线进行标记。

② 折叠并熨烫每一条细缝塔克，并选择相匹配的缝合线。

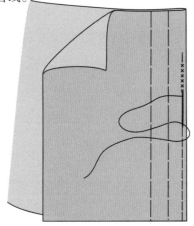

③ 缉缝细缝塔克，请从可以看见细缝塔克的一面进行缉缝。以褶裥的折叠线作为标记线，沿着缝迹线缉缝塔克。

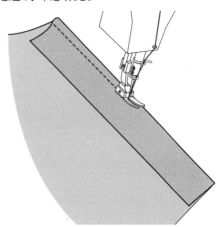

④ 将塔克的每一条褶裥熨烫平整，将其按设计需要向一边烫倒。

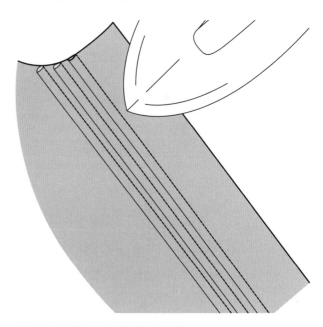

提示：

细缝塔克可以在裁剪裁片前，先在面料上进行缉缝。

无论是工业缝纫机还是家用缝纫机，都配备了细褶压脚，与双针一起使用，可以确保精准缉缝细缝。

贝尼娜牌细褶压脚 30/31#

第十章

斜条与斜边处理

第十章 学习目标

通过阅读本章内容，设计师可以：

➤ 学习斜条的运用。

➤ 学习斜条的裁剪。

➤ 学习准确拼接斜条。

➤ 掌握单斜绳边的缝制方法。

➤ 掌握法式斜绳边的缝制方法。

➤ 掌握香港式边缘缝制方法。

➤ 学会使用翻带器制作管状细带。

斜条的运用

通常，斜条、斜绳边的用途主要有：

➤ 对一些部位的毛边进行做净处理和加固，例如领口或无袖袖窿。

➤ 为服装增加一种装饰边或绳边。

➤ 取代领口、袖口、袖窿处的贴边。

➤ 对底边进行做净处理——镶绳底边。

➤ 给橡筋和抽绳制作一个抽绳管。

➤ 隐藏领口边缘。

➤ 保持或加固裆部和袖底缝的弧形接缝。

➤ 制作成管状，用来制作纽襻、管状细带、腰带与饰结。

练习用纸样

附录中提供了一个领口纸样与两个领口斜条纸样。

重要术语及概念

斜向线：指与面料丝缕斜交的线条。正斜线与直丝缕、横丝缕呈45°。对于机织物而言，采用正斜裁（即45°斜裁）可以使面料得到最大的拉伸性。

斜条：可以从市场上购买，也可以自己制作。斜条是一种织物带，宽约5.08cm（2英寸），其材料可以与服装本料相匹配，也可以形成明显对比。

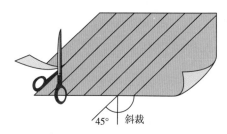

45° 斜裁

斜条用于处理和加固毛边。操作时请将斜条纵向折叠后包住服装边缘。斜条可以在服装的正反面都显露，也可以隐藏起来，这取决于所选的工艺。

市售斜条：又称斜裁带，是按规格预先裁剪并折叠好的斜条，有各种宽度和材质可供选择。

斜绳边：使用45°正斜裁的单斜条或折叠的双斜条（法式斜绳边），将其中的一边缝合到服装的边缘上，对毛边做净处理或修饰。

提示：

在服装工业中，斜绳边可以取代贴边，常用于女衬衫、T恤领口、连衣裙。其斜条材料既可以采用服装本料，也可以采用其他面料，用以包住、修饰服装的领口、无袖袖窿。在大批量的服装工业生产中，成码的面料会送到生产斜条的专业厂家，由厂家根据客户的需求进行裁剪，制作成各种规格的斜条。

服装斜边部位的边缘处理

服装斜边部位的延伸性较好，故领口弧线需要采用特殊的缝制方法，以保持最初的设计造型，防止变形。防止拉伸变形的缝制方法有很多，其中，处理领口的缝制方法通常适用于克重较轻的机织面料，例如丝绸和人造丝面料。

防止领口被拉伸变形

① 沿布边裁剪一条宽 2.54 cm（1 英寸）的布条，该布条与布边平行，为直条，其宽度 2.54 cm（1 英寸）包含了布边宽度。

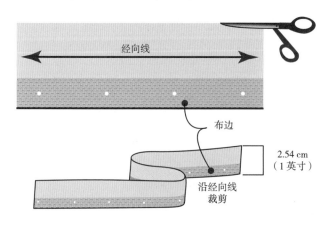

经向线

布边

2.54 cm
（1 英寸）

沿经向线
裁剪

② 当缝制领口时，要防止领口被拉伸。请参阅第六章第 99 页的皱缩方法。将直条放在领口线上，正面相对，在直条的两端各留出长约 5.08cm（2 英寸）的余量。将直条的裁边与领口的毛边对齐（而直条的布边则远离领口）。在距领口毛边 0.64cm（1/4 英寸）的位置进行缉缝。

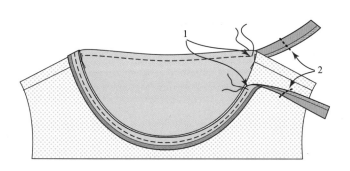

③ 在缉缝快完成的时候停止缉缝，将直条进行拼接缝合。然后继续沿缝边缉缝。

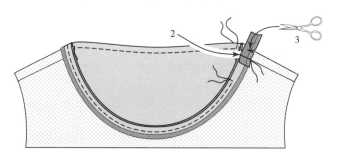

④ 翻折布条并在反面进行熨烫。因为布边应与领口保持一定的距离，所以在缝合过程中需保证折边扣折线位置准确无误。

⑤ 沿折边缝合领口线。

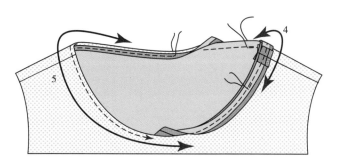

裁剪斜条

斜条是从面料上以45°斜裁（即正斜裁）的布条。斜条具有很好的柔韧性，容易弯曲拉伸，故可以较好地契合服装的边缘。操作时，应当准确裁剪和拼接斜条，这非常重要。

提示：

建议多准备一些斜条并存放在架子上。在制作有斜绲边或采用香港式边缘处理的服装时，请预先备好各种颜色的丝质斜条（尤其是黑色和白色的斜条），以便随时可用。

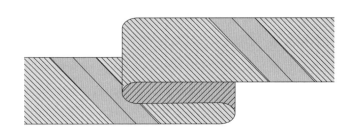

④ 确定正斜线之后，在已画好的正方形上绘制所需宽度和数量的斜条。

① 折叠面料，使经纱与纬纱平行，其折叠边就是正斜线。

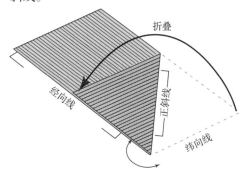

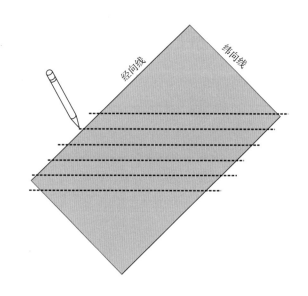

② 还有一种确定正斜线并裁剪斜条的方法，即用铅笔在面料上画正方形，如图所示。

③ 将正方形的对角线连接即为正斜线，也就是斜条的裁剪方向。

⑤ 根据所需要的数量，裁剪斜条。

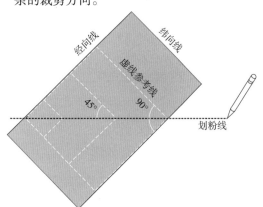

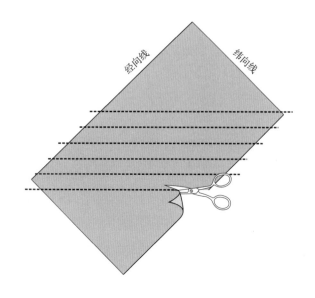

拼接斜条

剪下斜条后，必须根据所需长度进行斜条拼接，方可以用作斜绳边、贴边、管状细带等。

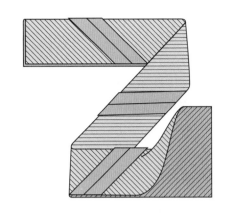

① 将两斜条正面相对，垂直相交放置，保持其经纱平行。

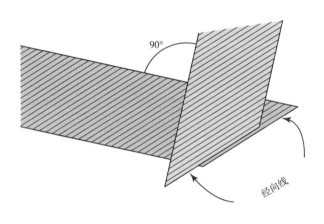

③ 继续拼接斜条直至所需长度。

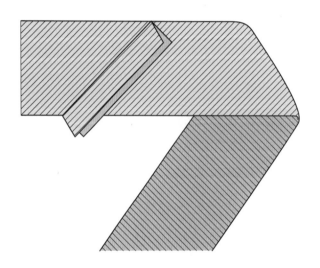

② 如图所示，留出 0.64cm（1/4 英寸）宽的缝份，将两斜条缝合在一起。缝份宽度 0.64cm（1/4 英寸）可以减少后面斜绳边部位的鼓起。

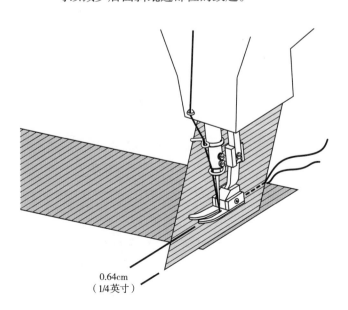

0.64cm
（1/4英寸）

④ 将所有的斜条接缝劈缝熨烫，并把超出斜条边缘的缝份剪去。

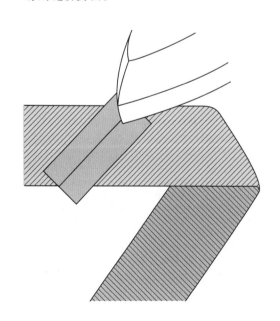

单斜绲边

单斜绲边用于处理和加固毛边，也可以起到装饰服装的作用。通常用于领口、袖口或袖窿边缘以取代贴边。

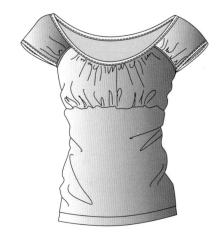

准备斜条

采用宽 3.81cm（1½ 英寸）的斜条（与服装同色或成对比色），或者在市场上购买现成的双折斜纹带。请参阅本章第 152 ~ 153 页"裁剪斜条"和"拼接斜条"。

① 将衣片放在缝纫台上，反面朝上。

② 将斜条正面朝下放在衣片上，斜条的毛边与衣片的毛边对齐。

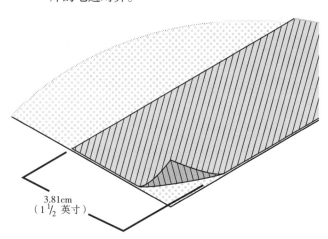

3.81cm
（1½ 英寸）

③ 留出 0.64cm（1/4 英寸）宽的缝份，并将两者缝合。

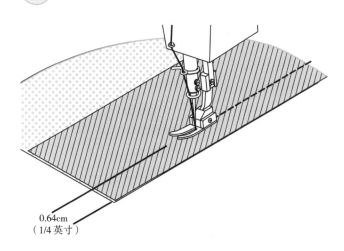

0.64cm
（1/4 英寸）

④ 如图所示，将斜条没有缝合的一边向上扣折 0.64cm（1/4 英寸）并熨平。

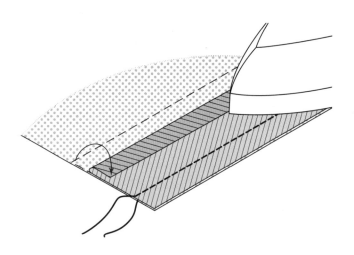

⑤ 沿缝合线，将斜条整体翻折并烫平。

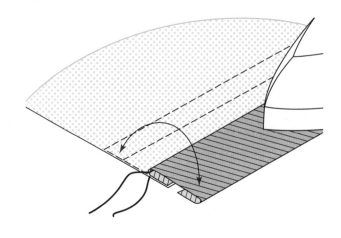

6 将衣片翻转，正面朝上。

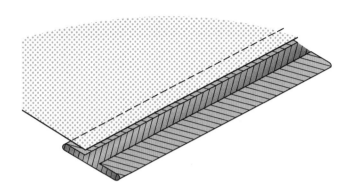

7 将斜条朝着衣片正面对折，使斜条刚好盖住缝合线。

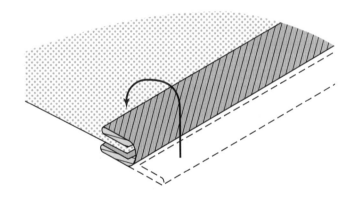

8 沿着斜绳边的边缘缉线，即缉边线。

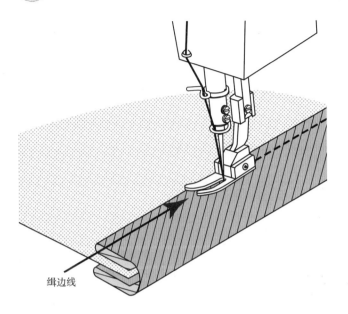

缉边线

练习用纸样

附录中提供了领口斜条纸样。

法式斜绲边

法式斜绲边与单斜绲边的最终完成效果是一样的。两者的区别在于，单斜绲边开始的时候是在单层面料上缝制，而法式斜绲边则是先对折，再与面料缝合。单斜绲边适用于大多数的面料；而法式斜绲边则适用于薄型织物，不仅可以隐藏毛边，还可以增加操作部位（如领口或袖窿）的厚度。

准备斜条

采用宽5.08cm（2英寸）的斜条（与服装同色或成对比色），或者在市场上购买现成的单折斜纹带。请参阅第152～153页"裁剪斜条"和"拼接斜条"。

1 将斜条反面相对对折，再烫平。

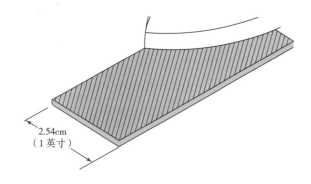

2.54cm
（1英寸）

2 将衣片放在缝纫台上，正面朝上。

3 将对折好的斜条正面朝下放在衣片上，斜条的毛边与衣片的毛边对齐。留出0.64cm（1/4英寸）宽的缝份，将两者缝合。

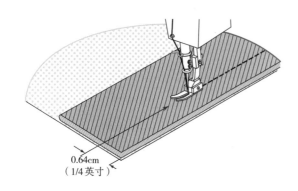

0.64cm
（1/4英寸）

4 将斜条折向衣片的反面，刚好覆盖住第一条缝合线迹，并烫平。

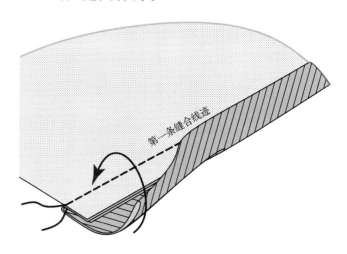

第一条缝合线迹

5 翻至衣片的正面，沿着第一条缝合线迹的凹槽处缉缝，确保能缉缝住反面的斜条。

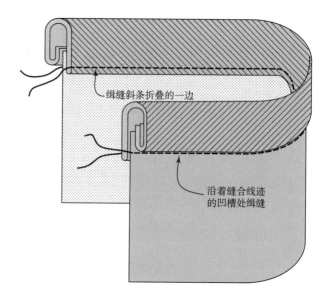

缉缝斜条折叠的一边

沿着缝合线迹的凹槽处缉缝

管状细带

管状细带是经过做净处理的细带，制作时自己准备斜条，缝合后翻出。管状细带可以用来制作纽襻、细肩带、细腰带、细饰结、细饰带等。

准备斜条

拼接斜条并根据所需要的长度裁剪好。确定斜条的宽度，既可以裁剪为3.81cm（1½英寸）宽的斜条，也可以裁剪为5.08cm（2英寸，制作成较宽一点的细带）宽的斜条。请参阅本章第152~153页"裁剪斜条"和"拼接斜条"。

注：管状细带成品的宽度取决于斜条的缝合线与折边之间的距离。将管状细带从反面缝合，再将正面翻出，缝份即成为细带内部的填充物。厚重织物所需的斜条宽度应大于轻薄织物的斜条宽度。

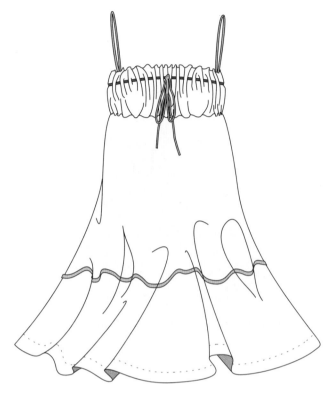

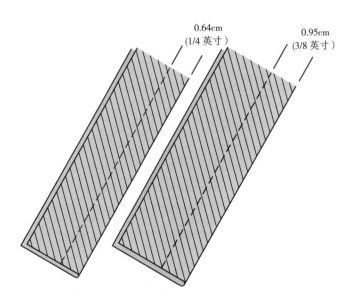

0.64cm
（1/4 英寸）

0.95cm
（3/8 英寸）

练习用纸样

附录中提供了缝制管状细带所需的纸样。

使用翻带器

翻带器可以在大多数面料商店中买到，它是将细带正面翻出的必备工具。在翻带器的一端有一个倒刺，可以钩住面料，将面料正面从细带中拖出来。

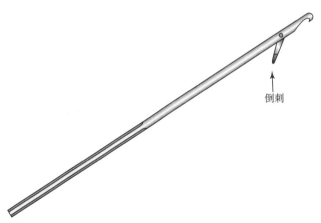

倒刺

1　将斜条正面相对对折。

2　在距离折边 0.64cm（1/4 英寸）的位置缉缝【（厚重面料则为 0.95cm（3/8 英寸）】，在缉缝过程中应稍稍拉紧面料。

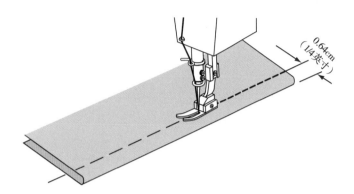

3　将缉缝好的斜条从缝纫机上移开，并将斜条的一端裁剪成锐角，如图所示。不要修剪缝份。

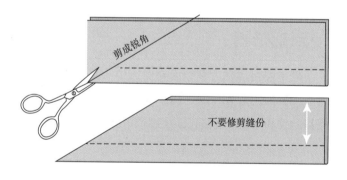

剪成锐角

不要修剪缝份

4　从斜条未裁剪的一端插入翻带器。

注：在翻带器插入之前，钩与倒刺的位置如图所示。

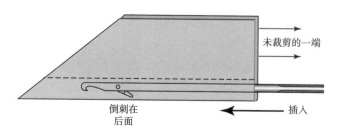

未裁剪的一端

倒刺在后面

插入

5　将翻带器慢慢穿过斜条，直到钩子从裁剪的一端露出来。

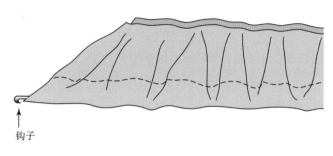

钩子

6　在距离斜条端 0.64cm（1/4 英寸）处，将倒刺刺穿面料。将倒刺倒向钩尖扣住。

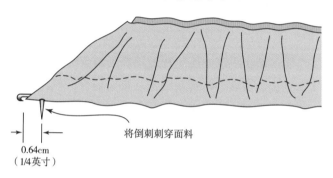

0.64cm
（1/4英寸）

将倒刺刺穿面料

7　用钩尖钩住面料将斜条慢慢翻转。

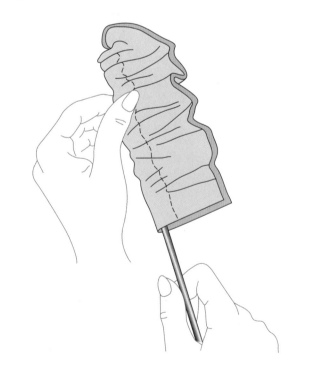

8 将翻带器尾端的圆环套在缝纫机的线杆上，也可以套在其他便利的地方。

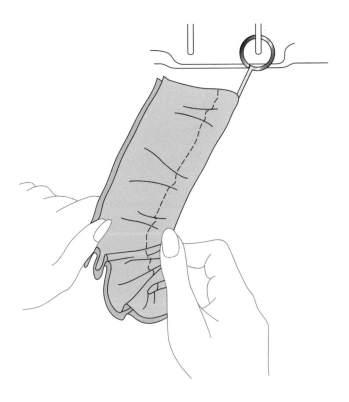

10 当翻带器从斜条中全部穿出后，可以拿开翻带器，继续用手按照之前的动作操作。

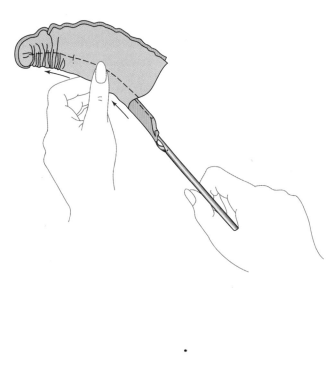

9 将钩尖对着自己，把面料向钩尖方向慢慢推送，持续以上动作翻出斜条。

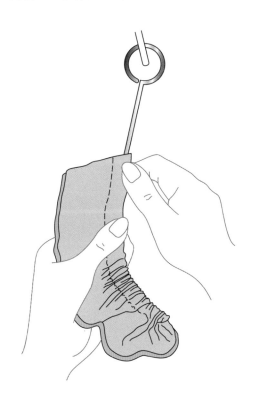

提示：

　　如果使用管状细带制作饰结或腰带，则必须在两端打结，并从打结的末端剪掉多余的部分。

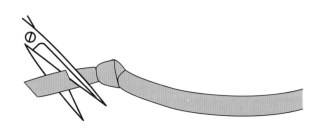

提示：

　　一些厂家专门为各服装公司提供斜条制作。对于大批量服装工业生产而言，服装公司的生产部门会将面料发送给这些专业厂家，由其代为裁剪并制作斜条。

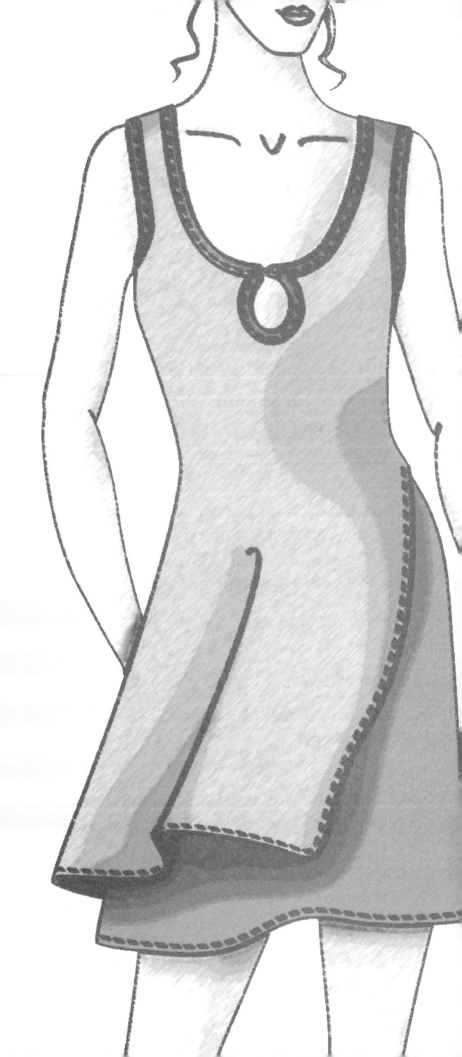

第十一章

针织面料的缝制

第十一章 学习目标

通过阅读本章内容，设计师可以：

➤ 了解各种针织面料的基础知识。

➤ 确定不同针织物的伸长率。

➤ 了解缝合针织面料的各种缝线。

➤ 学习根据针织面料选择适合的机针。

➤ 学习根据机针与针织面料选择适合的针距。

➤ 掌握各种缝合线迹，使缝线持久且具有弹性。

➤ 学习缝制针织带。

➤ 学习缝制针织斜绲边。

➤ 学习缝制POLO衫门襟。

➤ 学习缝制女式内裤。

➤ 学习缝制针织直条领。

针织面料样品

第二章第33页介绍了针织物的概念与类型，第35~46页展示了各种针织面料样品。在本章中，将呈现采用不同纤维与后整理方法制成的针织面料。

重要术语及概念

针织物：指将纱线弯曲成圈并相互串套而成的织物。因纤维成分和织物组织的不同，针织物在外观上存在明显差异。针织物一般分为两大类：

➤ **纬编针织物**：由一根或几根纱线沿纬向顺序喂入织针而形成的针织物。

➤ **经编针织物**：由一组或几组纵向排列的纱线同时沿经向喂入织针而形成的针织物。

针织物的差别：主要体现在纤维成分、组织结构与重量上（参阅第二章第33页）。通过改变线圈的结构及其在织物中的排列可以获得不同的针织花型。

针织物最重要的特征：伸缩性好，易变形。针织物的延伸度与延伸方向因编织工艺、针织机机号和纱线细度而不同。针织物既可以横向延伸性好，也可以纵向延伸性好，这根据需求而定。

针织机：可以生产各种幅宽的筒状或片状针织物，这取决于机器型号和厂家确定的规格型号。

选用何种针织物作为服装材料的主要决定因素：

➤ 针织物的特性。

➤ 所需针织物的延伸性或稳定性。

➤ 服装的类型与风格。

针织物可以由腈纶、涤纶、锦纶、棉、羊毛、竹纤维、回收利用的塑料等织成,其种类繁多,有各种重量、厚度可供选择。常见针织物如下:

➢ **双面针织物:** 适用于T恤和便装。织物比较厚实、坚固、平整,尺寸稳定性好。在各类针织物中,双面针织物易于缝制,在某些性能上与机织物类似。双面针织物垂感较好,具有较为自然的悬垂效果,用其制成的服装具有较好的适体性。织造这类织物的纤维有涤纶、棉、羊毛、丝、黏胶、莱卡等。

➢ **双罗纹针织物:** 适用于T恤、便装、松紧带束腰裤子与半身裙。织物表面平整、光滑,并且正反面具有相同的外观。如果采用抽褶或松紧式碎褶设计,则可以容纳较多松量,且面料下垂自然、造型优美。织造这类织物的纤维有锦纶、涤纶、棉等。

➢ **提花针织物:** 适用于T恤和接缝极少的合体式连衣裙。利用织物的伸缩性可以进行服装塑形,用其制成的服装下垂自然,贴合人体。织造这类织物的纤维有锦纶、涤纶等,其织物还包括锦纶/涤纶混纺织物。

➢ **纬平针织物:** 适用于T恤、便装。织物垂感较好,具有较为自然的悬垂效果,用其制成的服装具有较好的适体性。织造这类织物的纤维有涤纶、棉、羊毛等,其织物还包括涤纶混纺织物。

➢ **针织衬布:** 用于衣领、袖口、袋盖和挂面部位。Easy knit品牌针织衬布很受欢迎,这是一种锦纶经编针织衬布,适合针织面料。

➢ **米兰尼斯经编针织物:** 适用于运动衫式上衣、运动衫式连衣裙和松紧带束腰半身裙。织物如丝绸般光滑、柔软,具有一定的横向延伸性,纵向则没有弹性,边缘不卷边。如果采用抽褶或松紧式碎褶设计,则可以容纳较多松量,且面料下垂自然、造型优美。织造这类织物的纤维有锦纶等。

➢ **拉舍尔经编针织物:** 适用于宽松、简洁的夹克。这种针织物与钩编织物或网编织物相仿。面料丰满蓬松,可以较好地呈现出服装的廓型。织造这类织物的纤维有腈纶、涤纶、羊毛、棉等。

➢ **罗纹针织物:** 适用于领口、袖口、夹克底边,其横向延伸性和弹性较好,利用织物的伸缩性可以进行服装塑形。织物由正面线圈纵行和反面线圈纵行相间配置而成。织造这类织物的纤维有腈纶、涤纶、棉等。

➢ **单面针织物:** 适用于T恤和便装。织物的一面全为正面线圈,另一面则全为反面线圈。织物的横向延伸性较好,纵向延伸性一般,织物垂感较好,具有较为自然的悬垂效果,用其制成的服装具有较好的适体性。

➢ **含氨纶的针织物(氨纶商品名为莱卡):** 适用于运动装和泳装。织物具有像橡筋一样的高弹性,伸缩性很好,利用织物的伸缩性可以进行服装塑形。这类织物可以为氨纶与黏胶混纺织物,或氨纶与锦纶、金属纤维混纺织物。

➢ **特里科经编针织物:** 适用于女式内裤、衬裙、睡袍和睡衣裤等。织物垂感较好,具有较为自然的悬垂效果,如果采用抽褶、松紧式碎褶或缩褶设计,则可以容纳较多松量。从轻薄到中等厚重,该类织物有各种厚度可供选择。织造这类织物的纤维通常有锦纶、棉等。

提示:

一些针织面料在出售时,匹布上会带有对折的折痕。如果这些折痕不能被熨平,建议裁剪时一定要避开这些折痕。对于需要连裁的纸样,请重新设置一条新的折叠线。

机针与缝线的选择

缝线

请选择强度高的的细线和细针。丝线、锦纶线、涤纶线和涤棉包芯线（涤纶长丝为芯、棉纤维外包的包芯线）都是强度高的细线。

机针

在缝合针织面料时，机针的选择非常重要。请选择圆头针，在缝纫过程中，圆头针的圆头针尖会将纤维与纤维分离，以便从纤维与纤维之间穿过，而不是刺透纤维。选择针号大小取决于面料的厚度，针号大小要合适，并且机针应足够强韧，这样才能穿透接缝的各层面料而不弯曲；同时，针孔也应足够大，方便缝线顺利穿过。

圆头针的针号有9、11、14、16和18号，市面上有很多生产商的产品可供选择，如德里茨（Dritz）、胜家、风琴（Organ）、蓝狮。

通用型机针和圆头针

通用型机针有时也被称为通用型圆头机针，这是由于它既可以用来缝制机织物又可以缝制针织物（精细的针织物除外）。通用型机针与其他机针的区别在于针尖和针孔，这种机针适用于大多数面料（紧密的机织物和精细的针织物除外），可以确保缝制顺利、不跳针。

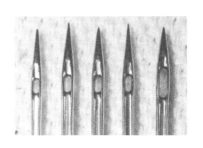

比较针尖和针孔（从左至右）
圆头针，适用于纬平针织物
通用型机针，适用于针织物与机织物
Jeans针，适用于机织物
Microtex针，适用于密实的机织物
Metallica针，与金属线结合使用

表11.1
选择适用于针织物的机针与缝线

针织面料	缝线	圆头针针号	针数
极细薄的针织物： 锦纶经编针织物	丝线或锦纶线，比普通缝线细	9	4~5针/cm（12针/英寸）
轻薄针织物： 女式内衣经编针织物 轻薄单面针织物 轻薄提花针织物 轻薄拉舍尔经编针织物	普通绢丝线、锦纶线或涤纶线	11	4~5针/cm（12针/英寸）
中等厚重针织物： 含氨纶的双面弹力针织物 经编针织物 罗纹针织物	普通涤纶线	14	4~5针/cm（12针/英寸）
厚重针织物： 双面针织物 天鹅绒 绒类针织物 弹力牛仔布	普通涤/棉线	16~18	4~6针/cm（12~14针/英寸）

伸长率与弹性回复率

一块好的针织物通常具有良好的延伸性与弹性，长时间穿着后仍然能保持最初的造型，延伸性、弹性可以分别用伸长率和弹性回复率来表示。对于采用针织物的服装设计，应分析针织物的物理性能，这些性能将影响服装的松量设计。

伸长率

伸长率，指将针织织物拉伸至最大宽度或最大长度时，伸长量与原始长度的比值。针织物的伸长率范围为18%～100%。确定针织物的伸长率，有利于进行纸样松量设计。显而易见，在服装纸样设计中，宽度方向所需的松量大于长度方向所需的松量。

弹性回复率

针织物在外力作用下发生变形，去除外力后会产生一定程度的原形回复。可以用弹性回复率来衡量针织物的回复形变能力。好的针织物，当撤销外力后，可以回复至最初的宽度和长度，这意味着其服装的保型性好。

确定织物宽度与长度方向的弹性回复率

沿着纬纱折叠织物，在织物宽度方向截取20.32cm（8英寸）并用珠针标记两端。双手举起织物，分别捏住织物两端的珠针，沿宽度方向轻轻拉伸织物，尽可能拉伸而不损坏织物，测量织物伸长后的总长度。放松面料，然后再次拉伸织物并测量织物伸长后的总长度。以此来测定织物在宽度方向的回复形变能力。用相同的方法来测定长度方向的回复形变能力。

根据伸长率对针织物进行分类

1—稳定性好的针织物

这类针织物的伸长量有限，伸长率约为18%，故尺寸稳定性较好，即保型性较好。此类针织物常用于休闲日装、半身裙和裤子。双面针织物是尺寸稳定性较好的针织物。

2—弹性适中的针织物

这类针织物集一定的稳定性与弹性于一体，伸长率在25%以内。采用这类针织物制成的服装，穿着舒适，可以塑造贴身款式，如合体T恤等。这类织物常用于休闲运动装和内衣。

3—弹性较好的针织物

例如含有氨纶或橡筋的针织物，其伸长率约为50%。这类针织物轻薄，易于表现形体轮廓，常用于泳装、内衣、体操服和紧身衣裤。

4—弹性极好的针织物

这类针织物的伸长率约为100%，例如常见的罗纹织物、含有氨纶的针织物。这类针织物常用于运动装、泳装和舞蹈服。

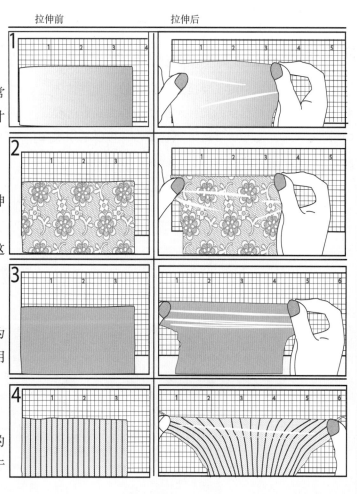

拉伸前　　　　拉伸后

适合针织面料的缝合线迹

缝合弹力面料必须采用特殊线迹，以使缝线具有一定的弹性，否则在穿着时，缝线可能会被绷断。采用以下缝合线迹，使缝线持久且具有弹性，也使接缝平整、强劲、有弹性：

> 常规拉伸缝。

> 之字缝。

> 用之字缝缉直线迹。

> 自动拉伸缝。

> 加固带缝。

选择哪一种缝合线迹取决于针织物的性能与服装的类型。

注：针织T恤的缝制工序请参阅第五章第94页"针织T恤"。

常规拉伸缝

当缝制针织面料时，要拉住缝合线的一端并拉伸另一端，此时面料受到的拉伸类似于服装在穿着过程中受到的拉伸。对于大多数针织物而言，可以采用锦纶线或涤纶线进行常规拉伸缝，确保缝线具有一定的弹性，不会因为人体运动而被拉断。也可以将常规拉伸缝与其他缝制方法结合使用。

之字缝

之字缝通常为一条窄细的锯齿形线迹，这种线迹完成后并不平整。之字缝适用于双面针织物和罗纹织物。

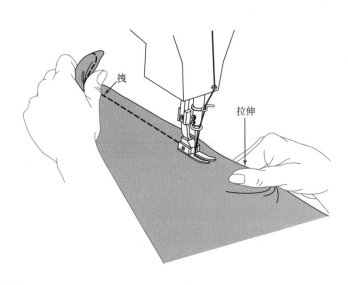

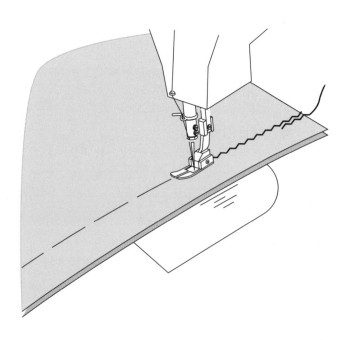

用之字缝缉直线迹

沿缝合线缉缝一条直线迹（采用常规拉伸缝），然后在缝份一侧紧贴直线迹的位置进行之字缝，以使缝线平整。这种线迹适用于含莱卡或有弹性的牛仔休闲装和牛仔运动装。由于线迹呈锯齿形，故缝线牢固。

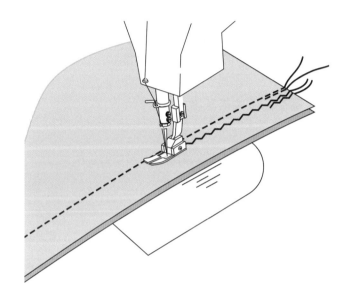

自动拉伸缝

有些缝纫机配备了针织面料专用线迹，可以用来代替常规之字缝。通常，自动拉伸缝由两针向前、一针向后的线迹组成，并沿着缝合线重复缉缝。这种线迹适用于大多数针织面料，但不适用非常轻薄的弹性针织物。

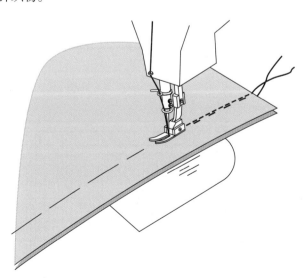

加固带缝

对于针织服装而言，加固带缝可以保持缝合部位的造型并能防止接缝被拉伸变形，适用于袖窿、肩和领口等部位。选择与面料同色的绲边条或斜纹带作为加固带，在缝制过程中将其固定在缝合线上。缝制时，先在面料的反面用珠针将绲边条或斜纹带绷缝到缝合线上：

> 在袖窿上，绱袖时将加固带和袖子一起与衣身袖窿缝合。

> 在肩缝上，绷缝绲边条，然后沿着缝合线，缉缝绲边条。

> 在领口贴边处（领口不绲边）绷缝斜纹带，熨烫并保持领口造型。在缝合线上缝合斜纹带与贴边。

如果其他地方也需要加固处理，如之字缝，都可采用相同的方法。

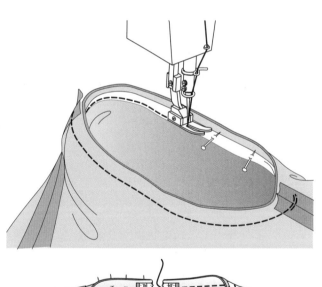

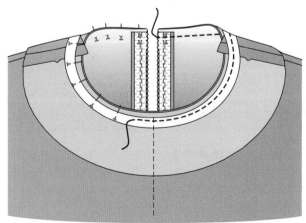

针织带

针织带是对服装领口、袖口和腰头等进行做净处理的理想材料，对针织服装而言，针织带有利于塑形，并使服装舒适合体。

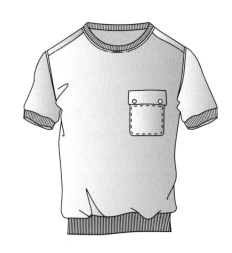

计算罗纹带的拉伸量

罗纹带作为饰边，其裁剪的长度应比对应的衣片边缘短一些，然后将其与衣片缝合，注意缝合时要稍稍拉伸罗纹带。对于缝合到传统针织物（如双罗纹织物）上的罗纹带，应确定其拉伸量，以下操作即确定了罗纹带的拉伸量。

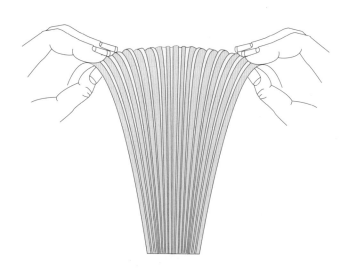

确定需要的罗纹带长度

1　测量将要缝合罗纹带的衣片边缘的长度。

2　减去测量长度的1/3。

3　在左右两端各增加缝份量1.27cm（1/2英寸）或1.59cm（5/8英寸）。

确定需要的罗纹带宽度

1　测量想要的衣身罗纹带宽度。

2　取该宽度的两倍。

3　在上下两端（缝合到衣身上的缝线）各增加缝份量0.64cm（1/4英寸）。

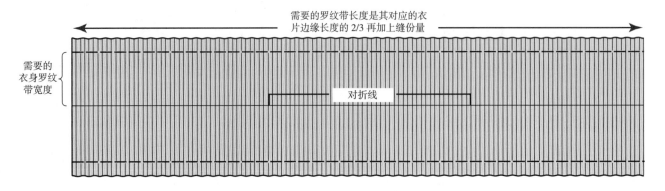

需要的罗纹带长度是其对应的衣片边缘长度的2/3再加上缝份量

需要的衣身罗纹带宽度

对折线

在领口与袖口缝制罗纹带

① 裁剪罗纹带（如第 168 页第②～③步所示，罗纹带长度比实际测量的衣片边缘长度短 1/3），通过拉伸罗纹带，可以使其达到需要饰边的衣片边缘长度。

② 按既定的缝份将罗纹带左右两端缝合，形成一个闭合的环形带，并将缝份劈缝熨烫。

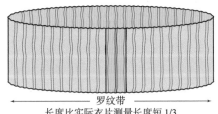

罗纹带
长度比实际衣片测量长度短 1/3

③ 将罗纹带沿纵向对折，反面相对，将缝份隐藏在里面。

④ 将罗纹带平均分为四段。在罗纹带敞口边，分别对划分位置别珠针进行标记。

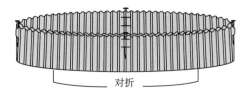

对折

⑤ 应将服装领口也平均分为四段，首先在领口的前中和后中位置别珠针进行标记，然后对前中与后中之间的距离进行平分并别珠针进行标记。

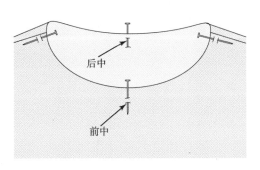

后中

前中

⑥ 将罗纹带的毛边缉缝在一起，然后用珠针将罗纹带毛边与服装毛边固定。对齐罗纹带与服装领口上珠针标记的位置。

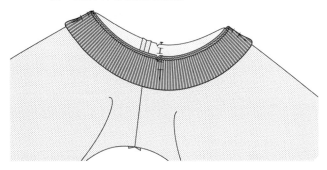

⑦ 保持所有毛边对齐，罗纹带放置在上面，留出 0.64cm（1/4 英寸）宽的缝份，缝合三层毛边。注意应从后中心线位置开始缝合，为确保各珠针标记的位置对齐，应当一边拉伸罗纹带一边缝合。如果需要，还可以将缝边锁边。

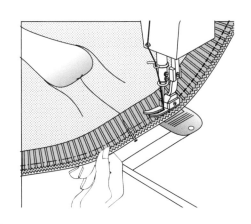

⑧ 将所有缝份向衣身烫倒。熨烫平整，并使用熨斗的蒸汽将领口周围的多余松量进行归缩。

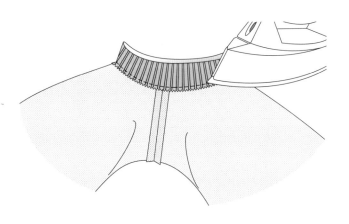

针织斜绲边

针织斜条常用于针织服装的领口、袖口和袖窿，用来进行做净处理，既形成柔软的绲边，也起到装饰作用。绲边可以取代贴边。

针织斜条与机织斜条的主要区别在于：针织斜条形成的绲边更柔软、舒适，并且更适合针织面料。

准备针织斜条

裁剪宽 3.81 cm（1½英寸）或 5.08 cm（2 英寸）的斜条（与服装同色或成对比色）。如果针织面料横向弹性足够大，则可以用横向绲条代替斜向绲条。

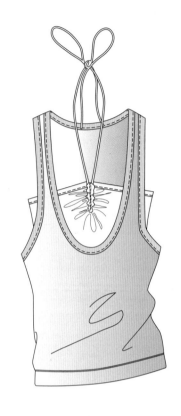

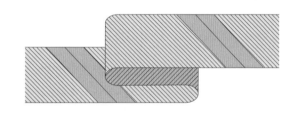

① 缝合衣身，留一边肩缝不缝合。将衣身放在缝纫台上，反面朝上。

② 将斜条正面向下放在衣身上，毛边对齐。注意，要从未缝合的肩缝位置开始放置斜条。

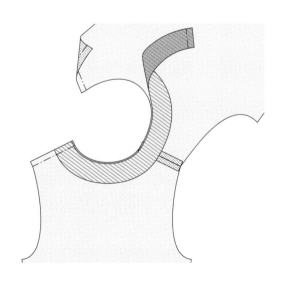

③ 留出 0.64 cm（1/4 英寸）宽的缝份，轻轻拉伸斜条，将斜条缝合到衣身上。

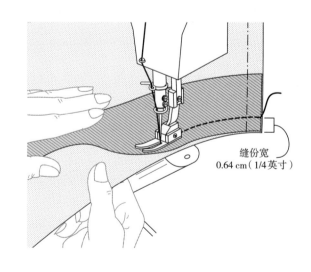

缝份宽
0.64 cm（1/4 英寸）

④ 将衣身翻至正面朝上。

⑤ 将缝份倒向斜条扣烫，注意小心地沿着缝合线熨烫。

⑥ 将斜条的外边缘按 0.64 cm（1/4 英寸）宽折叠并烫平。

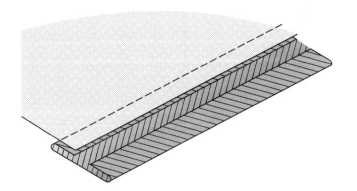

⑦ 如图所示折叠斜条，从正面包住衣身，并刚好盖住第一条缝合线。

⑧ 沿着斜绳边的边缘缉缝。

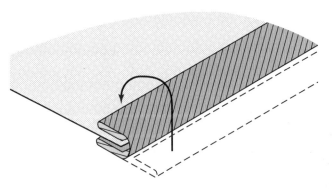

⑨ 此时完成肩缝的合缝。

POLO衫门襟

POLO衫采用针织领、半开襟形式。这种半开襟通常运用于男、女式POLO衫之类的针织衫，其门襟结构类似于直袖衩，只是更宽一些，从而与门襟纽扣和扣眼的宽度相匹配。

准备衣片

在衣身前中心线向左1.91 cm（3/4英寸）的位置，进行标记并将领口剪开。如图所示按标示的缝迹线缝合出折边固定线迹。

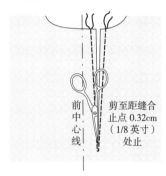

前中心线

剪至距缝合止点0.32cm（1/8英寸）处止

准备纸样

门襟纸样长度为剪开口长度的两倍、宽度至少为6.35 cm（2½英寸）。根据纸样，裁剪门襟片。

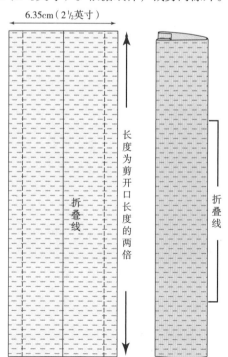

6.35cm（2½英寸）

折叠线

长度为剪开口长度的两倍

折叠线

缝制POLO衫门襟

① 将服装前片放在缝纫台上，正面朝上。

② 拉开衣片剪开口处。

③ 将门襟片正面与衣片反面相对，将门襟片放于衣身领口剪开口处。

注：门襟片放于衣身V形开口处。

④ 沿着整个门襟开口，按照0.64 cm（1/4英寸）缝份缝合。

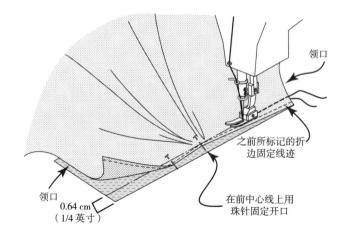

领口

之前所标记的折边固定线迹

领口

0.64 cm（1/4英寸）

在前中心线上用珠针固定开口

⑤ 在门襟片上，扣烫未被缝合一侧的缝份，缝份宽度为 0.64 cm（1/4 英寸）。

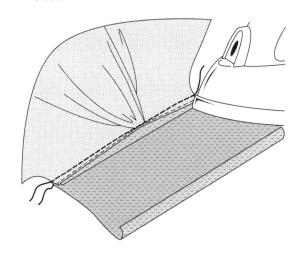

⑥ 如图所示折叠门襟片，并刚好盖住第一条缝合线，再次在门襟适当的位置缉线缝合。

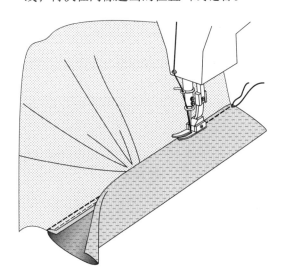

⑦ 烫平门襟。衬衫右边的门襟将被折叠到下面，如图所示。在门襟的底部从正面缉缝交叉线迹。

注：如果需要，也可以采用装饰线迹缝合门襟底部。

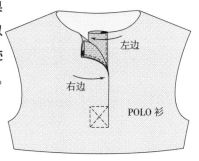

缝合罗纹领

注：在大批量生产的服装工业中，应预先制作好罗纹领，这种领通常在当地的面料商店有售。

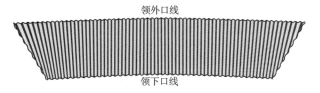

领外口线

领下口线

⑧ 将罗纹领用珠针固定在衣身正面的领口位置，并使领子后中心线与衣身后中心线对齐。同时将领子两端与门襟开口的原缝迹线边缘对齐，如图所示。将领子绷缝在适当的位置。

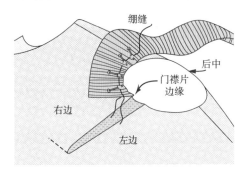

绷缝

后中

门襟片边缘

右边　　左边

⑨ 取一条 2.54 cm（1 英寸）宽的斜纹带，沿着整条领口线用珠针将斜纹带固定在之前别珠针的罗纹领上。

⑩ 沿着领口边，按照 0.64 cm（1/4 英寸）的缝份缝合。

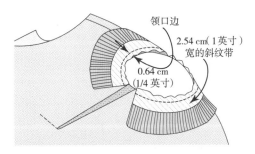

领口边

2.54 cm（1 英寸）宽的斜纹带

0.64 cm（1/4 英寸）

⑪ 在适当位置折叠斜纹带，并盖住缝份。沿着领口边缘，缉缝斜纹带底边将所有面料层缝合。

缉边线

女式内裤

女式内裤的缝制方法是隐藏裆缝，并且裆部采用两层面料。

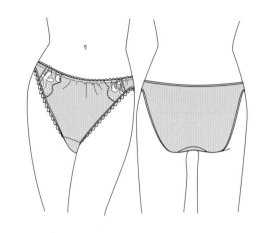

① 按照内裤纸样裁剪面料。

根据想要的内裤成品的伸长率，选择合适的针织面料，并按照内裤纸样进行裁剪。

注：裁剪裤裆片的第二层（即里布），选用棉针织物可能会更好。

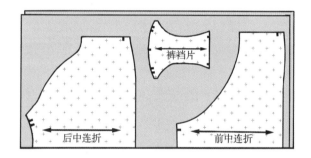

裤裆片
后中连折
前中连折

② 缝合后裆缝。

A 将内裤后片夹在两块裤裆片之间，并对齐刀口。

B 缝合后裆缝并烫平。

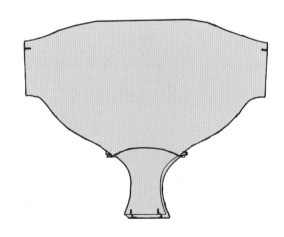

③ 缝合前裆缝。

A 用珠针将裤裆片前部固定在内裤前片上，并将刀口对齐。

B 将内裤反面朝上。将裤裆片里布（棉针织物）翻过前后腰线，到达前裆缝珠针固定处，包住前裆片。裤裆片正面相对，缝合前裆缝。

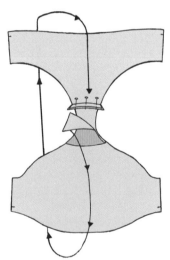

④ **翻出正面。**

从其中一条裤腿处将内裤正面翻出。

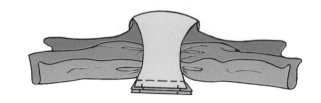

⑤ 缝合侧缝。

将内裤前片和后片对齐，注意正面相对，
缝合侧缝。

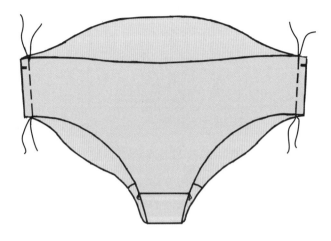

⑥ 缝合松紧带。

A 拉伸松紧带，使其与腰围和腿围处于舒适
合体的状态；每根松紧带的长度都需剪掉
5.08cm（2英寸）。

B 可采用拉伸缝、单针缝、锁边缝或之字缝线
迹进行缝合，将松紧带缝在腰线和两个裤腿
的反面。

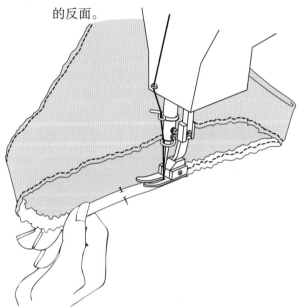

提示：

　　在后裤腿较低的位置拉伸松紧带大一些，以
确保后片的合体舒适。

　　为了隐藏松紧带，将松紧带向反面折叠，采
用拉伸缝在适当位置缉明线。

针织直条领

针织直条领采用较宽的针织裁片用于服装领口，并延伸到服装领外口周围，形成条带状的直领。

准备领片

注：如果针织面料横向弹性足够大，则可以用横向领片代替斜向领片。

两条领片的长度：后中到底边的距离加上后中缝的缝份。

两条领片的宽度：所需成品宽度的两倍【通常为7.62 ~ 12.7cm（3 ~ 5英寸）】加上两端缝份。领片可以与服装同色或成对比色。

① 将两条领片正面相对，在后中处缝合，并劈缝熨烫。

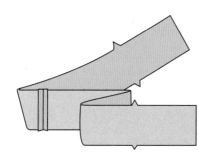

② 纵向对折领片，注意领片正面相对，缝合固定两端。然后将领片正面翻出、烫平，此时领片反面与反面相对。

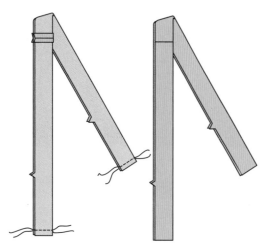

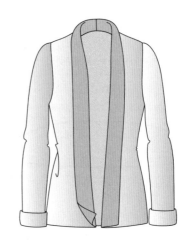

③ 将领片后中心线与衣身后中心线对齐，用珠针将领片与衣身领口固定，然后缝合。完成的直领底边应与衣身底边平齐。

④ 将缝份向衣身一侧烫倒。如果需要，可将缝份锁边并缉明线。

⑤ 将领片纵向的一半烫平。翻折衣身底边到相应位置并缝合。这样就可以连接领片与衣身底边了。

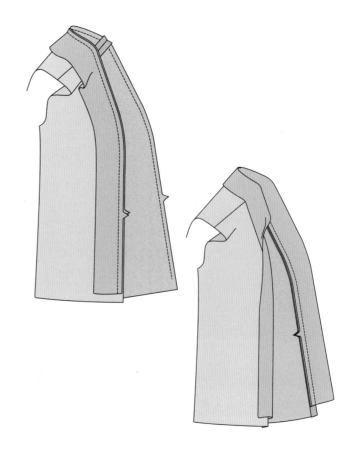

第十二章

拉链

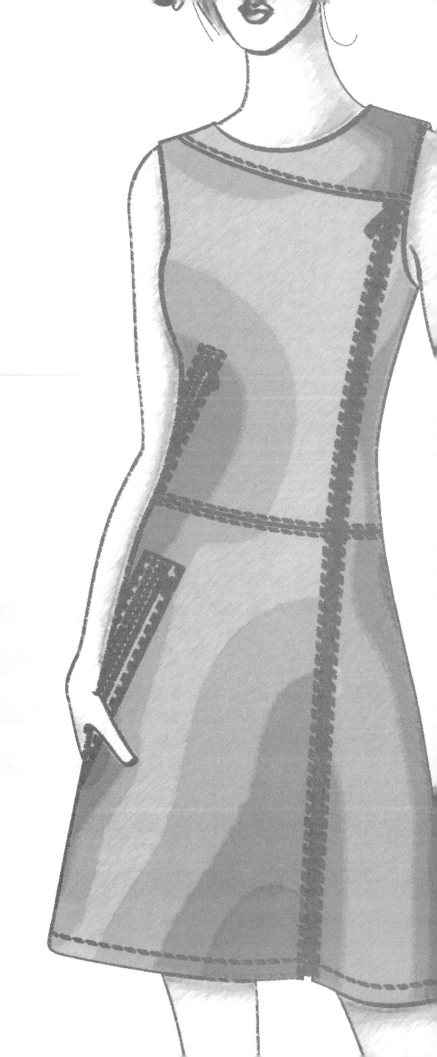

第十二章 学习目标

通过阅读本章内容，设计师可以：

➢ 了解拉链的不同部件。

➢ 了解拉链的不同种类。

➢ 了解拉链压脚的不同种类。

➢ 学习平整缝合拉链，确保拉链使用顺利。

➢ 了解拉链缝份的行业标准。

➢ 学习在服装上绱拉链的各种方法。

➢ 学习路轨式绱拉链法或中分式绱拉链法。

➢ 学习搭门式绱拉链法。

➢ 学习门襟连贴边式绱拉链法。

➢ 学习门襟贴边式绱拉链法。

➢ 学习隐形拉链的绱法。

设计室的样衣工

　　本章介绍了绱拉链的方法与技巧，在服装工业中，这些方法与技巧易用、省时，适合设计室里的样衣工。

重要术语及概念

　　拉链：使穿、脱服装更加便利，有各种类型和长度，绱拉链的方法也多种多样。拉链的选择必须根据安装部位、面料种类与款式特点而定。

　　目前，针对面料的克重和种类，有各种拉链可供选择。如左下图所示，这里展示了专用于薄纱面料并配备特殊布带的隐形拉链、钻石拉链、皮革用拉链以及蕾丝面料专用的蕾丝拉链。

　　拉链是一种由金属牙或塑料牙制成的闭合装置，通过将两排齿牙拉入联锁位置而使开口完全封闭。拉链主要有三种基本类型。

　　普通拉链：是闭尾型拉链。这种拉链有多种长度可供选择，用于需要在上端开口、在下端闭合的服装款式中。这种拉链通常用于：

➢ 半身裙和领口的开口。

➢ 各种裤装。

➢ 合体袖的袖口。

➢ 帽中缝（用于将帽与领转换）。

➢ 长袖的袖口。

➢ 设计部件，如口袋，将拉链水平放于其上。

普通闭尾拉链

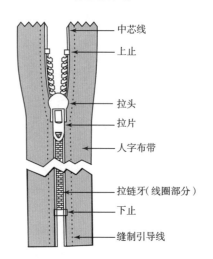

- 中芯线
- 上止
- 拉头
- 拉片
- 人字布带
- 拉链牙（线圈部分）
- 下止
- 缝制引导线

隐形拉链：与普通闭尾拉链近似，但是由于它的拉链牙是隐藏在缝份下面的，因此在缝制时需要使用特殊压脚和专门的方法。隐形拉链用于如下情况：

> 使用其他拉链可能会破坏服装外观的完整性时，例如亚光针织物、天鹅绒或蕾丝。
> 需要缝制出平整、连续的缝线时。
> 合体袖的下端开口处——袖口。

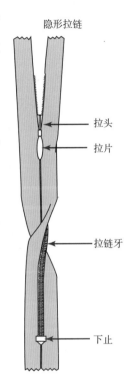

拉链压脚

可调式单边压脚：家用缝纫机使用的压脚，这种单边压脚的两侧都有凹口。通过调整压脚上配备的可调式水平滑杆进行压脚与机针相对位置的调整，以便机针可以紧贴拉链牙缝制拉链的左侧布带或右侧布带。

半脚压脚：工业缝纫机使用的压脚，这种压脚的双脚很窄，使用该压脚可以紧贴拉链牙进行缝制。这种压脚通常用于厚重型面料，或者用于中分式、搭门式或门襟式绱拉链。

单边压脚：是一种金属压脚，这种单边压脚仅一侧有凹口，使用该压脚可以紧贴拉链牙进行缝制。相比可调式单边压脚，有一些女缝纫师更喜欢使用这种单边压脚。

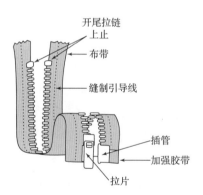

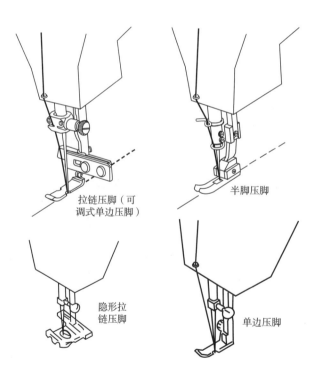

开尾拉链：拉链两端都可以打开，既可以做成细齿拉链，也可以做成粗齿拉链。开尾拉链可以作为装饰性拉链使用，其布带和拉链牙可以呈现在服装表面，也可以隐藏在缝份下面。这种拉链有多种长度可供选择。开尾拉链主要用于如下情况：

> 两个衣片需要完全分离的服装，例如夹克、外套、马甲、派克大衣。
> 可拆卸的帽子。
> 里布可拆卸的外套、夹克。
> 滑雪服、紧身裤。
> 上述服装的部件。

为缝纫机安装拉链压脚

绱拉链时，应当为缝纫机安装拉链压脚。调整压脚的位置，以使机针落在要缝的拉链布带上，通常是在右侧。在工业缝纫机上，应采用半脚压脚来绱拉链。

绱拉链的方法

根据拉链在服装上的位置、拉链种类以及服装种类的不同，可以选择不同的绱拉链方法。常用绱拉链的方法包括：

➤ 手缝绱拉链法：适用于轻薄面料或高级面料制作的服装，也适用于不能洗涤的服装。

➤ 路轨式绱拉链法或前中式绱拉链法：适用于领口、腰口的前中心或后中心接缝处。

➤ 搭门式绱拉链法：适用于连衣裙的领口处、半身裙或裤子的后开口处。

➤ 暗门襟式或假暗门襟式绱拉链法：适用于男裤、女裤、男童裤。

➤ 隐形拉链的绱法：需要使用特殊的压脚和缝制方法，完成后拉链隐藏在缝线中。

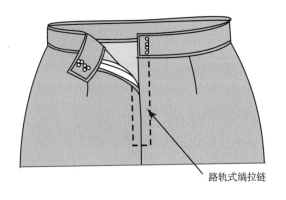

路轨式绱拉链

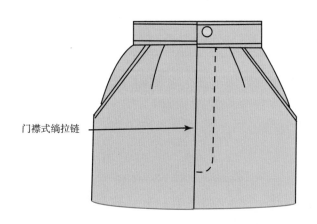

门襟式绱拉链

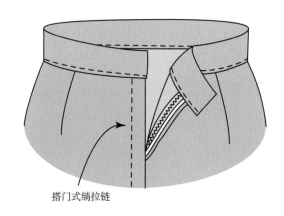

搭门式绱拉链

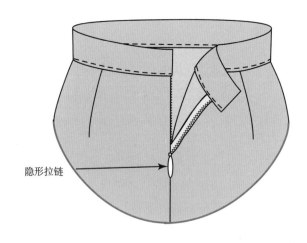

隐形拉链

练习用纸样

附录中提供了路轨式绱拉链和搭门式绱拉链所需的纸样，拉链长度为 17.78cm（7 英寸）。

路轨式绱拉链法或中分式绱拉链法

路轨式绱拉链法或中分式绱拉链法是最常用的绱拉链方法，适用于在领口、腰口的前中心或后中心接缝处绱拉链。拉链的两侧有距离中心线等长的明线。

采用假缝法，将拉链和绱拉链处的缝份临时用手针绷缝固定。拉链的长度取决于服装的款式。

注：对于服装工业中的样衣工而言，他们在缝合这类拉链时无需事先假缝，因为凭借他们多年绱拉链的经验，能够确保在缝合过程中拉链的布带与衣片的布边对齐，避免采用假缝法时可能出现的拉链牙在缝线处露出的问题。

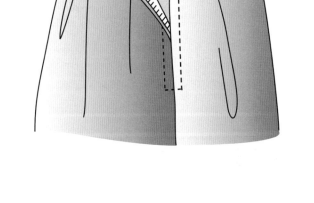

① 用大针脚缝合拉链开口处的缝份，将缝份劈缝熨烫。

注：家用缝纫纸样中的拉链缝份通常是1.59m（5/8英寸），而工业纸样中的缝份则是1.91 ~ 2.54cm（3/4 ~ 1英寸）。

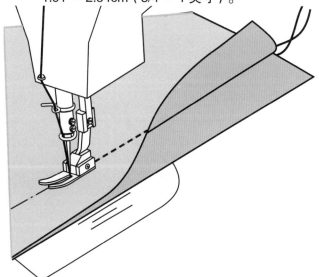

② 将拉链拉开，拉链牙抵着绷缝线迹，将拉链正面朝下，放在衣片的反面上，并用珠针固定。

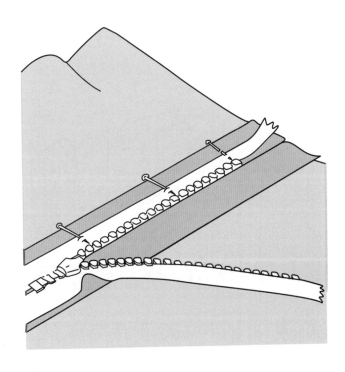

③ 从衣片上端距离拉链牙0.95cm（3/8英寸）处开始，一直缉缝至拉链底端。

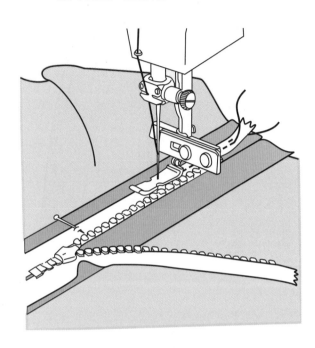

④ 将机针扎入拉链布带，抬起压脚，旋转衣片，准备缝合拉链底端。此时拉上拉链。

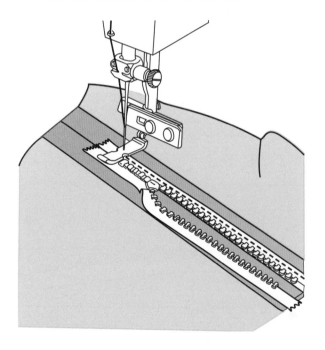

⑤ 放下压脚，缝合拉链底端。

⑥ 将机针扎入布带，抬起压脚，旋转衣片。沿着拉链的另一侧，从距离拉链牙0.95cm（3/8英寸）处，缝合至衣片上端。

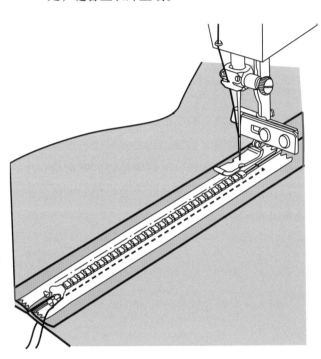

⑦ 小心地拆掉绷缝线，并压烫绱拉链处。

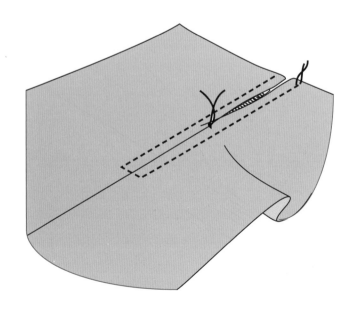

搭门式绱拉链法

搭门式绱拉链法是将拉链隐藏在面料的折边下面，在服装的正面只能看到一条明线。搭门式绱拉链法尤其适用于连衣裙的领口处、半身裙和裤子的后开口处。拉链的长度取决于服装的款式。

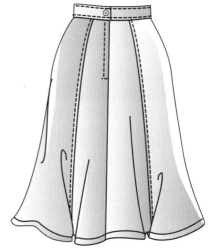

① 缝合裙片至拉链开口止点。

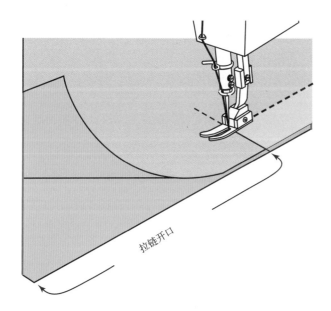

拉链开口

③ 将左裙片的缝份沿烫迹线处向外吐出 0.32 ～ 0.64cm（1/8 ～ 1/4 英寸）。

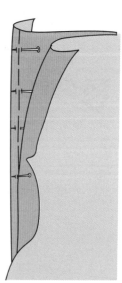

② 将缝份劈缝熨烫。

注：家用缝纫纸样中的拉链缝份通常是 1.59cm（5/8 英寸），而工业纸样中的缝份则是 1.91 ～ 2.54cm（3/4 ～ 1 英寸）。

④ 将拉链闭合，与裙片一同正面朝上放置，拉链牙的一侧紧贴第③步中吐出缝份的折边。用珠针固定。

注：拉链的底端布带应低于裙片上拉链的开口止点。

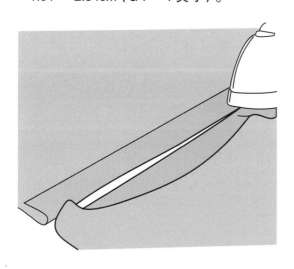

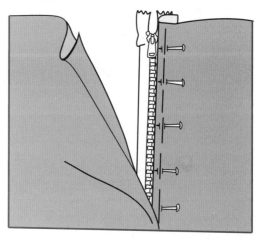

⑤ 利用拉链压脚从拉链底端开始向上缝合，将拉链与裙片在紧贴折边处全部缝合。

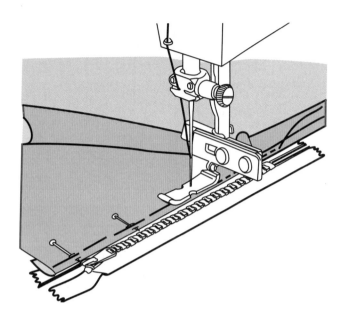

⑥ 将裙片正面朝上，把另一侧裙片的缝份用珠针固定在闭合的拉链上，盖住拉链和第⑤步的缝线。

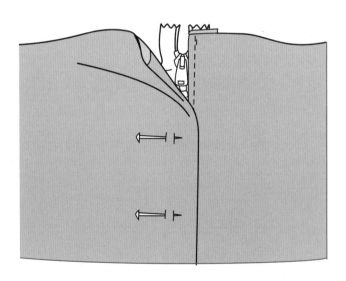

⑦ 平行于折边且与折边保持 1.27cm（1/2 英寸）的间距缝合，注意应穿透所有面料层和拉链布带，并缝合拉链底部。

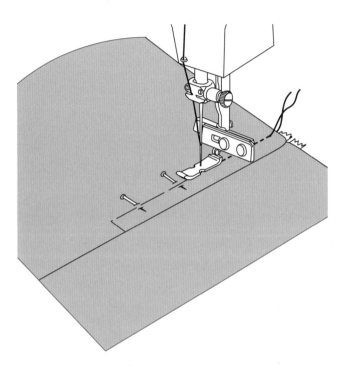

最后一步的工艺变化

这种方法通常用于样衣室。打开拉链，利用针板上的刻度标记线作为引导，从拉链顶端向下缝合至距离拉链底端小于 2.54cm（1 英寸）处。机针扎入裙片时，抬起压脚，闭合拉链。再放下压脚缝合至拉链底端，并缝合拉链底部。

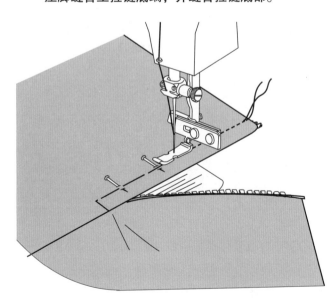

门襟连贴边式绱拉链法

门襟连贴边式拉链常用于裤子和一些半身裙的前中开口处。这里介绍的是一种不太复杂的门襟连贴边式绱拉链法。拉链的长度通常为 17.78cm（7 英寸）。

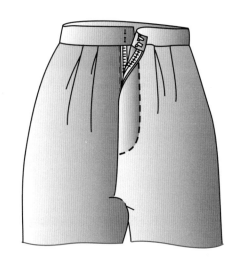

准备纸样

应在裤片纸样上绱拉链的位置向外延伸出一块弧形片，宽度为 3.81cm（1½ 英寸），作为门襟连贴边。

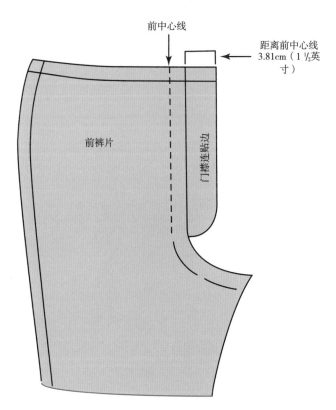

前中心线

距离前中心线
3.81cm（1½英寸）

前裤片

门襟连贴边

练习用纸样

附录中提供了练习门襟连贴边式绱拉链所需的纸样。

① 缝合裆缝至拉链止点（门襟连贴边的底部）。在门襟连贴边的底部打剪口。

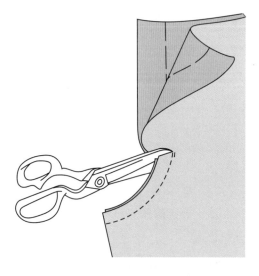

② 沿前中心线打开门襟连贴边并扣烫。

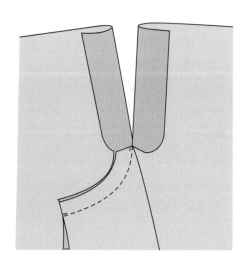

③ 将右裤片门襟连贴边的缝份沿前中烫迹线向外吐出 0.32 ~ 0.64cm（1/8 ~ 1/4 英寸），并用珠针固定。

注：吐出的 0.32 ~ 0.64cm（1/8 ~ 1/4 英寸）应延伸至拉链的整个长度，并增加到缝份宽度中。

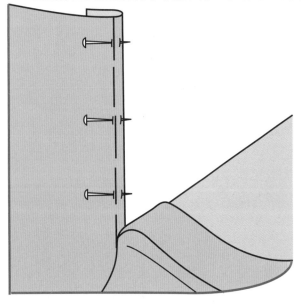

④ 将拉链闭合，与裤片一同正面朝上放置，拉链牙的一侧紧贴第③步中吐出缝份的折边。用珠针固定。

注：拉链的底端布带应低于裤片上拉链的开口止点。

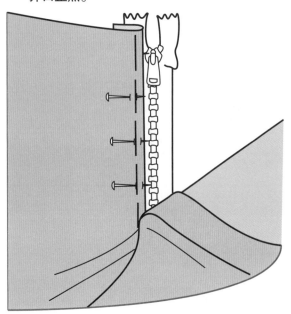

⑤ 利用拉链压脚从拉链底端开始向上缝合，将拉链与裤片在紧贴折边处全部缝合。

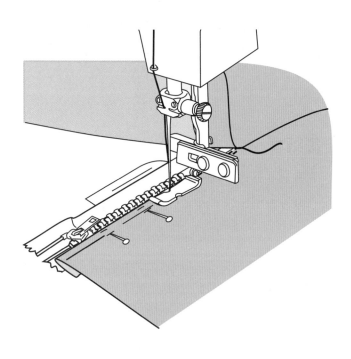

⑥ 将裤片正面朝上，把左裤片的缝份固定在闭合的拉链上，盖住拉链和第⑤步的缝线。

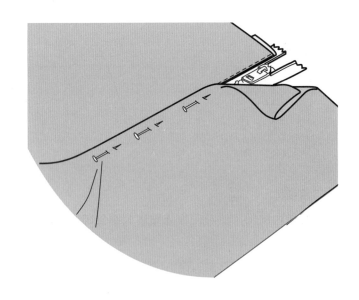

⑦ 将裤片反面朝上，把裤片折向一侧，露出还没
有缝合的门襟连贴边和拉链布带。将拉链布带
与门襟连贴边缝合。缝线不能缝到裤片，以确
保裤子正面不露明线。

⑧ 将裤片正面朝上。平行于折边且与折边保持
1.91cm（3/4英寸）的间距缝合，注意应穿透所
有面料层。缝合拉链底部，注意缝线为弧线。

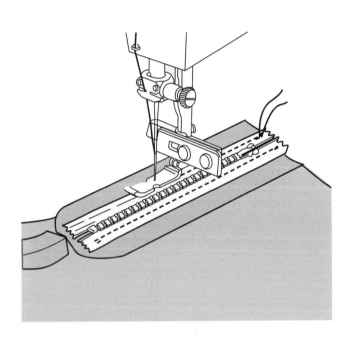

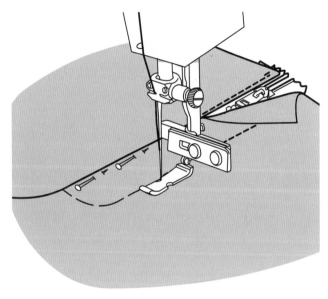

门襟贴边式绱拉链法

门襟贴边式绱拉链法的做工更加细致，常用于女裤和男裤的前中开口处，尤其是裙裤和牛仔裤。

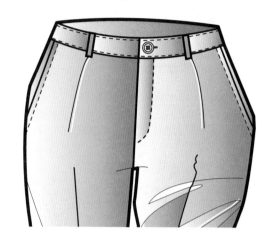

准备纸样

准备一个单独的门襟贴边纸样，折叠后的宽度为3.81cm（1½英寸），作为门襟贴边，长度为拉链布带的长度。准备两个里襟片，宽度为5.08cm（2英寸），长度为拉链布带的长度。

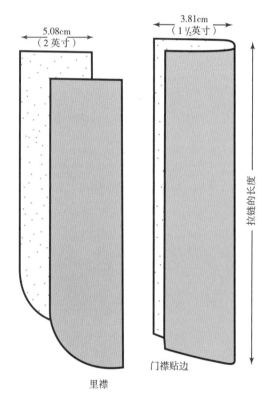

5.08cm（2英寸）

3.81cm（1½英寸）

拉链的长度

里襟

门襟贴边

① 缝合裆缝至拉链止点。在拉链止点处打剪口。

② 将门襟贴边对折（正面朝上），然后如图将其置于右裤片的裆缝处。

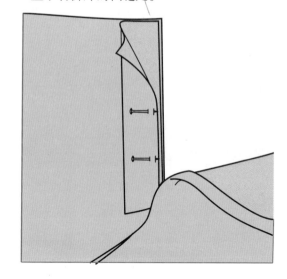

③ 将门襟贴边与裆缝缝合，缝份为0.64cm（1/4英寸）。

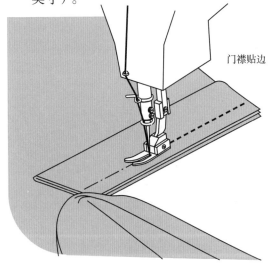

门襟贴边

④ 将门襟贴边沿缝合线折离裤片，缝份倒向门襟贴边。

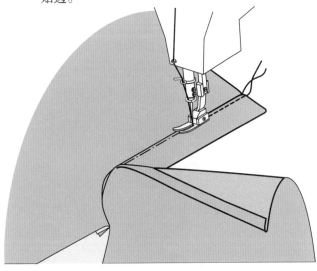

⑤ 将两个里襟片正面相对沿曲线缝合，缝份为0.64cm（1/4英寸）。

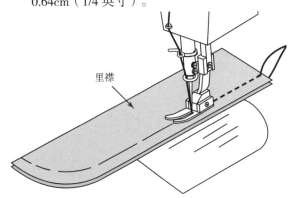

里襟

⑥ 将里襟的正面翻出，烫平。

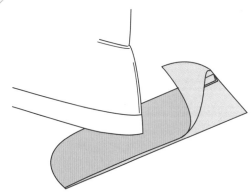

⑦ 将拉链反面朝上，把拉链放在正面相对的里襟和裤片之间。用珠针固定。

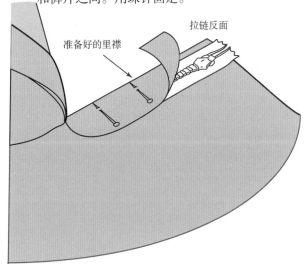

准备好的里襟

拉链反面

⑧ 利用拉链压脚将里襟、拉链和裤片缝合。

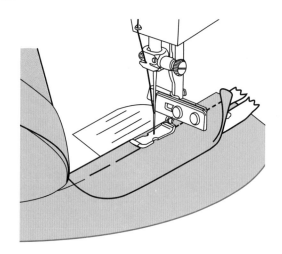

⑨ 将裤片正面朝上，闭合拉链，将拉链和里襟沿缝合线折离裤片。为了增加拉链的耐用性和强度，沿着拉链边缘缉边线。

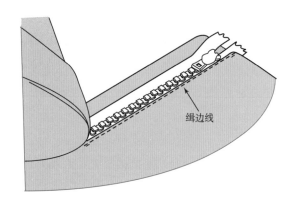

缉边线

⑩ 将另一侧裤片（缝合门襟贴边的那一侧）盖在闭合的拉链上，使拉链不外露。

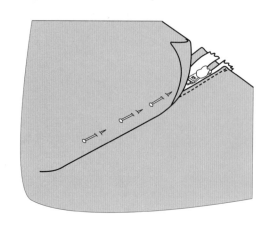

⑪ 将裤子翻到反面。把裤片折向一侧露出未缝合的门襟贴边和拉链。将拉链布带与门襟贴边缝合。缝线不能缝到裤片和里襟，以确保裤子正面不露明线。

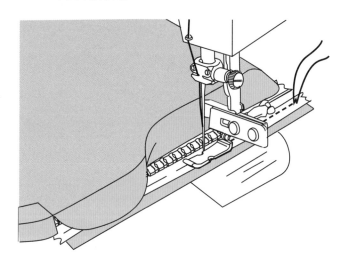

⑫ 将裤子翻到正面。将里襟折离拉链，用珠针固定门襟贴边片和拉链。平行于折边且与折边保持1.91cm（3/4英寸）的间距缝合，注意应穿透所有面料层，并在拉链开口底端以弧形明线结束。

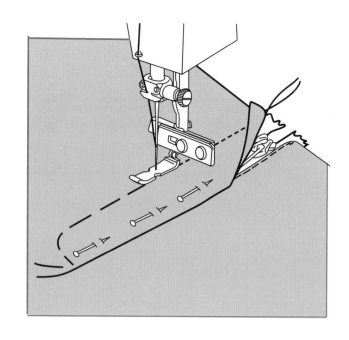

隐形拉链的绱法

服装开缝开口处（如晚礼服的开缝开口处）需要保持隐形的合缝效果时，可以使用隐形拉链来替代普通拉链，否则缝合拉链的明线可能会破坏服装的造型。

注：绱隐形拉链需要专用的拉链压脚。这种部件在大多数面辅料商店里都可以买到。

注：必须在衣片上先绱好隐形拉链，然后才能将两衣片缝合或处理腰围线。

练习用纸样

附录中提供了缝合隐形拉链所需的纸样，拉链长度 17.78cm（7 英寸）。

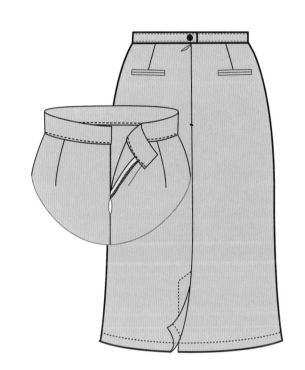

① 熨烫拉链，使拉链牙都立起来。

② 拉开隐形拉链，将拉链反面朝上，与左裙片正面相对摆放好。将拉链牙沿净线放置，拉链布带靠近裙片缝份的边缘，手针绷缝固定。

③ 将拉链牙放在拉链压脚左槽内，使拉链牙远离布带，慢慢地将拉链与裙片缝合，直至压脚与拉链拉头接触。

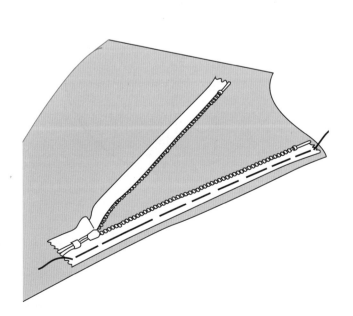

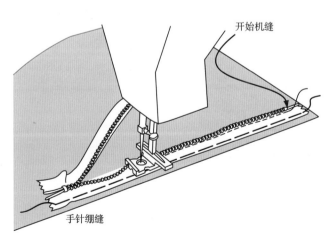

开始机缝

手针绷缝

④ 闭合拉链，左、右裙片正面相对，对齐拉链缝线，手针绷缝固定。

　　提示：为了更准确地放置拉链，可以在拉链布带和裙片上标记对位点。

　　注：拉链牙必须沿净线放置，拉链布带靠近衣片缝份的边缘。

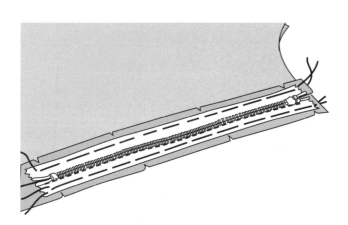

⑤ 打开拉链，把拉链牙放在拉链压脚的右槽内，使拉链牙远离布带，慢慢地将拉链与面料缝合，直至压脚与拉链拉头接触。

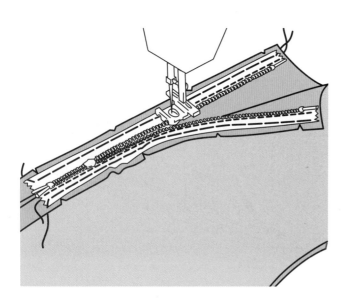

⑥ 闭合拉链。换上普通的左单边拉链压脚，机针落在净线上。

⑦ 将拉链底端向外拉出。从第⑤步缝合后的拉链底端向下，沿净线将剩余的裙片缝份缝合完毕。

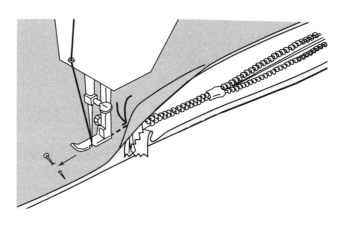

⑧ 将缝份劈缝熨烫，把拉链布带的底端与缝份固定。

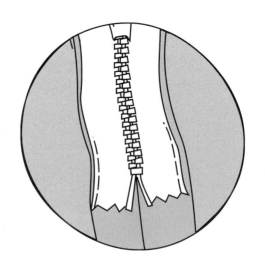

第十三章

口袋

第十三章 学习目标

通过阅读本章内容，设计师可以：

➤ 识别口袋的不同风格和造型。

➤ 了解每种口袋的风格，并在确保功能性和装饰性的前提下，将其与服装有机地整合在一起。

➤ 了解不同口袋的制作工艺，包括贴袋、加里贴袋、风箱袋/风琴袋和加盖口袋。

➤ 了解斜插袋和弧形插袋的制作工艺。

➤ 了解接缝插袋的制作工艺。

➤ 了解不同嵌线袋的制作工艺，包括单嵌线袋、双嵌线一片袋、加里双嵌线袋和加盖单嵌线袋。

练习用纸样

附录中提供练习缝制部分口袋所需的纸样。

重要术语及概念

口袋：由一定形状的面料制成，或缀于服装外部，或缀于服装的接缝和开口处。它可以作为装饰细节，也可以用来放置一些小物件，如手巾或零钱。

口袋是男装和女装上最明显的部件之一，不仅具有功能性，还可以作为服装的设计细节。

口袋的尺寸和造型多种多样，既可以放在服装外部，也可以放在服装内部（如单嵌线袋或者双嵌线袋）。本章将详解各种口袋的缝制方法。

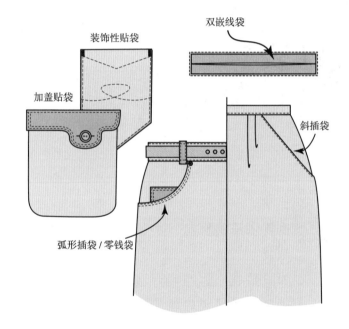

装饰性贴袋

双嵌线袋

加盖贴袋

斜插袋

弧形插袋/零钱袋

下面介绍四种主要的口袋类型。

➢ **贴袋:** 缝制在服装的表面,可以做成圆角或方角,也可以另加袋盖。贴袋可以用于半身裙、男女裤子、衬衫、夹克和外套。

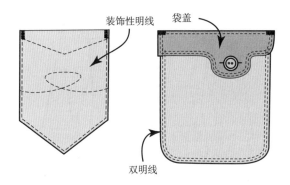

➢ **接缝插袋:** 隐藏于服装侧缝或其他接缝里,常由匹配的面料制成。当穿着服装时,看不到接缝插袋。

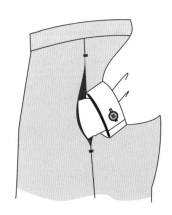

➢ **前插袋:** 袋口可以做成弧线形或斜线形,这种口袋多用于前裤片和前裙片。口袋上口线缝在腰口中,侧面缝在服装侧缝中。

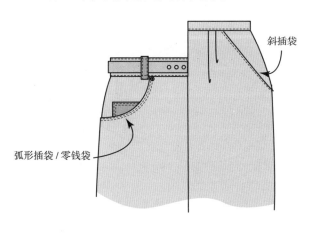

➢ **挖袋:** 袋口是斜的,可以加一块或两块嵌线布,袋盖可加或不加。挖袋通常也被称为嵌线袋。通过改变嵌线的数量以及袋盖的有无,可以改变口袋的款式。常用的四种嵌线袋有:

• 单嵌线袋。

• 双嵌线一片袋。

• 加里双嵌线袋。

• 加盖单嵌线袋。

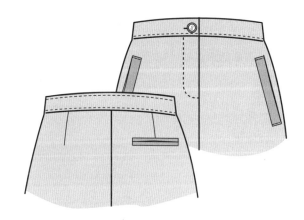

转移袋位标记

用手工疏缝或珠针准确地将纸样上的袋位标记转移到面料的反面。用珠针或笔在服装的正面标出袋位线。

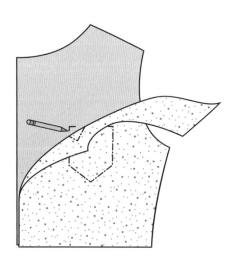

贴袋

贴袋兼具功能性和装饰性，常用于裙子、男女衬衫和夹克。贴袋通常采用单层面料缝制而成，位于服装的表面，其边缘需要经过适当的处理。贴袋可以做成方角、圆角、尖角或者弧形，也可以装饰穗带或其他饰物。

注：由于贴袋位于服装的表面，所以必须认真准确地制作，以美化服装的外观，而不是破坏服装的外观。

注：请参阅本章第 195 页的"转移袋位标记"。

① 根据服装设计所需的贴袋形状和尺寸，裁剪贴袋袋布。

③ 沿袋口折叠线将连贴边缝份折回，使连贴边与贴袋袋布正面相对，用珠针固定。

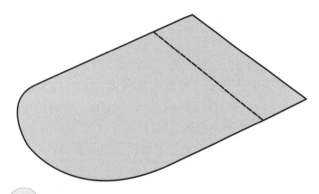

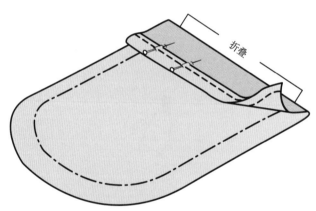

② 将贴袋袋布上缘折进 0.64cm（1/4英寸），缉边线。

④ 沿净线将连贴边与贴袋袋布缝合。

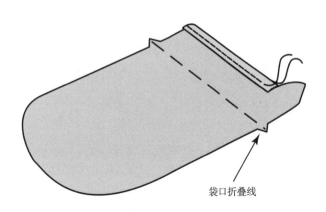

袋口折叠线

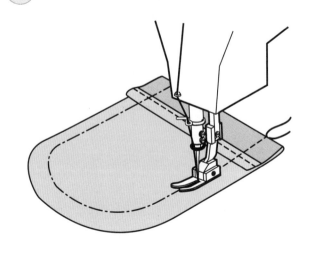

⑤ 修剪连贴边拐角处的缝份。

注：做圆角贴袋时，可以在弧线处打剪口以确保外观圆顺；做方角贴袋时，拐角处需剪掉小三角。

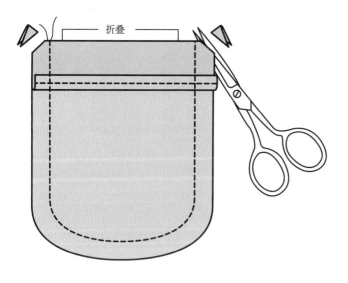

⑥ 将连贴边和缝份翻至贴袋内层，沿缝线扣烫缝份。

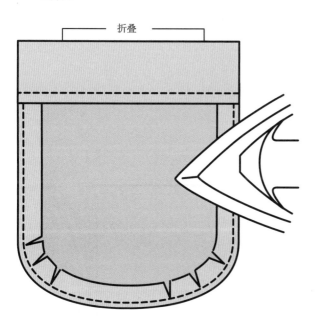

⑦ 将衣片正面朝上放在平整的台面上，仔细地将口袋用珠针固定在袋位处。

⑧ 以压脚边缘作为参照，在口袋上缉明线或缉边线。

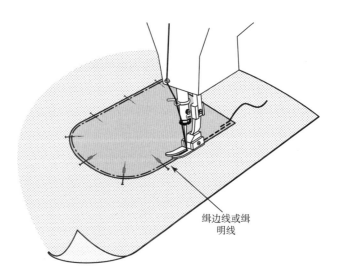

⑨ 在口袋的起始和结尾处打倒针，起加固作用。

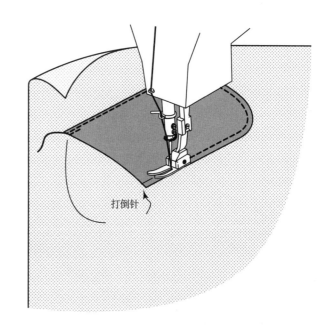

加里贴袋

加里贴袋的做工更为精细。袋里应使用与面料颜色相匹配的传统里布。

注：请参阅本章第 195 页的"转移袋位标记"。

练习用纸样

附录中提供练习缝制贴袋与加里贴袋所需的纸样。

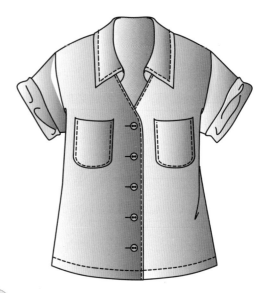

---

① 按照相同的尺寸和形状裁剪袋布与袋里。

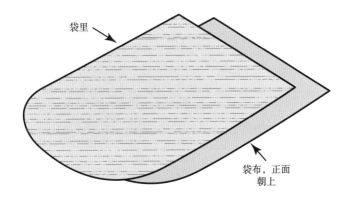

袋里

袋布，正面朝上

---

② 将袋里与袋布正面相对，用珠针固定。

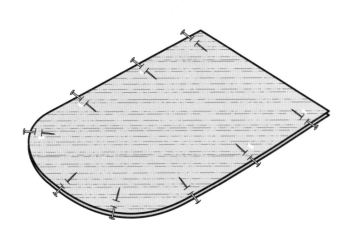

---

③ 沿净线将袋里与袋布缝合，在袋底预留一个开口不要缝合。

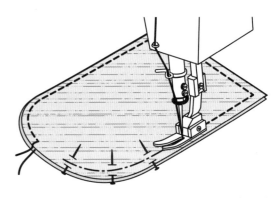

---

④ 修剪拐角处的缝份，如有必要，修剪多余的缝份。

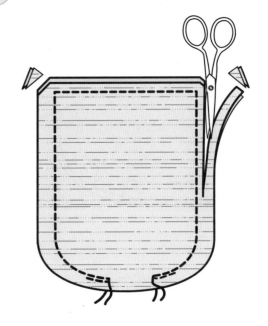

⑤ 从预留的开口处将口袋翻至正面。

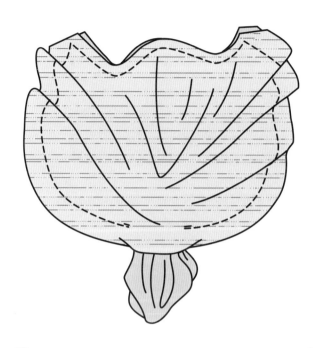

⑥ 用珠针或锥子小心地将所有边角都翻出。将袋底预留开口处的缝份向里折进，确保其不从正面反吐出来。烫平口袋。

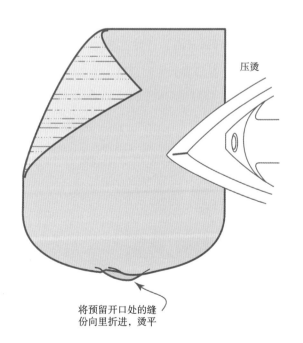

压烫

将预留开口处的缝份向里折进，烫平

⑦ 将衣片正面朝上放在平整的台面上，仔细地将口袋用珠针固定在袋位处。

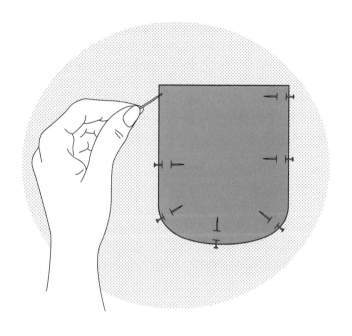

⑧ 以压脚边缘作为参照，在口袋上缉明线或缉边线。在口袋的起始和结尾处打倒针，起加固作用。

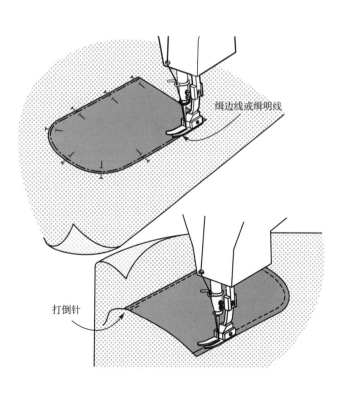

缉边线或缉明线

打倒针

袋口有连贴边的加里贴袋

这种口袋的内层是由袋布的连贴边和一块袋里拼合而成，其功能与其他贴袋相同，但是外观更精致，装饰性更强。

练习用纸样

附录中提供练习缝制袋口有连贴边的加里贴袋所需的纸样。

① 用面料裁剪一块袋布，用里布裁剪一块袋里。袋里长度的确定方法：将袋口连贴边折叠后，从口袋底端量至袋口连贴边的缝线处，再加1.27cm（1/2英寸）缝份（该缝份用于缝合袋里和连贴边）。

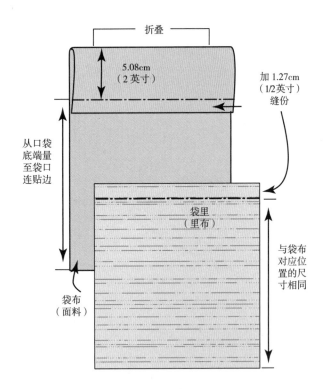

② 将袋里与袋布的上口（袋口连贴边处）对齐，正面相对，用珠针固定。

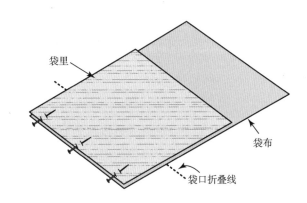

③ 将袋里与袋布沿上口缝合，缝份为1.27cm（1/2英寸），在口袋的中间预留一个2.54cm（1英寸）的开口。将缝份劈缝熨烫。

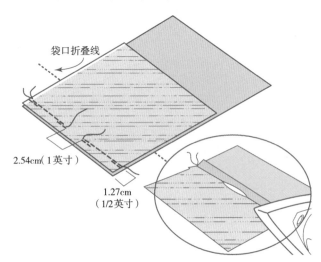

4 将袋里与袋布正面相对固定在一起，对齐所有毛边。

注：袋口连贴边会自动折到口袋内层。

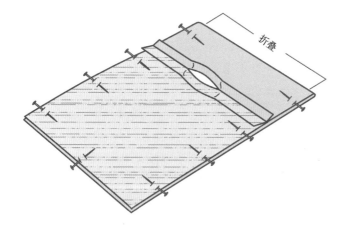

折叠

5 沿缝合线将袋里与袋布缝合。

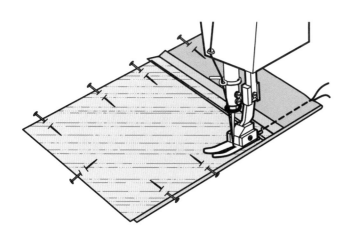

6 修剪拐角处的缝份，如有必要，修剪多余的缝份。

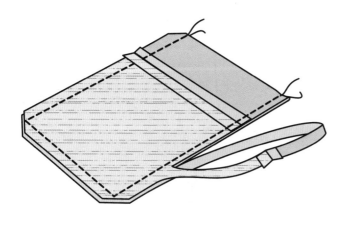

7 从预留的开口处将口袋翻至正面。用珠针小心地将所有边角都翻出。烫平口袋。

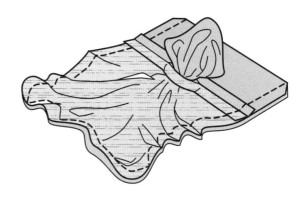

8 用缲针法将开口缝合。

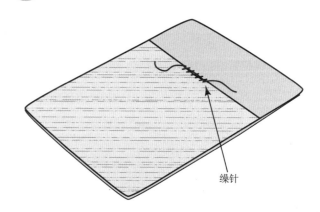

缲针

9 将衣片正面朝上放在平整的台面上，仔细地将口袋用珠针固定在袋位处。

10 以压脚边缘作为参照，在口袋上缉明线或缉边线。在口袋的起始和结尾处打倒针，起加固作用。

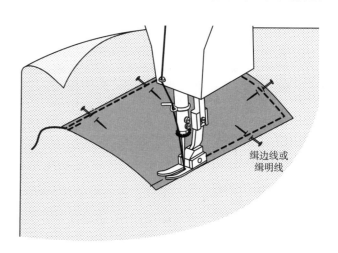

缉边线或缉明线

同料加里贴袋

同料加里贴袋的袋布尺寸为所需口袋大小的两倍，从其中线对折形成袋布和袋里。这种口袋常用于缝制简易的服装。

练习用纸样

附录中提供练习缝制同料加里贴袋所需的纸样。

① 按照所需口袋大小的两倍裁剪袋布。

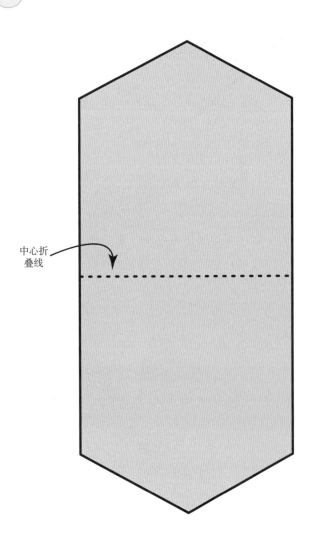

中心折叠线

② 将袋布正面相对沿中心线对折，若有必要，用珠针固定。

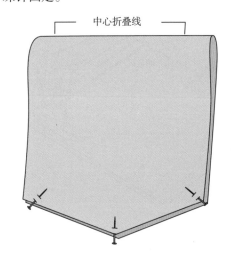

中心折叠线

③ 沿缝合线缝合。

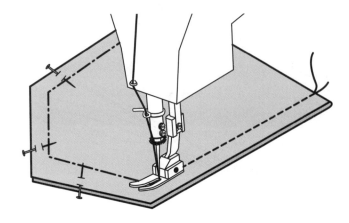

④ 在靠近袋底的位置，在一层袋布上剪一个斜向的剪口。如有必要，修剪拐角处和缝份。

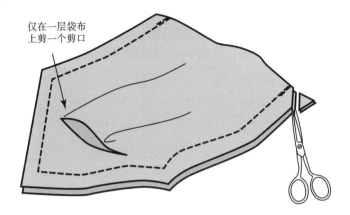

仅在一层袋布上剪一个剪口

⑤ 小心地从开口处将口袋的正面翻出。

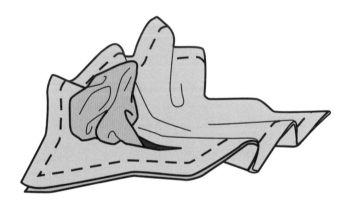

⑥ 翻好所有袋角，将缝线向袋里侧（有剪口的一侧）捻，以免缝线反吐。烫平口袋。

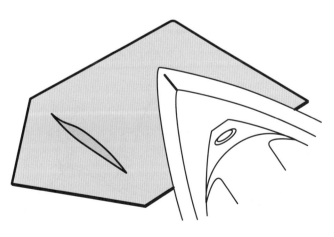

⑦ 将衣片正面朝上放在平整的台面上，仔细地将口袋用珠针固定在袋位处。

注：剪口处不用处理，它会隐藏在口袋里侧，靠近衣片的正面。

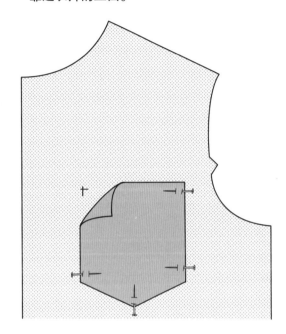

⑧ 以压脚边缘作为参照，在口袋上缉明线或缉边线。

⑨ 在口袋的起始和结尾处打倒针，起加固作用。

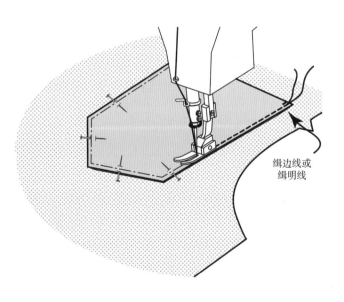

缉边线或缉明线

前插袋

前插袋的袋口形状多种多样，可以做成折线形、斜线形或弧线形。前插袋的口袋上口线缝在腰口中，侧面缝在衣片侧缝中。前插袋常用于男、女裤装。

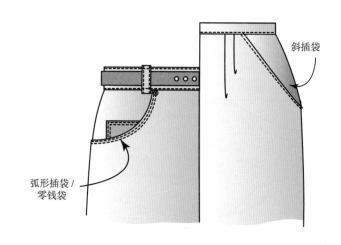

1 裁剪一块上袋布，一块底袋布。通常采用与裤片相同的面料裁剪。

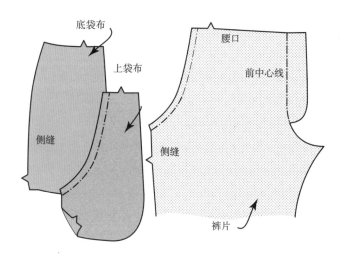

2 将上袋布与裤片放置在一起，注意正面相对、毛边对齐。

3 正面相对，缝合上袋布与裤片。

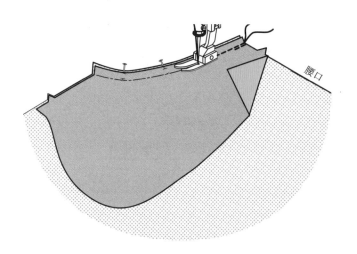

4 若缝份大于0.64cm（1/4英寸），修剪缝份，并在弧线上打剪口。

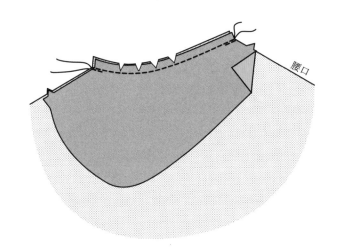

5 将缝份倒向上袋布，缝合缝份与上袋布。

注：将所有缝份倒向上袋布，在距第③步的缝线0.32cm（1/8英寸）处暗缝。

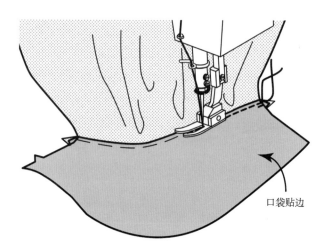

⑥ 将上袋布翻至裤片的反面，烫平。

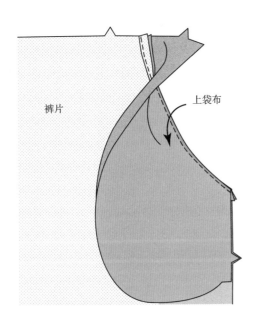

⑧ 沿袋布弧线缝合底袋布与上袋布。如有必要，将袋布外缘包缝。

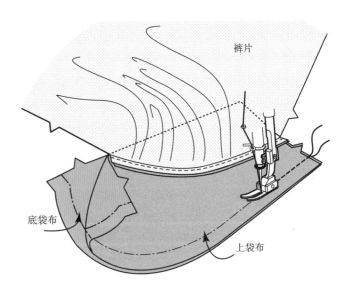

⑦ 将底袋布与上袋布正面相对，沿袋布弧线对齐，用珠针固定。仅固定底袋布与上袋布，不要固定裤片。

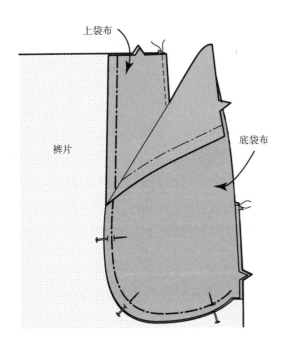

⑨ 在腰口和侧缝处将口袋与裤片对齐并固定。如有必要，沿边缘手针绷缝固定。

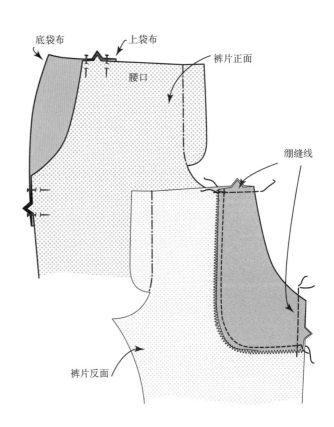

接缝插袋

接缝插袋是缝合在衣片接缝中的一种口袋，当穿着服装时，看不到接缝插袋。这种口袋因其便利性常用于连衣裙、半身裙和裤装的侧缝中。

练习用纸样

附录中提供练习缝制接缝插袋所需的纸样。

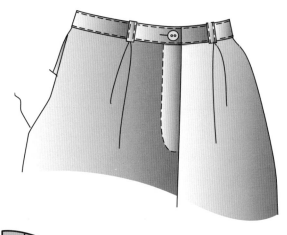

① 裁剪两块袋布。

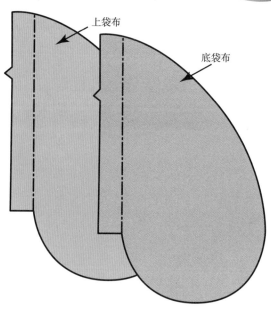

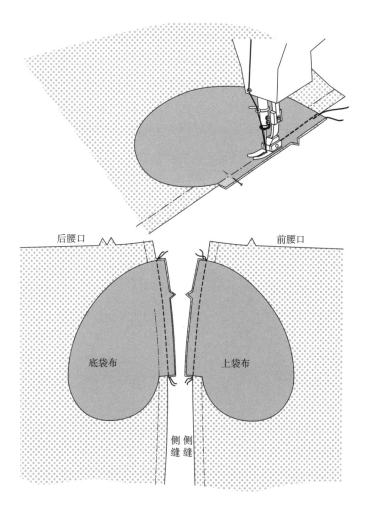

② 将上袋布与前裤片正面相对，毛边对齐后用珠针固定。按照同样的方法，将底袋布与后裤片用珠针固定。

③ 将袋布与裤片正面相对，沿袋口长度将袋布与前、后裤片分别缝合在一起。

④ 将前、后裤片的袋口缝份分别劈缝熨烫。

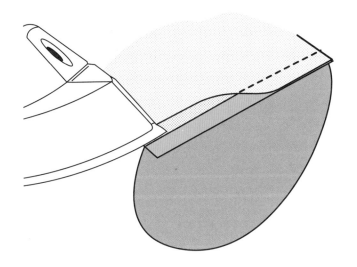

⑥ 只缉缝一道线将所有缝份缝合完毕。从缝份顶端开始，沿袋布的对位点缝合外缘，一直缝至缝份底端。

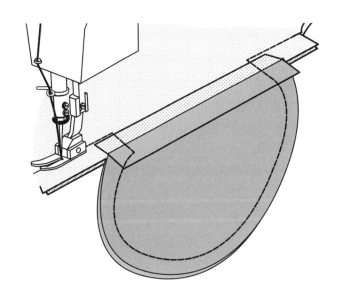

⑤ 将前、后裤片（带着袋布）正面相对放在一起。准确地对合袋布形状和缝份。

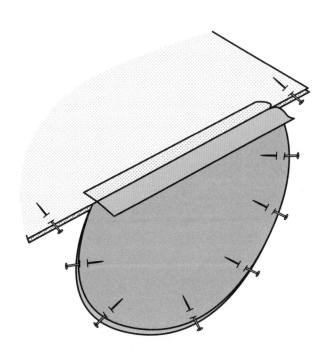

⑦ 将袋布倒向前裤片，压烫袋布和侧缝。在口袋上、下两端的缝份处打剪口。压烫袋口上、下端的裤片缝份。

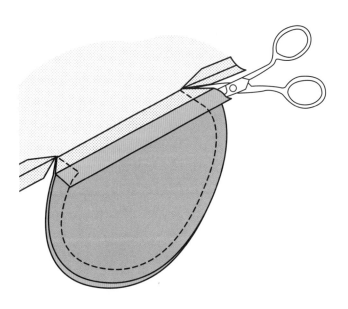

风箱袋 / 风琴袋

风箱袋 / 风琴袋是贴袋的一种变形。这种口袋在普通贴袋的基础上加入了褶裥，口袋可以向外扩展形成类似午餐袋的外形，即呈现立体外形。风箱袋 / 风琴袋常用于运动装和猎装，其上部常用一个袋盖盖住口袋上缘。这种口袋适宜采用轻薄和中厚型面料。在后续的章节中将介绍袋盖的制作方法。

练习用纸样

附录中提供练习缝制风箱袋 / 风琴袋所需的纸样。

绘制袋布纸样

首先在一张纸上画出所需贴袋的尺寸。然后分别在贴袋两侧和底部各加两次 1.91cm（3/4 英寸），在底部拐角处如图斜着修剪，再在外缘加出缝份。最后在纸样顶部加 3.81cm（1 ½ 英寸）作为连贴边。

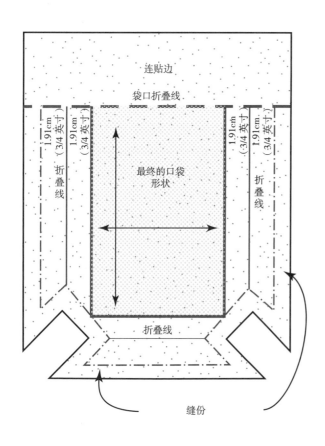

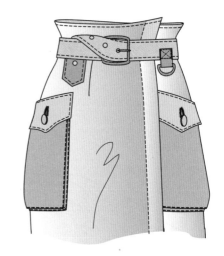

① 将袋口贴边的上缘缝份扣折熨烫。将连贴边沿袋口折叠线折回，与口袋正面相对，用珠针固定。

② 沿缝合线缝合口袋与连贴边。修剪拐角处的缝份。将缝份沿缝线折进口袋内层，将袋口贴边正面翻出，如图所示烫平。

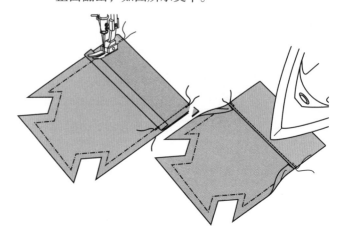

③ 将口袋拐角处的剪口折叠，使其正面相对，沿缝合线缝合。在拐角处打剪口，剪口深至缝线。但小心不要剪断缝线。

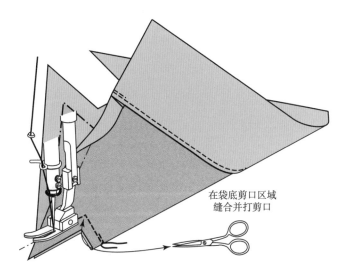

在袋底剪口区域缝合并打剪口

④ 将袋底的剪口区域翻至正面。小心地将尖角翻出。将口袋熨烫成午餐袋的外形。修剪多余量。

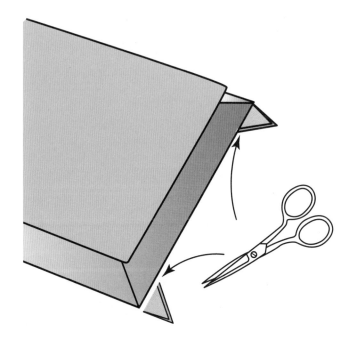

⑤ 将口袋外缘的缝份朝口袋扣烫。小心折叠袋底剪口区域的缝份。

　　注：家用缝纫纸样中的缝份通常是1.59cm（5/8英寸），而工业纸样中的缝份则是1.27cm（1/2英寸）。

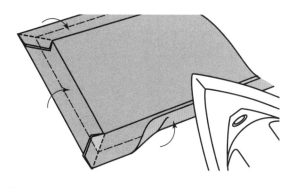

⑥ 沿最终的口袋折叠边缘缉边线（这样做可以确保口袋在洗涤时不变形。详见图示）。

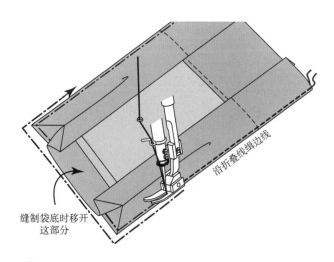

沿折叠线缉边线

缝制袋底时移开这部分

⑦ 将口袋置于服装上并用珠针固定。在口袋边缘的缝份上缉边线，以固定口袋和衣片。

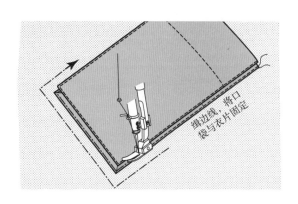

缉边线，将口袋与衣片固定

加盖贴袋

　　袋盖是覆盖在贴袋上方、可以掀开的一块布片，常用于男女西式马甲、衬衫。缝制时，首先将贴袋的袋盖缝于袋口上方的衣片上，然后压烫并使其盖住袋口，最后在袋盖的预定位置缉明线固定。袋盖可以做成圆角或方角。有时会将袋盖作为装饰性细节缝在衣片上。

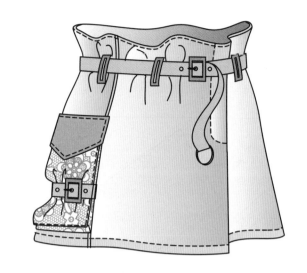

① 裁剪两块形状一样的袋盖。对于轻薄的面料，如有必要可以再剪一块衬布贴在外层的袋盖上。

　　　注：袋盖通常比贴袋袋布宽 0.64cm（1/4英寸）。缝制完成后，袋盖两端必须超出贴袋袋口两端，从而确保合上袋盖时不会露出贴袋袋口。

③ 袋盖上端不缝合，沿袋盖的其他边缘将两块袋盖缝合在一起。

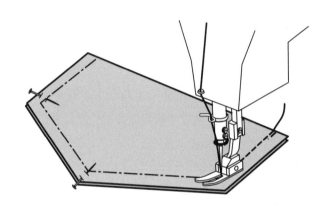

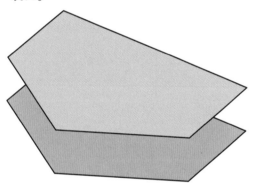

④ 修剪拐角处和多余的缝份。

② 将两块袋盖正面相对，毛边与拐角分别对齐，用珠针固定。

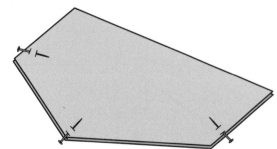

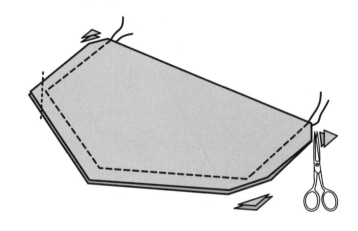

5 将袋盖正面翻出，烫平。

6 如有必要，以压脚边缘作为参照，在袋盖上缉明线或缉边线。

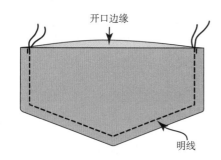

开口边缘

明线

7 将袋盖放在贴袋的上方（贴袋制作参阅前文）。切记，袋盖两端必须超出贴袋袋口两端（从而确保合上袋盖时贴袋袋口被遮住而不会外露）。用珠针固定。

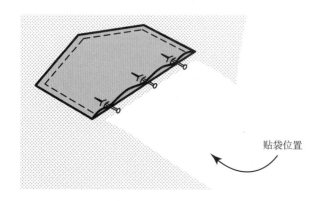

贴袋位置

8 沿袋盖上端的缝合线将袋盖与衣片缝合。服装工业生产中通常采用 0.64cm（1/4 英寸）缝份，而家用缝纫则推荐采用 1.59cm（5/8 英寸）缝份。

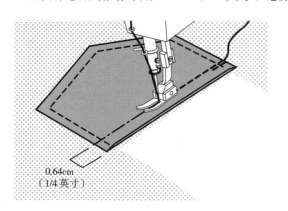

0.64cm
（1/4 英寸）

9 修剪缝份，保留缝份宽度为 0.32cm（1/8 英寸），以确保该缝份可以藏在第⑩步所缉缝的明线里。

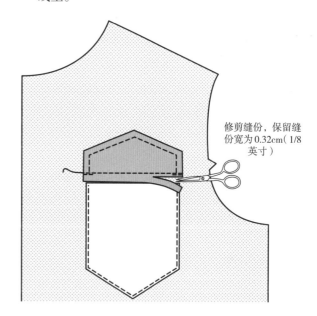

修剪缝份，保留缝份宽为 0.32cm（1/8 英寸）

10 翻下袋盖并烫平。在袋盖上方距折边 0.64cm（1/4 英寸）处缉明线，这样不仅可以固定袋盖，还可以将上一步的缝份完全封住。

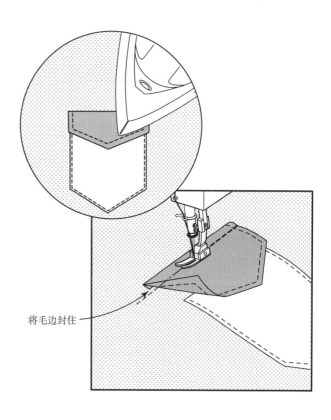

将毛边封住

单嵌线袋

单嵌线袋是一种缝在衣片开口内的挖袋，露出 1.27 ~ 2.54cm（1/2 ~ 1 英寸）宽的嵌线布。这种口袋既适用于成人服装，也适用于童装，常用于外套、西装、裤子、半身裙和衬衫。出于设计的考虑，嵌线布可以使用与衣片不同的面料。虽然单嵌线袋的缝制方法简单，但是要求制作精准。

练习用纸样

附录中提供练习缝制单嵌线袋所需的纸样。

① 裁剪三块裁片：上袋布、底袋布与嵌线布。

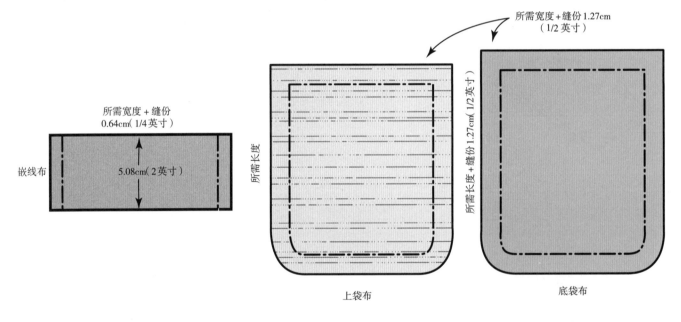

所需宽度 + 缝份 0.64cm（1/4 英寸）

5.08cm（2 英寸）

嵌线布

所需宽度 + 缝份 1.27cm（1/2 英寸）

所需长度

所需长度 + 缝份 1.27cm（1/2 英寸）

上袋布

底袋布

② 在衣片正面用绷缝线或笔标记袋位。手放入口袋的量决定了袋口的长短。对于成人使用的口袋来说，最少需要 15.24cm（6 英寸）。

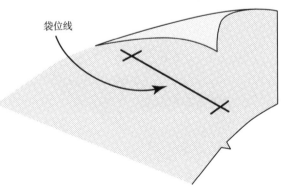

袋位线

③ 将嵌线布正面相对，对折。

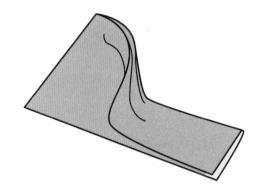

④ 缝合嵌线布的两端，缝份宽度通常为 0.64cm
（1/4 英寸）。修剪拐角处。

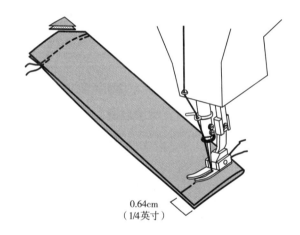

0.64cm
（1/4英寸）

⑤ 将嵌线布的正面翻出，烫平。

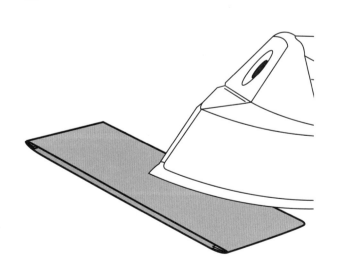

⑥ 将衣片放在缝纫台上，正面朝上。如图所示，
将嵌线布放在衣片正面，使嵌线布的开口对齐
袋位线，将嵌线布手针绷缝在衣片上。

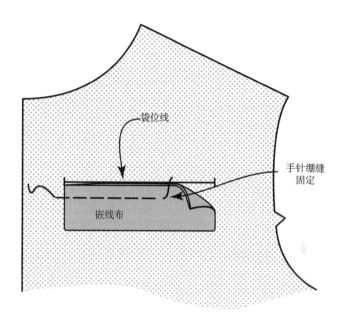

袋位线

手针绷缝
固定

嵌线布

⑦ 如图所示，将底袋布（较长的裁片）放在袋位
线上方并手针绷缝固定，将上袋布（较短的裁片）
放在袋位线下方的嵌线布上（正面相对）并手
针绷缝固定。

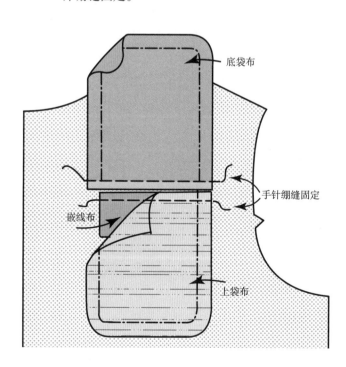

底袋布

手针绷缝固定

嵌线布

上袋布

8 将嵌线布和两块袋布缝合在衣片上，缝线呈一长方形，长的缝线距袋位线 0.64cm（1/4 英寸），袋口宽 1.27cm（1/2 英寸）。

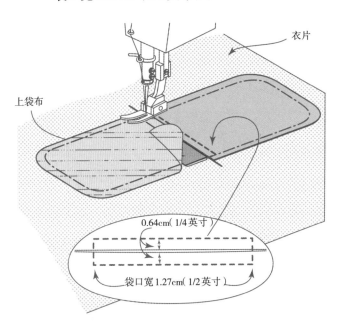

10 从开口处将袋布翻至衣片反面。

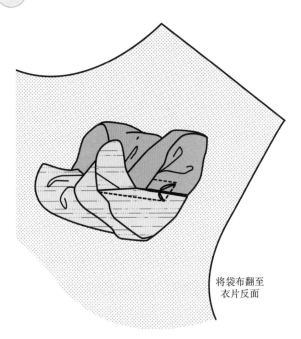

将袋布翻至
衣片反面

注：在衣片的反面，将两块袋布平放在袋口下方，正面相对，各边对齐。在衣片正面，将嵌线布填满袋口（对折线朝上）。

9 沿袋位线将衣片剪开，剪至距两端各 1.27cm（1/2 英寸）处结束，小心地向拐角处打三角剪口。

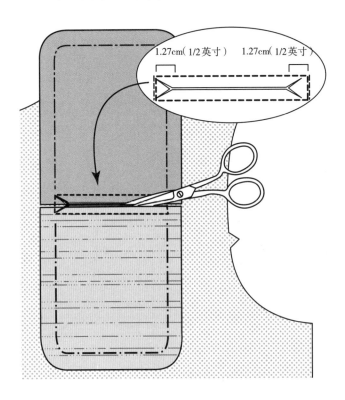

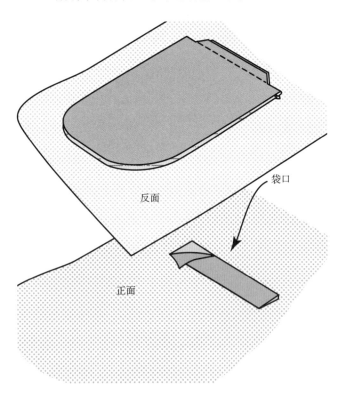

11 将衣片放在缝纫台上，正面朝上。掀起衣片，露出袋布和三角剪口。沿袋布缝合线缝合一周，同时将三角剪口的根部也缝住。

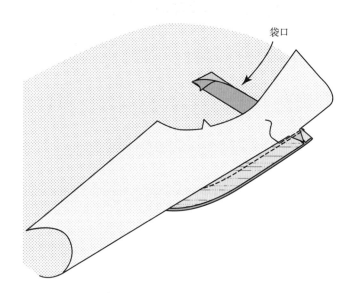

袋口

13 沿嵌线布的两短边手缝或机缝，将袋口与衣片缝合。

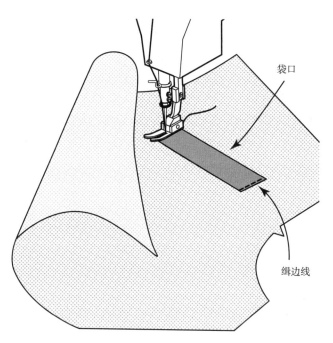

袋口

缉边线

12 在衣片正面，将嵌线布沿对折线朝上压烫，用珠针固定。

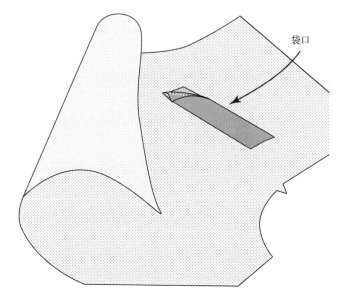

袋口

双嵌线一片袋

　　双嵌线一片袋是一种缝在衣片开口内的挖袋，利用袋布的一部分做成两个嵌线布，形成双嵌线袋的外观。

　　这种口袋常用轻薄面料制作（如果采用厚重面料制作，则需使用里布做袋布，因此，缝制方法有所区别）。双嵌线一片袋比加里双嵌线袋的缝制更加简单快捷。这种口袋常用于外套、西装、裤子、马甲和衬衫。

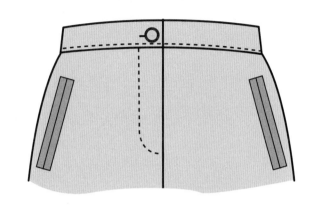

① 准备一块裁片作为袋布。尺寸为所需口袋大小的两倍，长度方向还应加 2.54cm（1 英寸）缝份。

② 在衣片正面用绷缝线或笔标记袋位。手放入口袋的量决定了袋口的长短。

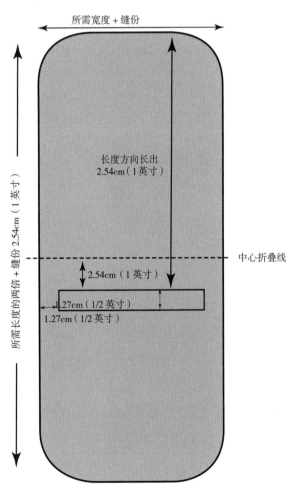

所需宽度 + 缝份

长度方向长出
2.54cm（1 英寸）

所需长度的两倍 + 缝份 2.54cm（1 英寸）

中心折叠线

2.54cm（1 英寸）

1.27cm（1/2 英寸）

1.27cm（1/2 英寸）

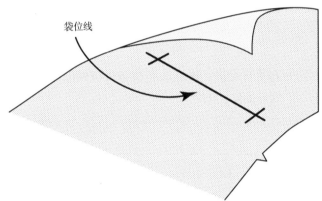

袋位线

③ 将衣片放在缝纫台上，正面朝上。将袋布放在衣片上，正面相对，使袋布上预定的袋口位置对准袋位线。将袋布临时假缝固定。较长的袋布应位于袋位线上方，朝着衣片上端放置。

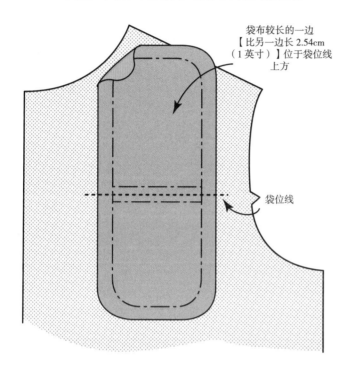

袋布较长的一边
【比另一边长 2.54cm（1 英寸）】位于袋位线上方

袋位线

④ 将袋布缉缝在衣片上，缝线呈一长方形，长的缝线距袋位线 0.64cm（1/4 英寸），袋口宽 1.27cm（1/2 英寸）。

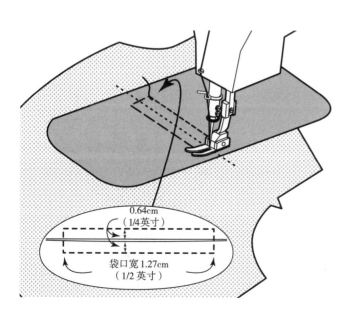

0.64cm（1/4英寸）

袋口宽 1.27cm（1/2 英寸）

⑤ 沿袋位线将衣片和袋布剪开，剪至距两端各 1.27cm（1/2 英寸）处结束，小心地向拐角处打三角剪口。不要剪到缝线。

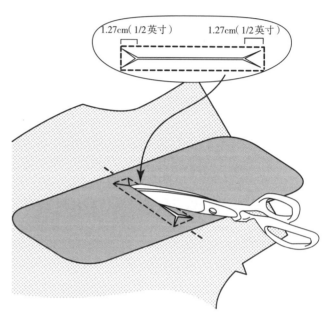

1.27cm（1/2 英寸）　　　1.27cm（1/2 英寸）

⑥ 从开口处将袋布翻至衣片反面。缝份折向远离袋口的方向。

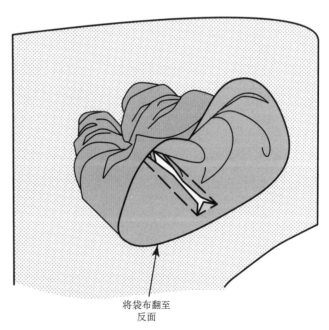

将袋布翻至反面

⑦ 将袋布翻至反面后，先不要做嵌线。将袋布放平，从衣片正面可以看到袋口呈宽为 1.27cm（1/2 英寸）的长方形。压烫口袋，使袋口呈如图所示的状态。

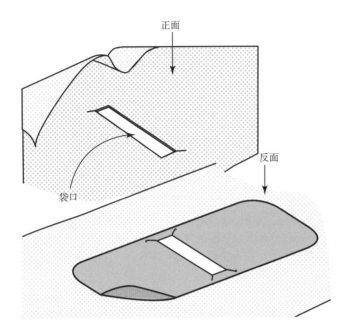

正面

反面

袋口

⑨ 烫平嵌线并手针绷缝固定。图中所示为从衣片正面看到的状态，即嵌线填满袋口。

⑩ 在衣片正面，沿袋口缝线所形成的凹槽以漏落缝固定。

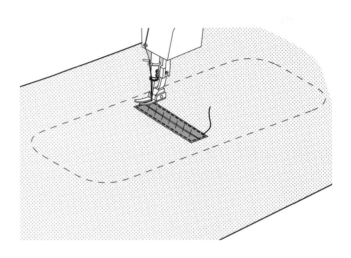

⑧ 在衣片反面做嵌线。将袋布在袋口处折成细窄的嵌线，确保两个嵌线在长方形袋口的中线处对齐，宽度相等。图中所示为从衣片反面看到的状态，即嵌线覆盖在袋口上。

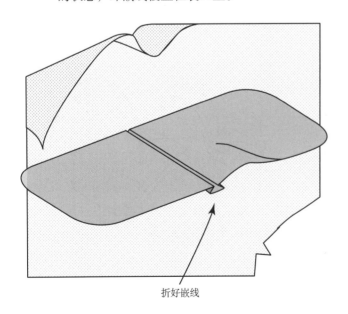

折好嵌线

⑪ 将衣片正面朝上，掀起衣片，露出嵌线和第⑤步剪开的三角剪口，并将它们沿三角剪口的根部缝合固定。

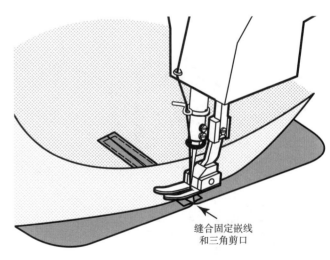

缝合固定嵌线
和三角剪口

12 在衣片反面，将袋布折叠，各边对齐，用珠针
固定。

注：将袋布在袋口下方放置平整。

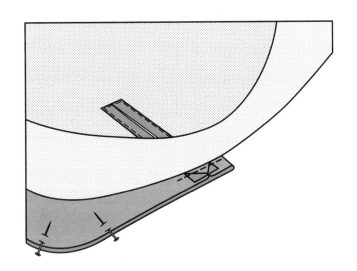

13 将衣片放在缝纫台上，正面朝上。掀起衣片，
露出袋布和第⑤步剪开的三角剪口。沿袋布缝
合线缝合袋布边缘及三角剪口的根部。

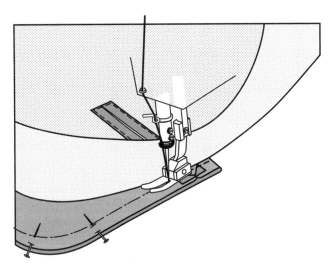

加里双嵌线袋

　　加里双嵌线袋是在衣片的开口里加两块单独嵌线布的口袋，外观类似一个大的绲边扣眼。为了增加多样性，嵌线也可以用衬线绲条或者拉链制成。

　　这种口袋常采用厚重面料制作，需要配备里布，目的是防止采用厚重面料而引起的不平服，同时由于袋里不采用昂贵的面料，故可以降低成本。加里双嵌线袋常用于外套、西装、裤子、马甲和衬衫。

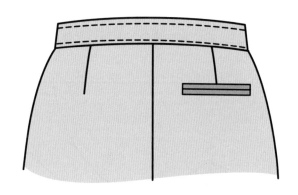

① 准备五块裁片：一块垫袋布、两块嵌线布、一块上袋里和一块底袋里。

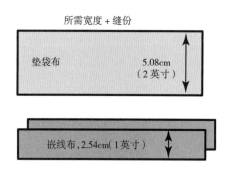

所需宽度 + 缝份

垫袋布　　　　5.08cm（2 英寸）

嵌线布，2.54cm（1 英寸）

底袋里

所需长度 + 1.27cm（1/2 英寸）

上袋里

② 在衣片正面用绷缝线或笔标记袋位。手放入口袋的量决定了袋口的长短。对于成人使用的口袋来说，最小需要 15.24cm（6 英寸）。

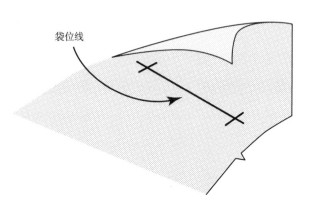

袋位线

3 将两块嵌线布分别反面相对，对折。

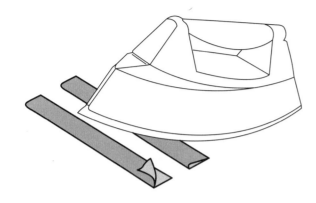

4 将衣片放在缝纫台上，正面朝上。将嵌线布放在衣片正面，使嵌线布的毛边对齐袋位线，将嵌线布手针绷缝在衣片上。

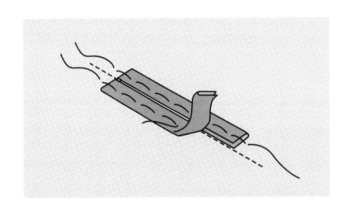

5 将垫袋布与底袋里正面相对，按照 0.64cm（1/4英寸）的缝份缝合。将缝份劈缝熨烫，垫袋布位于上方。

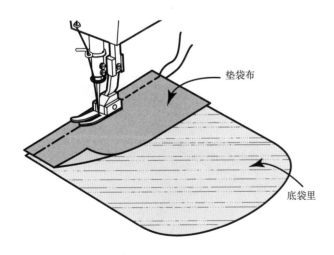

垫袋布

底袋里

6 将底袋里（包括接上的垫袋布一起）放在位于袋位线上方的嵌线布上面，如图所示，底袋里与嵌线布正面相对。将上袋里沿袋位线放在另一块嵌线布上面，如图所示，上袋里与嵌线布正面相对。以手针绷缝或用珠针固定。

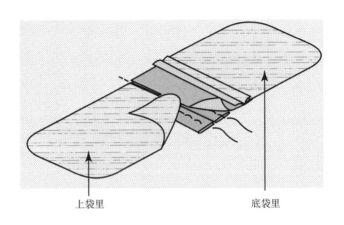

上袋里

底袋里

7 将嵌线布和各袋布一起缝合在衣片上，缝线呈一长方形，长的缝线距袋位线 0.64cm（1/4 英寸），袋口宽 1.27cm（1/2 英寸）。

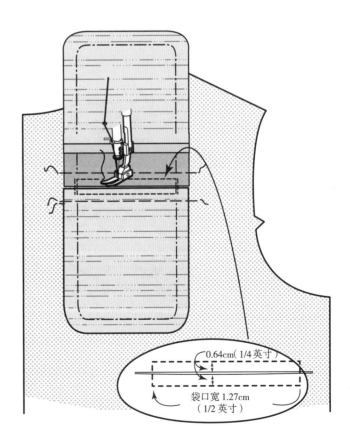

0.64cm（1/4 英寸）

袋口宽 1.27cm
（1/2 英寸）

⑧ 沿袋位线将衣片剪开，剪至距两端各1.27cm（1/2英寸）处结束，小心地向拐角处打三角剪口。

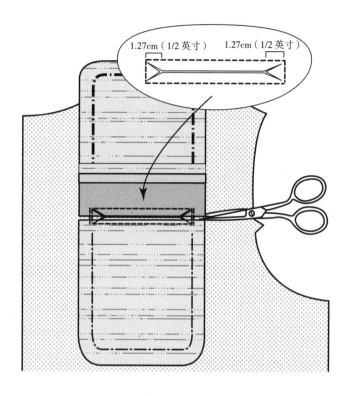

1.27cm（1/2英寸）　　1.27cm（1/2英寸）

⑨ 从开口处将袋布翻至衣片反面。缝份折向远离袋口的方向。

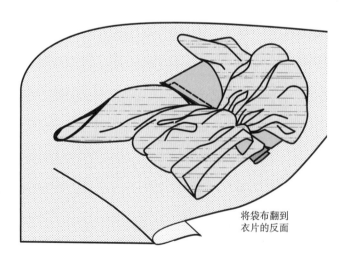

将袋布翻到
衣片的反面

⑩ 在衣片反面，将袋布平放在袋口下方，正面相对，各边对齐。在衣片正面，将嵌线布填满袋口，而且折边处须位于袋口的中心线上。

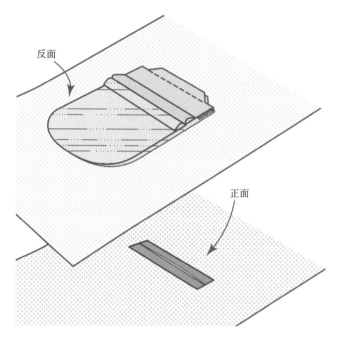

反面

正面

⑪ 将衣片放在缝纫台上，正面朝上。掀起衣片，露出袋布和第⑧步剪开的三角剪口。沿袋布缝合线缝合袋布边缘及三角剪口的根部。

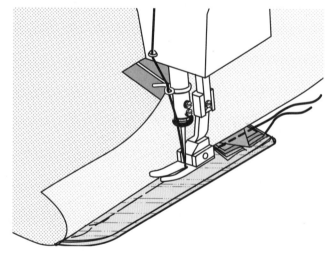

加盖单嵌线袋

加盖单嵌线袋是一种缝在服装开口内的口袋，袋口缝有一个袋盖和一块藏在袋盖下面的嵌线布。尽管这种口袋与其他单嵌线口袋很相似，但是口袋的外观却有所不同。这种单嵌线袋常用于外套、西装以及精做的半身裙、衬衫。为了呈现更丰富的效果，袋盖或袋盖里所使用的面料可以与衣片面料有所区别。

1 准备六块裁片：一块袋盖、一块袋盖里、一块嵌线布、一块垫袋布、一块上袋里和一块底袋里。

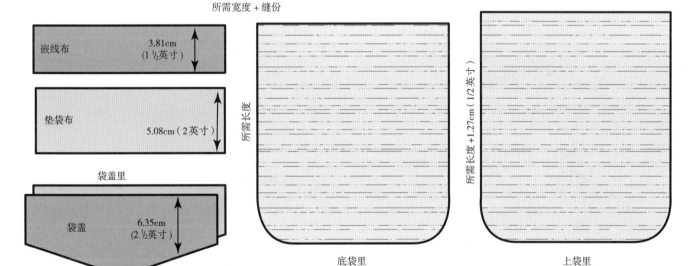

所需宽度 + 缝份

嵌线布　3.81cm（1 ½英寸）

垫袋布　5.08cm（2英寸）

袋盖里

袋盖　6.35cm（2 ½英寸）

所需长度

底袋里

所需长度 +1.27cm（1/2英寸）

上袋里

2 在衣片正面用绷缝线或笔标记袋位。手放入口袋的量决定了袋口的长短。对于成人使用的口袋来说，最小需要 15.24cm（6英寸）。

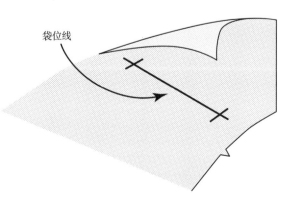

袋位线

③ 将袋盖和袋盖里正面相对，各边角对齐，用珠针固定。

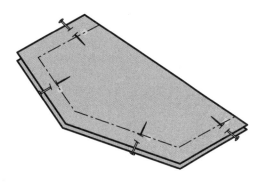

④ 袋盖上端不缝合，按 0.64cm（1/4 英寸）缝份沿袋盖的其他边将袋盖和袋盖里缝合在一起。修剪拐角处。

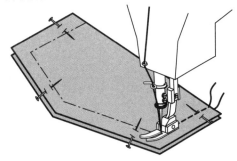

⑤ 将袋盖正面翻出，小心地烫平。

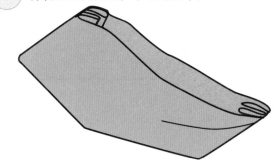

⑥ 将衣片放在缝纫台上，正面朝上。将袋盖放在衣片正面袋位线的上方，使袋盖的开口对齐袋位线，将袋盖手针绷缝在衣片上。

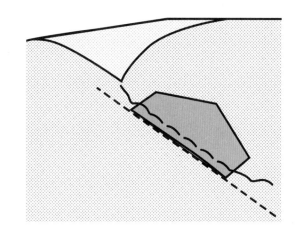

⑦ 将嵌线布反面相对，对折，然后烫平。

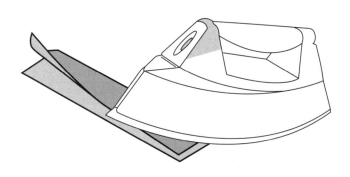

⑧ 将嵌线布放在衣片正面袋位线的下方，使嵌线布的毛边对齐袋位线，将嵌线布手针绷缝在衣片上。

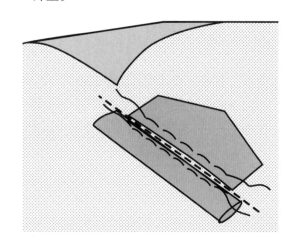

⑨ 将垫袋布与底袋里正面相对，按照 0.64cm
（1/4 英寸）的缝份缝合。将缝份劈缝熨烫，垫
袋布位于上方。

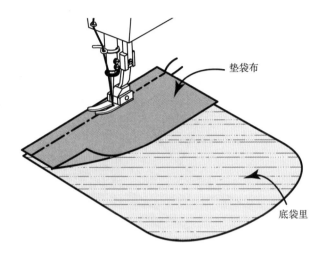

垫袋布

底袋里

⑩ 将底袋里（包括接上的垫袋布一起）放在袋盖
上面，将上袋里放在嵌线布上面，如图所示，
手针绷缝固定或用珠针固定。

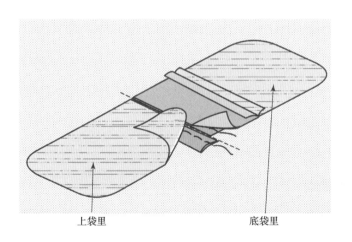

上袋里　　　　　　　　底袋里

⑪ 将袋盖、嵌线布和各袋布一起缝合在衣片上，
缝线呈一长方形，长的缝线距袋位线 0.64cm
（1/4 英寸），袋口宽 1.27cm（1/2 英寸）。

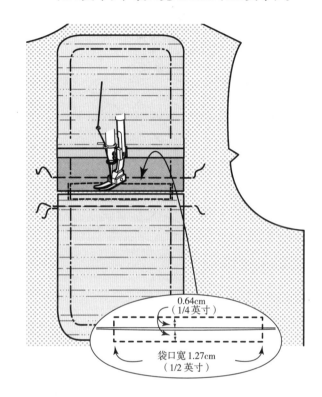

0.64cm
（1/4 英寸）

袋口宽 1.27cm
（1/2 英寸）

⑫ 沿袋位线将衣片剪开，剪至距两端各 1.27cm
（1/2 英寸）处结束，小心地向拐角处打三角剪口。

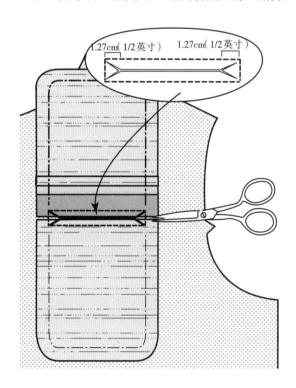

1.27cm（1/2 英寸）　　1.27cm（1/2 英寸）

13 从开口处将袋布翻至衣片反面。缝份折向远离袋口的方向。

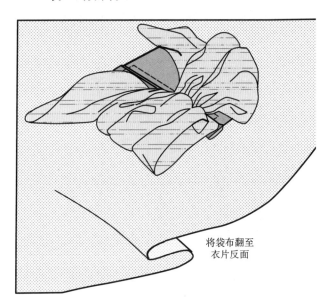

将袋布翻至
衣片反面

15 将衣片放在缝纫台上，正面朝上。掀起衣片，露出袋布和第⑫步剪开的三角剪口。沿袋布缝合线缝合袋布边缘及三角剪口的根部。

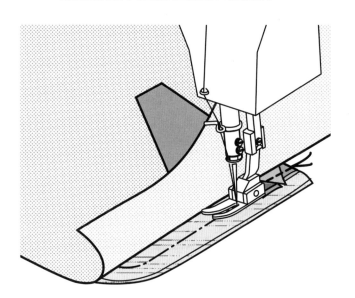

14 在衣片反面，将袋布平放在袋口下方，正面相对，各边对齐。在衣片正面，将嵌线布填满袋口，袋盖位于嵌线布上方。

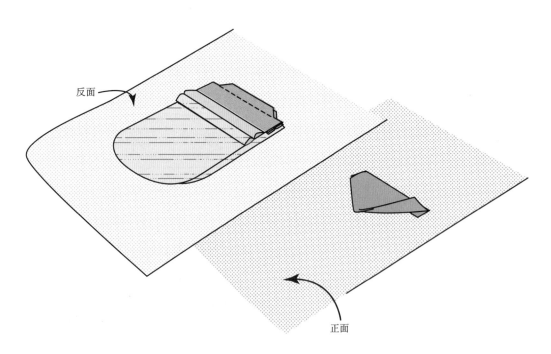

反面

正面

第十四章

袖型、袖开衩和袖头

第十四章 学习目标

通过阅读本章内容，设计师可以：

➢ 了解袖型、袖头和袖开衩的不同款式。

➢ 选择适当的袖头和袖开衩。

➢ 学习各种袖型的缝制方法。

➢ 学习装袖和衬衫袖的区别。

➢ 学习装袖的缝制方法。

➢ 学习衬衫袖的缝制方法。

➢ 学习插肩袖的缝制方法。

➢ 学习直袖衩的缝制方法。

➢ 学习卷边袖衩的缝制方法。

➢ 学习衬衫袖衩的缝制方法。

➢ 了解系扣袖头的缝制方法。

➢ 了解灯笼袖头的缝制方法。

重要术语及概念

明确**袖子**的特点非常重要。下面图示有利于我们了解相关术语，也便于精准绱袖。

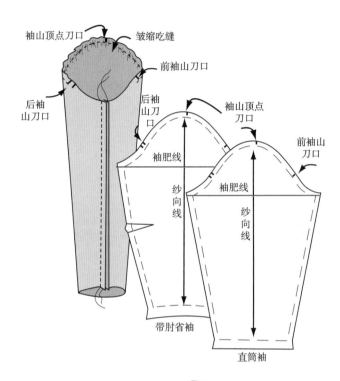

袖子：覆于手臂之外，是服装的一部分。衣片的绱袖位置通常位于臂根线附近。袖型的变化丰富多样，每种袖型的缝制方法有所不同。常用的基本袖型有以下四种：

➢ **装袖：**先将袖子缝合完毕，再将袖山弧线与袖窿弧线缝合。由于绱袖之前衣片的侧缝和肩缝已经缝合完成，因此衣片的袖窿弧线在臂根线附近是圆顺的。

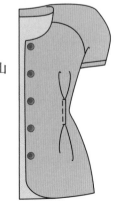

装袖

➢ **衬衫袖：**先将袖山弧线与袖窿弧线缝合，再缝合袖底缝线和衣片的侧缝。

➢ **插肩袖：**此袖的绱袖从手臂下方斜向延伸至领口弧线。先将前、后袖山弧线分别与前、后袖窿弧线缝合，再缝合袖子和衣片上的接缝。

衬衫袖

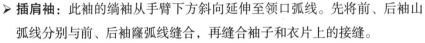

插肩袖

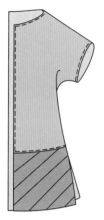

和服袖(蝙蝠袖)

> **和服袖**：这种袖型不需要传统意义上的袖窿弧线。袖与前、后衣片分别裁剪成一片。和服袖的特点是只有肩缝和侧缝 / 袖底缝。

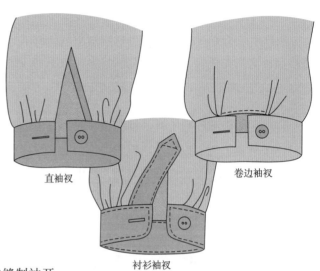

直袖衩　　　　　　卷边袖衩

衬衫袖衩

袖长：可长可短，有长袖、7 分袖、短袖。

袖肥：可宽可窄。

袖开衩：用于袖下方的开口，作用是加固面料，应当先缝制袖开衩再缝制袖头。袖开衩需要在缝制袖底缝之前完成，即袖子还是平面状态时完成。袖开衩的具体类型取决于袖子的款式和造型。

袖开衩具有特殊的作用，使手能够伸入或伸出袖子。最常见的袖开衩类型有：

> 直袖衩。
> 卷边袖衩。
> 衬衫袖衩。

袖头：指装在袖子下方的部件，可用于男、女装和童装中。袖头可以是袖口部分回卷而形成的，也可以是单独缝在袖口上的。通常采用与衣片相匹配的面料制作袖头。为了增强设计效果，也可以采用与衣片对比强烈的面料。袖头有以下两种基本类型：

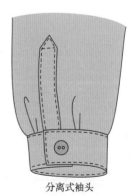

分离式袖头

> **分离式袖头**：采用一片单独的面料制作而成，然后缝于袖子下边缘。这种袖头可以通过在袖下缘抽碎褶或做褶裥来增加丰满度。

> **外翻式袖头**：这是一种向外翻的袖头。将面料折叠后压烫定位。

外翻式袖头

练习用纸样

　　本章在讲解直袖衩和衬衫袖衩的缝制步骤之前，均提供了缝制纸样。

袖型设计

装袖

装袖衣片的袖窿弧线在臂根线附近是圆顺的。在绱袖前，应当先缝合衣片的侧缝和肩缝。袖子也应缝合完毕，然后才将袖山弧线与袖窿弧线缝合。

装袖的袖山弧线比衣片的袖窿弧线长。长出的吃缝量用于装袖上方，以塑造出饱满的袖山头，并匹配手臂上部的弧线。装袖的款式不同，袖山头的饱满度也不同。装袖可以装袖头，也可以不装袖头。

准备装袖

A 缝合袖子的袖底缝和衣片的侧缝。

B 完成袖头或其他边缘细节。

注： 绱袖之前，必须先将衣片的侧缝、袖子的袖底缝以及其他边缘或袖头缝合完毕。

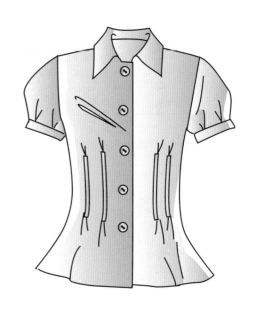

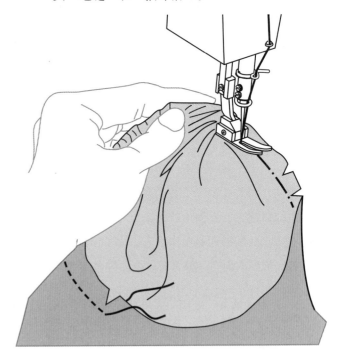

① 在前袖山刀口至后袖山刀口之间的袖山弧线上，采用皱缩或大针脚线迹抽碎褶进行吃缝，形成丰满立体的袖山头。请参阅第六章第 99 ~ 101 页"吃缝"和"抽碎褶"。

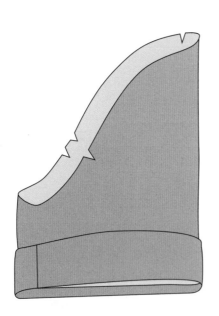

② 将衣片反面朝外，将袖子从袖窿处套入，衣片与袖子正面相对。将袖子的袖底缝与衣片侧缝对位，并用珠针固定袖山与袖窿。

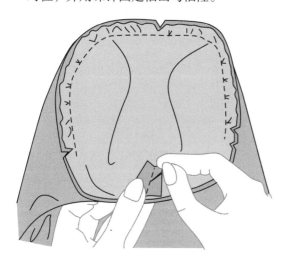

③ 将袖山与袖窿对位，继续用珠针固定以下部位：

➢ 前袖山刀口与前袖窿刀口对位。

➢ 袖山顶点刀口与衣片肩点对位。

➢ 后袖山刀口与后袖窿刀口对位。

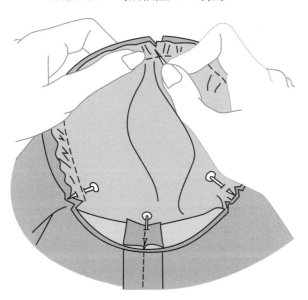

④ 继续用珠针固定袖山与袖窿，确保毛边对齐，将吃缝量均匀分配在各刀口对位点之间。

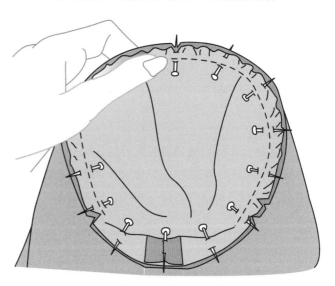

⑤ 袖子放在上面，沿缝合线缝合袖山弧线与袖窿弧线。用手指控制袖山弧线上的吃缝量，以免成品出现由于吃缝量分配不均匀而造成的褶皱。

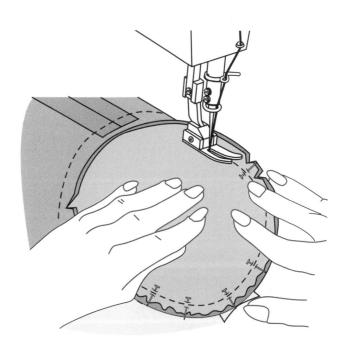

衬衫袖

衬衫袖缝合在落肩的袖窿上，绱袖时，必须先缝合袖山与袖窿，然后再缝合袖子的袖底缝和衣片的侧缝。所以，袖山弧线的曲度较小，袖山与袖窿缝合时的吃缝量也较小。这种落肩的袖型可用于男士、女士以及儿童的运动装。

准备衬衫袖

先缝合衣片的肩缝和过肩缝合线，注意衣片的侧缝必须等到袖山与袖窿缝合完毕之后才能进行。袖子在平面状态时，将袖开衩缝合完毕，再将袖山与袖窿缝合。

② 衣片与袖片正面相对，将袖山与袖窿用珠针固定，对位点如下：

➢ 前袖山刀口与前袖窿刀口对位。

➢ 袖山顶点刀口与衣片肩点对位。

➢ 后袖山刀口与后袖窿刀口对位。

➢ 袖子袖底缝与衣片侧缝对位。

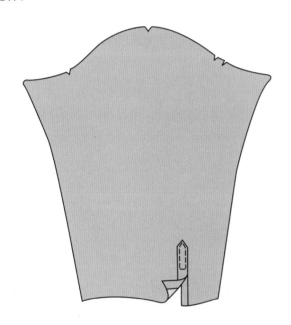

① 在前袖山刀口至后袖山刀口之间进行吃缝。请参阅第六章第 99 页"吃缝"。

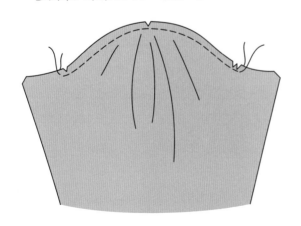

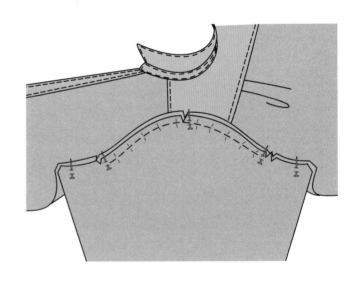

③ 袖片放在上面,将袖山与袖窿缝合。

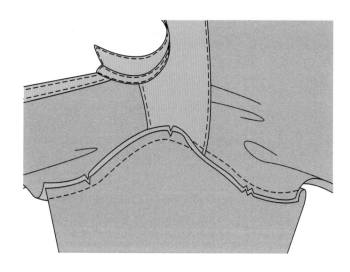

④ 将袖子的袖底缝与衣片的侧缝缝合,完成袖片
与衣片的缝制。

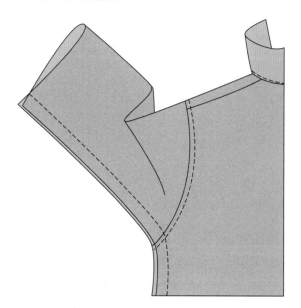

提示:

使用明包缝可以获得更加精致的效果。请参
阅第七章第116页"明包缝"。

衬衫袖的工艺变化

在服装工业生产中,由于衬衫袖的吃缝量较小,
通常是1.27cm(1/2英寸),因此,衬衫袖的缝制过
程也有所区别。

① 将袖片放在衣片袖窿的下面,对准各个刀口。

② 采用1.27cm(1/2英寸)的缝份(行业标准),
从袖底缝开始缝至第一个刀口。缝合前、后刀
口之间的袖山和袖窿时,稍微拉伸袖窿(位于
上面)。

③ 从第二个刀口缝至另一边袖底缝结束。

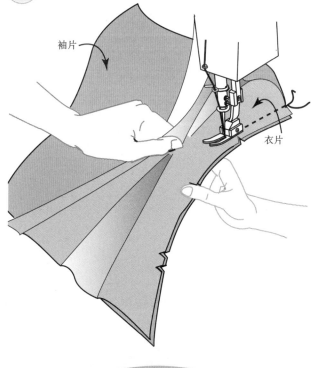

袖片

衣片

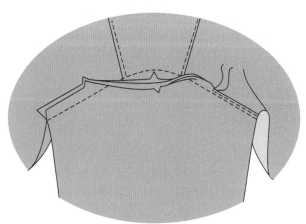

插肩袖

插肩袖的绱袖线从手臂下方斜向延伸至领口弧线。袖子的上部区域一直覆盖人体的肩部。插肩袖具有舒适、宽松的着装特点。依据纸样的变化，插肩袖可以是前、后分开的两片袖，也可以是带有肩省的一片袖，还可以是没有肩省的一片袖（通常仅用于针织面料）。插肩袖可以用于女装、男装和童装。

准备插肩袖

准备好所有裁片，下图列举的是一件插肩袖女衬衫的前、后衣片和沿肩缝及手臂外侧破开的前、后袖片。

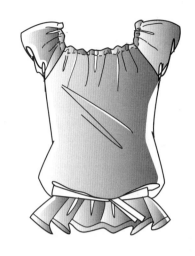

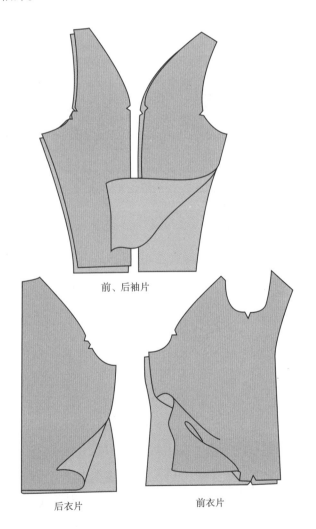

前、后袖片

后衣片　　　　　前衣片

① 将前、后袖片正面相对，沿肩缝对齐。缝合肩缝后，将缝份劈缝熨烫。

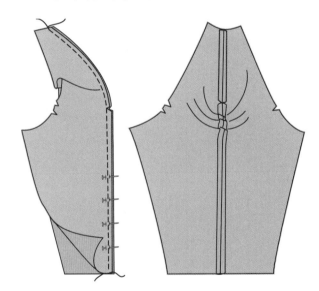

袖片的工艺变化

如果袖片上有肩省，则请在此步骤中将肩省缝合。

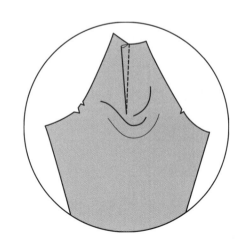

② 将两个袖子的后袖片与后衣片正面相对，将刀口处对齐，用珠针固定。缝合绱袖线。在缝份上打剪口，然后劈缝熨烫。

③ 将前、后袖片的袖底缝及前、后衣片的侧缝分别正面相对，用珠针固定。缝合后熨烫。根据需要处理袖口。

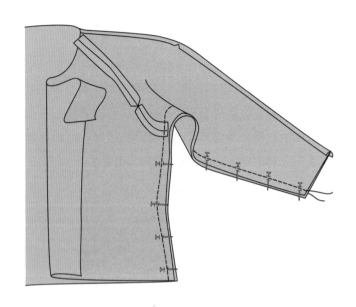

袖开衩

直袖衩

直袖衩是指利用一块单独的布条将袖开衩处毛边封住的袖开口形式，很常见，通常用于女装中。

注：直袖衩的缝制高效，不需要手缝，并且成品效果光洁，因此，常用于服装工业生产和样衣室。在缝制过程中，操作者使用包边压脚进行缝制。这种压脚可以一步完成袖开衩的缝制、翻转和缉明线。

准备直袖衩

根据纸样在袖片底端剪一个开口。裁剪一个长度为开口长度（如纸样上的标识）两倍、宽度至少为3.81cm（1½英寸）的袖衩条。

注：为了便于缝制开衩，请将袖衩条反面相对后对折熨烫，将缝份烫平。

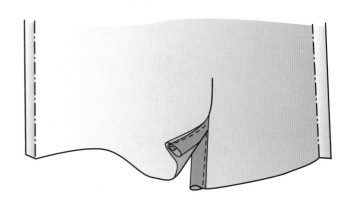

① 将袖片放在缝纫台上，正面朝上，打开袖片底端的开口。将袖衩条正面朝上，置于袖开口处的下面，用珠针将袖衩条与袖片固定。

注：袖开口呈 V 形与袖衩条的边缘相对。

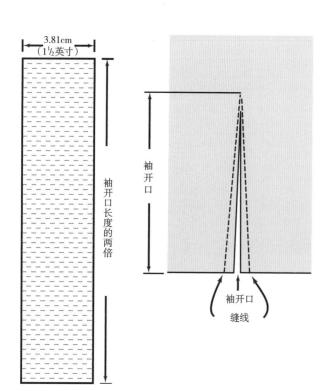

3.81cm
（1½英寸）

袖开口长度的两倍

袖开口

袖开口
缝线

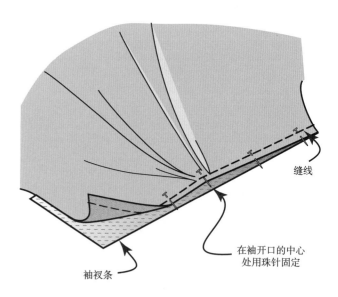

缝线

在袖开口的中心处用珠针固定

袖衩条

② 以0.64cm（1/4英寸）的缝份将袖衩条与袖开口缝合。

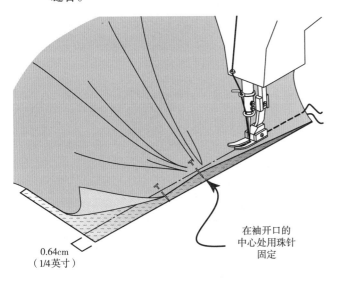

0.64cm
（1/4英寸）

在袖开口的
中心处用珠针
固定

③ 以0.64cm（1/4英寸）的缝份扣烫袖衩条的另一边。

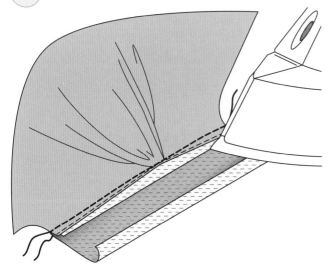

④ 将袖衩条折起，使其刚好盖住第一条缝合线。缉明线缝合。

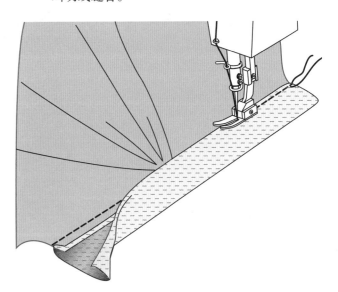

⑤ 在袖开口的反面熨烫袖衩条。如图示斜向缝合袖衩条顶端。

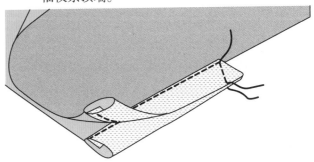

⑥ 将袖开衩放置在最终的位置，绱袖头。将袖衩条折向袖前片的下方，袖衩里襟作为袖后片的一部分也延伸至袖前片的下方。

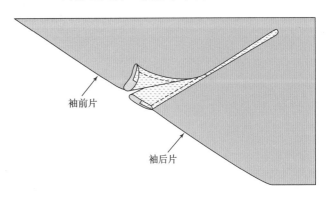

袖前片

袖后片

卷边袖衩

卷边袖衩是一种制作简便的袖开口形式，袖头从开衩的一端绱至另一端，当袖头系上扣子时，袖子底端形成一个褶裥。

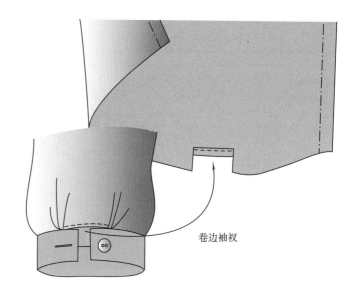

卷边袖衩

① 根据纸样，将袖子所需开口的两端剪至袖边缝合线处。

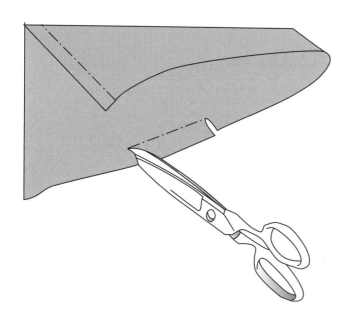

② 将开口处的缝份向袖子反面折叠两次，做卷边缝，形成袖开衩。

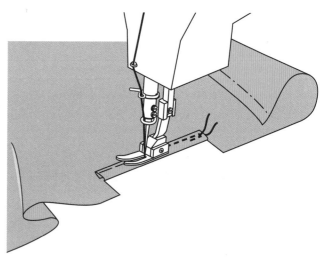

衬衫袖衩

衬衫袖衩（即精做的袖衩）常用于做工细致的男、女衬衫、夹克的袖子中。制作衬衫袖衩需袖子在平面状态时，先将衬衫袖衩缝合完毕再将袖片与衣片缝合。这种袖衩由袖衩门襟和袖衩里襟两片组成，与一片式直袖衩相比，缝合步骤更多。

注：衬衫袖衩的缝制高效，并且开衩的正面和反面效果都很光洁，因此，常用于服装工业生产。

准备衬衫袖衩

裁剪一块袖衩门襟和一块袖衩里襟。

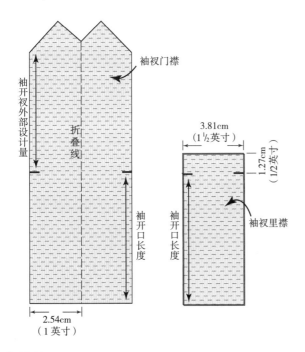

准备袖片

在袖片上剪开所需长度的开口，并标记缝份为0.64cm（1/4英寸）的缝合线。

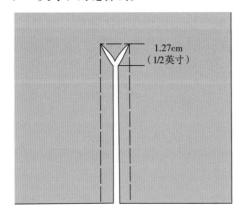

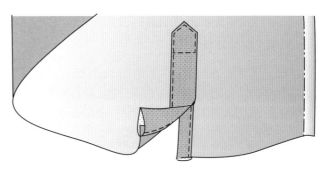

注：为了便于缝制开衩，请将袖衩门襟和袖衩里襟分别反面相对后对折熨烫，并将缝份烫平。

① 将袖片放在缝纫台上，反面朝上，如图所示，将袖衩里襟（较短的一片）正面朝下放在袖开口处。

② 从距袖衩里襟顶端1.27cm（1/2英寸）处开始，以0.64cm（1/4英寸）的缝份将袖衩里襟与袖片缝合。

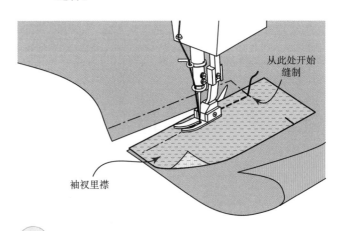

③ 将袖衩里襟待缝制的另一边以1.27cm（1/2英寸）的缝份扣烫。

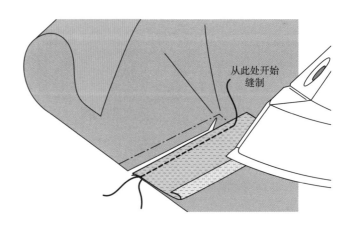

④ 对折袖衩里襟，将其翻到袖片的正面，刚好盖住之前的缝合线。

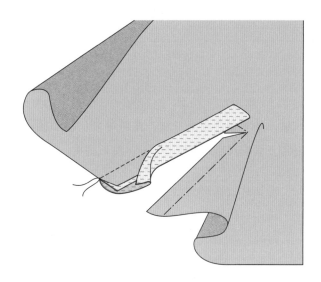

⑤ 沿折好的袖衩里襟的边缘缉明线。

注：从距袖衩里襟顶端1.27cm（1/2英寸）处开始，将袖衩里襟与袖片缝合，即沿整个袖开口长度缝合。

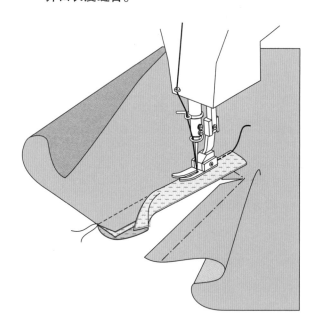

⑥ 将完成的袖衩里襟如图所示翻折，露出袖衩里襟顶端未缝合的1.27cm（1/2英寸）部分和袖片三角剪口，并将它们沿三角剪口的根部缝合固定。

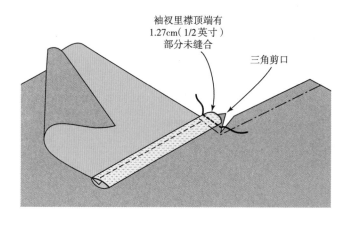

袖衩里襟顶端有
1.27cm（1/2英寸）
部分未缝合

三角剪口

⑦ 准备袖衩门襟：

➢ 对折袖衩门襟（正面相对）。

➢ 缝合至所需袖开口的位置。

➢ 将袖衩门襟的正面翻出，整理好每个转角并熨烫。

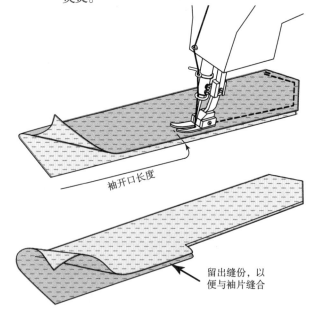

袖开口长度

留出缝份，以便与袖片缝合

⑧ 将袖片反面朝上，如图所示将袖衩门襟夹在袖开口处。

⑨ 以 0.64cm（1/4 英寸）的缝份缝合袖开口的边缘。

注：开衩的顶端已经剪开。

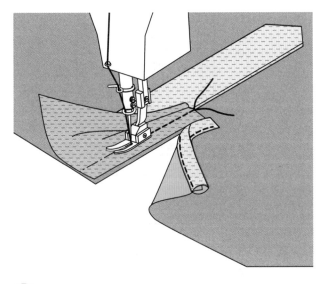

⑩ 将袖衩门襟翻至袖片正面。挪开袖衩里襟，用珠针固定袖衩门襟。

注：向里扣折所有缝份，袖衩门襟会盖住袖衩里襟顶端未缝合的 1.27cm（1/2 英寸）部分。

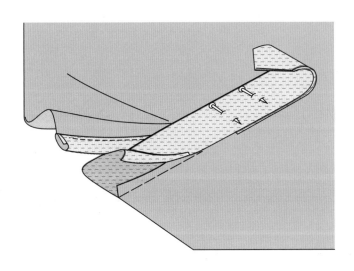

⑪ 沿袖衩门襟的所有折边和缝边缉明线。

注：缝合袖衩门襟时，移开下面的袖衩里襟，防止被缉缝到。

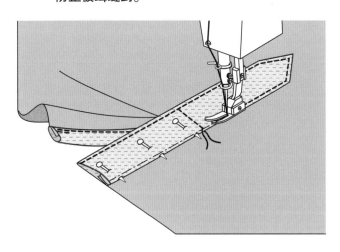

> **提示：**
>
> 　最后一步可以采用另一种方法完成，即在袖衩门襟上缉明线，缝至刚好盖住袖衩里襟顶端未缝合的 1.27cm（1/2 英寸）部分结束，袖衩门襟的剩余部分不用缝合固定。如图所示，可以在袖衩门襟的顶端钉扣和锁眼。

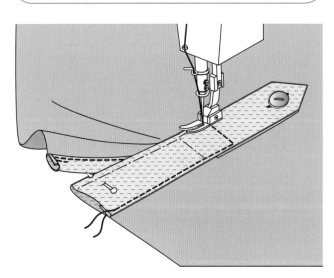

袖头

系扣袖头

系扣袖头由一片直条面料制成，缝合在袖子的底端，宽度有宽有窄。它的作用通常是固定袖子底端的褶裥或碎褶。这种袖头贴合手腕，可以采用一粒扣或其他部件固定。袖子上必须设有开衩从而满足手从袖头处伸出。

这里着重介绍两种分离式系扣袖头的缝制方法。请任选其一：

> 标准袖头缝制方法：先将袖头两端缝好，再将袖头正面翻出并对折烫好，最后将袖头绱到袖子上。

> 衬衫袖头缝制方法：先将袖头的一边绱到袖子上，再折叠袖头，最后缝合两端。

准备袖片

对于上述两种缝制方法而言，两者前期准备袖片的步骤一致，即首先缝合袖开衩，再缝合袖底缝。绱袖头之前，先将袖底端的碎褶或褶裥做好。请参阅第六章第100～101页"抽碎褶"。

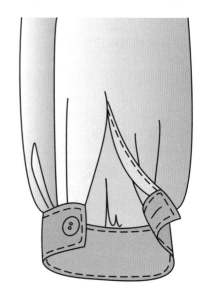

袖头敷衬

在袖头的反面敷衬。请参阅第二章第51～52页的"敷衬——黏合衬""敷衬——缝合衬"。

注：衬布应超过袖头中心折叠线1.27cm（1/2寸）。这样可以确保袖头的中心折痕更加自然，袖头也更耐穿。

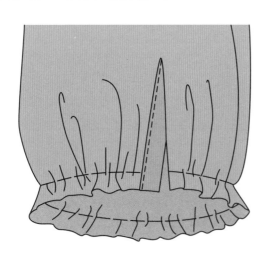

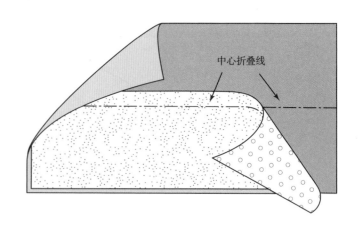

中心折叠线

标准袖头缝制方法

① 将袖头正面相对，沿经纱方向对折。

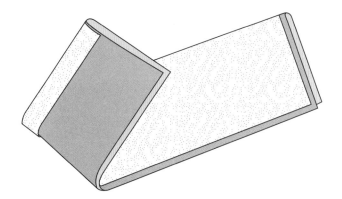

② 将袖头两端从折叠线处开始缝合直至两端止口。

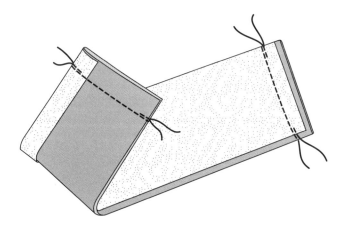

③ 如有必要，修剪拐角处和边缘的缝份。

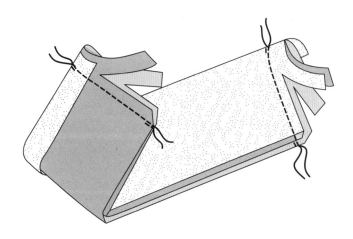

④ 将袖头正面翻出并烫平。

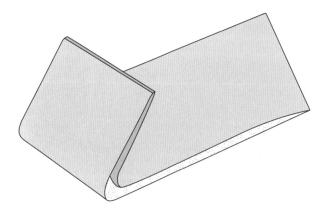

⑤ 将袖头正面（未敷衬的那面，只有一层）与袖子反面边缘对齐，用珠针固定。袖头两端与袖开衩的两端需对齐。均匀分布碎褶量，一边看着袖子一边别珠针。

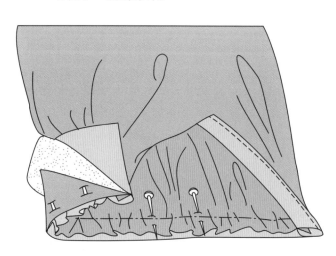

⑥ 袖子正面朝上，沿缝合线缝合袖头与袖子。

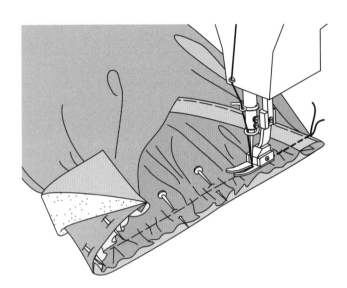

⑧ 沿折进的缝份边缘缉边线，缝合整个袖头。

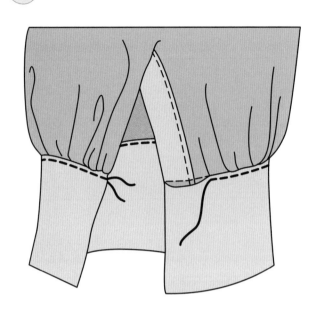

⑦ 将袖子正面翻出，敷衬的另一侧袖头盖住第一道缝线，并用珠针固定（缝份折进袖头）。

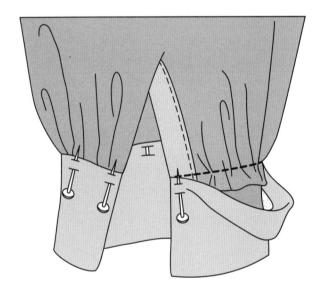

衬衫袖头缝制方法

① 将敷衬的一侧袖头与袖子正面相对，并用珠针固定在袖子底端。袖头两端与袖开衩的两端对齐。均匀分布碎褶量，一边看着袖子一边别珠针。

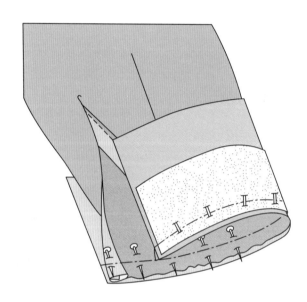

② 袖子正面朝上，沿缝合线缝合袖头与袖子。

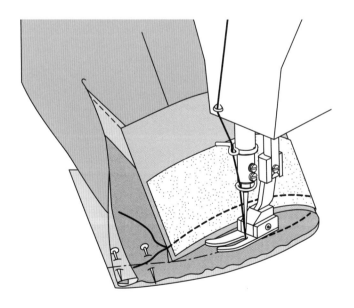

③ 将袖头正面相对，对半折叠并用珠针固定，对齐所有缝合线。将袖底端的缝份烫平，使缝份倒向袖头。

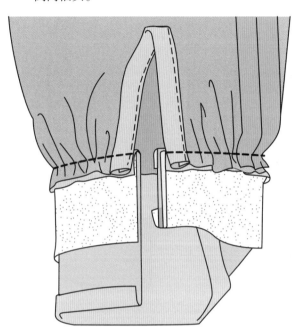

④ 缝合袖头两端，修剪拐角处。

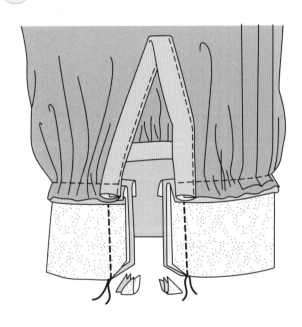

⑤ 将袖头翻至正面，用锥子或翻角器将转角仔细地翻出。

　　注：为了便于批量生产，在服装工业中通常使用翻角器翻角。

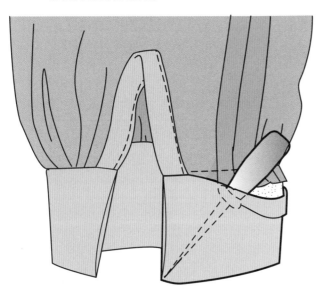

⑥ 将已缝合的缝份折进袖头，用珠针固定待缝制的缝份，为确保待缝制的折边盖住第一道缝线，折边应超出缝线 0.32cm（1/8 英寸）。

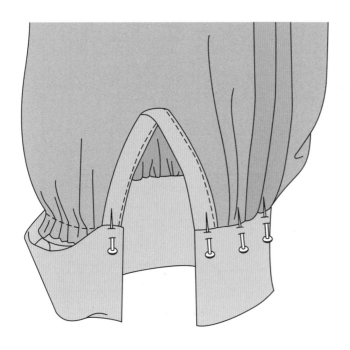

⑦ 袖子正面朝上，采用漏落缝缝袖头。如需要，也可以缉明线。

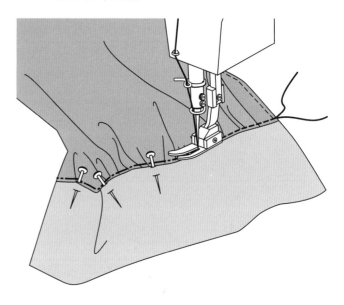

灯笼袖头

灯笼袖头在袖子底端形成一个环带，没有袖开衩。所以，袖头的空间需要足够大，以便手可以轻松穿过。袖头围度至少 22.86cm（9 英寸）。

准备袖片

绱袖头之前，将袖子底端的褶裥或碎褶缝制完毕。

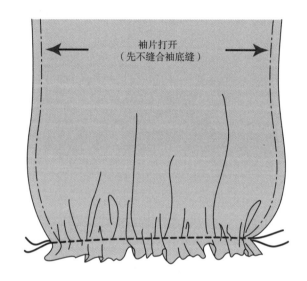

袖片打开
（先不缝合袖底缝）

袖头敷衬

在袖头的反面敷衬。请参阅第二章第 51 ~ 52 页的"敷衬——黏合衬""敷衬——缝合衬"。

注：衬布应超过袖头中心折叠线 1.27cm（1/2 英寸）。这样可以确保袖头的中心折痕更加自然，袖头也更耐穿。

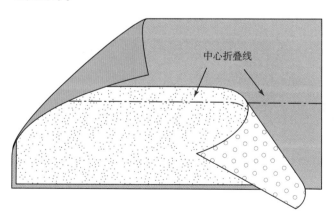

中心折叠线

至少22.86cm
（9 英寸）

① 将敷衬的一侧袖头与袖片正面相对，用珠针固定。袖底缝和袖头两端对齐。均匀分布碎褶量。

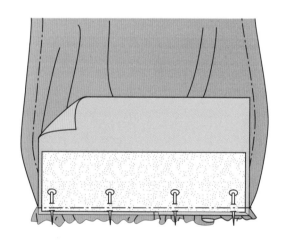

② 袖片正面朝上，沿缝合线缝合袖头与袖片。

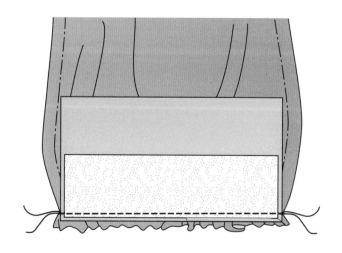

③ 扣折袖头未缝合的长边的缝份，使其折向袖头反面。将袖头与袖片缝合的缝份烫平，缝份倒向袖头。

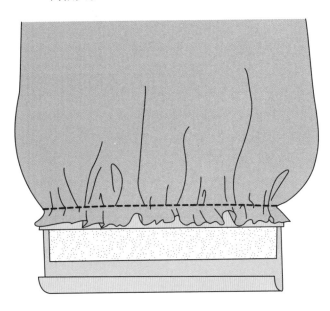

⑤ 将袖头沿中心折叠线对折，反面相对，缝合线对齐缝合线，用珠针固定。

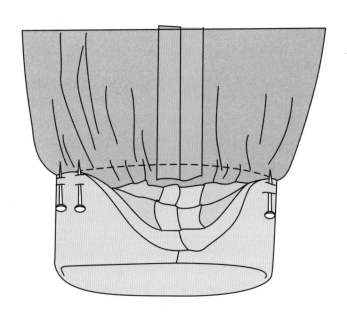

④ 将袖片、袖头正面相对，分别对齐袖底缝和袖头短边的缝份并缝合。

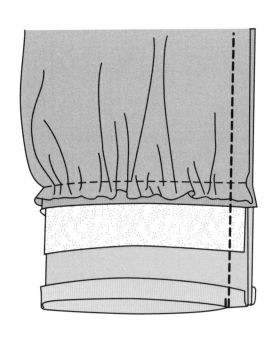

⑥ 从袖子正面，沿袖头扣折边缉明线固定。

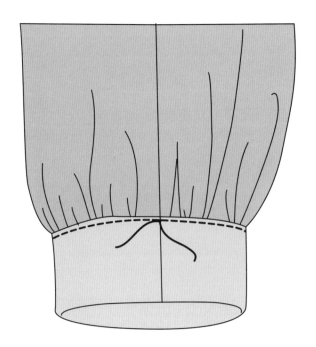

第十五章

领子

第十五章 学习目标

通过阅读本章内容，设计师可以：

➤ 了解领子的不同类型、造型。
➤ 掌握领子和领口弧线的关系。
➤ 学习不同领型的结构细节。
➤ 学习给领子敷衬的工艺方法。
➤ 学习"皱缩"领口弧线的工艺方法，防止其变形。
➤ 学习塑造光洁、利落、有吸引力的领型的方法。
➤ 学习平领、立领和普通翻领的绱领方法。
➤ 学习分体翻领的绱领方法。
➤ 学习饰结领的绱领方法。
➤ 学习加前、后身贴边的绱领方法。
➤ 学习无后身贴边的绱领方法。
➤ 学习无贴边的绱领方法。
➤ 学习青果领的绱领方法。
➤ 学习单驳领的绱领方法。

重要术语及概念

领子：采用单独的面料制作而成，绱在领口弧线上，可用于男女衬衫、连衣裙、夹克、外套等。领子可以采用与衣片一致或不一致的面料，也可以用蕾丝、刺绣或绳边作为装饰。领子可以增强领口弧线附近的造型效果，从而对服装整体产生显著影响。领子有各种领型，一些领型需要采用专门的面料和工艺方法，例如成品针织领或有密包小荷叶边效果的欧根纱领。所有领型都应仔细制作以确保外观美观精致。

底领：指领子上与领口弧线（绱领处）直接相连的部分，具有一定的高度。底领从领口弧线一直延伸至翻折线。

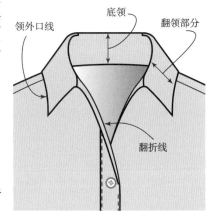

翻折线：指翻领部分和底领的转折线。翻折线的位置决定了底领的高低和翻领部分的宽窄。

领外口线：相对于领口弧线端（绱领处）来讲，领外口线指领子的最外端造型线。

领型：指领子的造型，各种领型的差异主要取决于领子环绕脖颈的方式和形态。基本领型主要有以下三种。

平领：几乎平摊在衣身上，后中底领很低，最常见的平领是彼得·潘领。

普通翻领：后中底领较平领高，翻领部分由后中向前中逐渐变大。普通翻领用于连衣裙、女衬衫、外套和男式休闲运动衬衫。

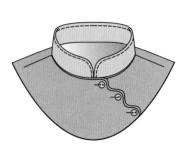

立领：指立在领口弧线上的一种领型，没有平领和普通翻领中的翻领部分。立领可高可低，如中式立领或饰结领。也可以用双倍领高的长条形面料制成双层立领，如高翻领。分体翻领是立领的一种变形。

搭门：对于前中系扣的服装而言，需要在纸样上从前中心线开始向外增加一定的量，即搭门（搭门宽度等于纽扣直径）。再从搭门向外加贴边，贴边宽度通常为5.08cm（2英寸）。

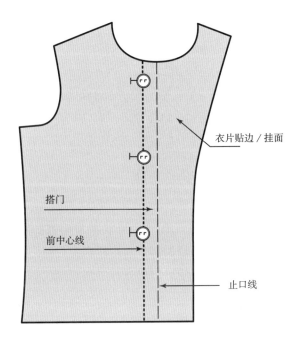

衣片贴边／挂面

搭门

前中心线

止口线

翻折止点：指前中止口线上驳头开始翻折的起始点，常出现在青果领、单驳领和翻驳领中。

翻折止点

领子分类

根据工艺的不同，领子可以大致分为三种：

➤ **第一种领子**：领子与衣片分别裁剪，例如彼得·潘领、两用领或中式立领。这类领子可以分为平领、立领和普通翻领。

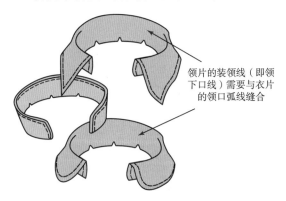

领片的装领线（即领下口线）需要与衣片的领口弧线缝合

➤ **第二种领子**：领子是衣片的一部分，例如青果领或单驳领。

➤ **第三种领子**：由两部分组成的翻驳领，即一部分是与衣片连为一体的驳头，另一部分则是与衣片分别裁剪的翻领。

绱领的工艺方法

这里共有三种将领子与衣片缝合的绱领方法，本章将分别讲解这三种不同的方法。

> **三明治绱领方法：** 前、后衣片都有贴边。两用领、单驳领和彼得·潘领都可以采用这种方法缝制。

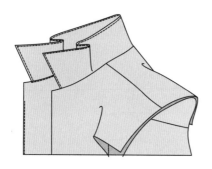

> **局部三明治绱领方法：** 仅前衣片有贴边。两用领和彼得·潘领都可以采用这种方法缝制。

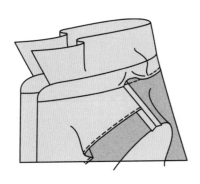

> **缉边线绱领方法：** 衣片没有贴边，领口弧线处的衣片缝份都向上缝在领片里，最后机缝固定。中式立领、分体翻领、高翻领和饰结领都可以采用这种方法缝制。

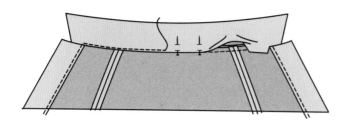

领型设计

两用领： 指一种前中开口的领型，既可以敞开也可以系上。这种领型由后中开始，翻领部分逐渐变大，直至前中处底领完全消失。两用领几乎适用于从休闲装到正装的所有服装类型。

分体翻领： 通常有一个单独裁剪的底领环绕着脖颈。该底领位于翻领部分和衬衫衣片之间，可以将翻领部分增高，以便翻领部分可以圆顺地从脖颈翻折下来。

彼得·潘领： 领型通常呈圆形，可以设计成一整片，也可以设计为前、后都有开口的两片式。这种领子平摊在衣身上，从领口弧线向上有一个很小的底领。

中式立领： 指立在领口弧线上的一种窄领型。可以裁剪成一个直条（通常采用斜纱），也可以略带弧度。这种领型常用于女衬衫、男衬衫和连衣裙。

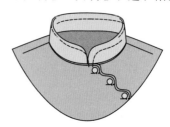

饰结领：通常是直条领，自带或附加一条飘带，该飘带可以系成蝴蝶结或领结。这种领型常用于女衬衫和连衣裙，形成柔和的垂坠效果。

单驳领：指将驳头翻折后，由驳头反面的挂面形成的一种领型。单驳领常用于休闲夹克。

翻驳领：指一种在驳头和翻领连接处有领嘴的西装风格的领型。其特点是翻领在后中带底领，随着领子向前中圆顺地翻折，底领逐渐消失。这种领型常用于连衣裙、马甲和夹克。

高翻领：通常是一个宽的直条领，采用斜纱裁剪而成，将其立在领口弧线上，并沿脖颈翻折下来。这种领型常用针织面料或柔软的机织面料制成，常用于休闲装、运动装。

水手领：几乎平摊在衣身上，在领口弧线上方有一个很小的弧形底领。水手领的后片通常为方形，前片领口呈 V 形。

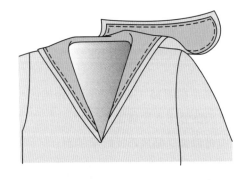

青果领：是一种翻领，与前衣片采用一片裁剪，外观看不到单独的驳头。领底与前衣片的挂面采用一片裁剪。该领型的特点是领底和领面都有后中破缝线。青果领常用于连衣裙、女衬衫、外套和夹克。

平领、立领和普通翻领

平领、立领和普通翻领均由两层领片构成：领面和领底。领角可以是尖角、圆角或方角。常见的平领、立领和普通翻领有：两用领、中式领、彼得·潘领和水手领。领片可以左右对称或不对称。准备这些领子时，请准确缝制、修剪和翻转，这非常重要。

注：在服装工业生产中，所有领子的缝份都是0.64cm（1/4英寸）。领口弧线和贴边的缝份也是0.64cm（1/4英寸）。这样设置缝份，可使后续操作时无需修剪缝份，使缝制过程更加高效、准确，领子的造型也会更加精准。

① 裁剪领面、领底和领面衬。三块领片都需做好后中刀口和颈侧刀口，以便对位。

注：在服装工业生产中，领底的外缘（除领下口线外）会比领面小0.32cm（1/8英寸），这样可以确保领底不反吐至领面。

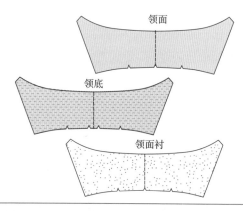

领面

领底

领面衬

提示：

粗裁敷衬

在服装工业生产中，对于所有需要敷衬的衣片通常要先粗裁敷衬。具体步骤为：首先，计算好所需敷衬的衣片尺寸；然后，粗裁面料；接着，裁剪同等大小的衬布，再将衬布用蒸汽压烫在面料的反面；最后，同时修剪压衬后的面料。这样可以确保裁片不变形。

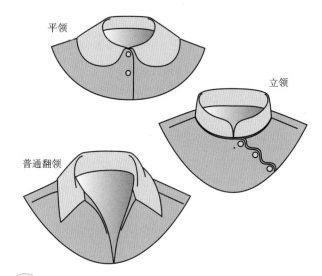

平领

立领

普通翻领

② 在领面的反面敷衬。请参阅第二章第51～52页"敷衬——黏合衬""敷衬——缝合衬"。领面和领底正面相对，沿未打剪口的边缘对齐，用珠针固定。

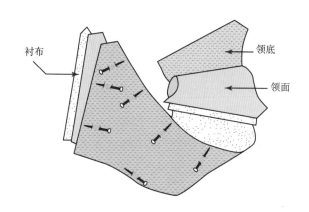

衬布

领底

领面

③ 以0.64cm（1/4英寸）的缝份，将领底与领面沿未打剪口的边缘缝合。不要缝合装领线。

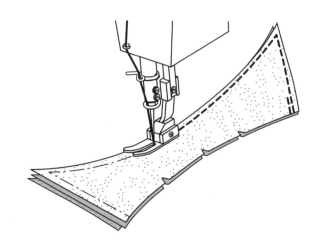

④ 如有必要，将缝份修剪至 0.64cm（1/4 英寸）。紧贴缝合线修剪拐角处的三角。

注：在服装工业生产中，领子和领口弧线均采用 0.64cm（1/4 英寸）的缝份。所以，不用再修剪，可以节省大量的时间。

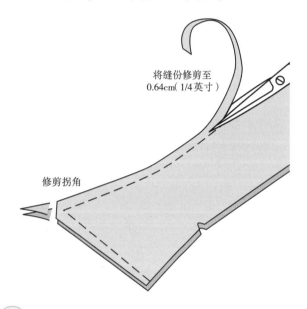

将缝份修剪至
0.64cm（1/4 英寸）

修剪拐角

⑤ 将领子翻至正面，用珠针或翻角器小心地将领角翻出。

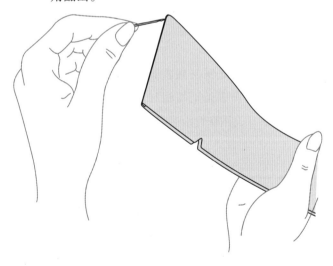

提示

缝合领角时，为使拐角准确利落，请用较小的针脚缝合领角。

⑥ 看着领片的正面，将两层缝份暗缝在领底上。缝线尽可能接近缝边和拐角。

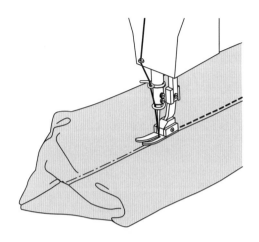

⑦ 如有必要，沿领外口边缘缉明线。

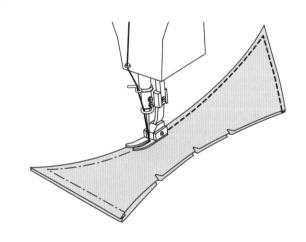

⑧ 将领子烫平，确保领底不反吐。

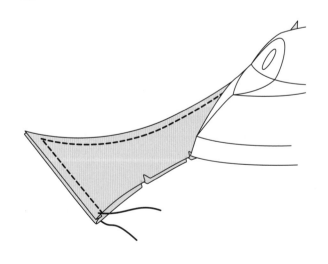

分体翻领绱领方法

分体翻领在绱领之前，应先将底领与翻领部分缝合。底领可以将翻领部分增高，以便翻领部分可以圆顺地从脖颈处翻折下来。

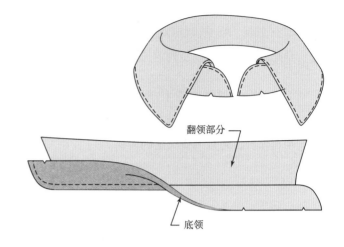

翻领部分 →

└ 底领

准备翻领部分

在缝合底领与翻领部分之前，应当先缝制并熨烫翻领部分（参阅本章第 254 ~ 255 页 "平领、立领和普通翻领" 的第①~⑧步）。翻领部分的完成效果如下图所示。

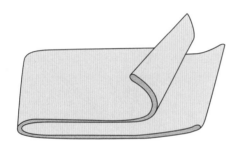

② 将未敷衬的底领与翻领部分正面相对，沿翻领部分的下口线对齐，用珠针固定。

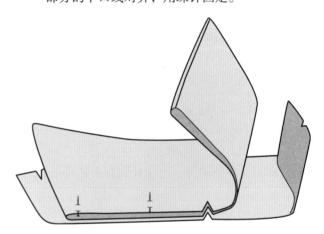

① 在底领领面的反面敷衬。请参阅第二章第 51 ~ 52 页 "敷衬——黏合衬" "敷衬——缝合衬"。

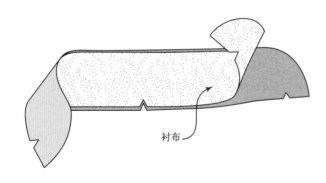

衬布 →

③ 将敷衬的底领与翻领部分正面相对，与前一步骤的底领也是正面相对，用珠针固定。穿过所有衣片，用珠针沿底领的上口线固定。

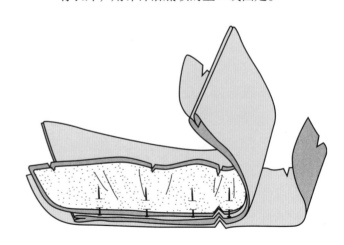

④ 从底领的一端缝合至另一端，缝合所有领片。

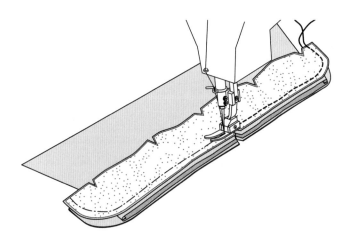

⑥ 如有必要，沿底领的上口线缉明线。

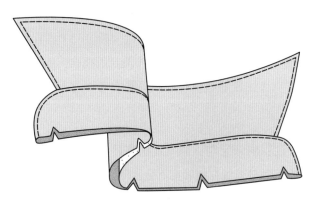

⑤ 将底领向下翻，远离翻领部分。压烫定位。

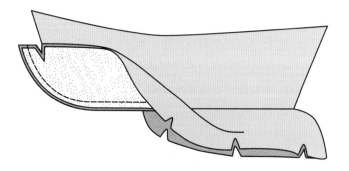

注：请参阅本章第 265 页"无贴边的绱领方法"或第 258 页"三明治绱领方法"，将分体翻领绱于衣片的领口弧线处。

三明治绱领方法

三明治绱领方法是在衬衫上绱分体领（底领是两片式）的另一种工艺方法。通过"翻出"工艺操作，在搭门/领角的结合处形成一个光洁的拐角。底领两端前领口弧线处的缝份也处理得非常光洁，无须任何手缝操作。

注：绱领之前，通常建议将领口弧线"皱缩"，以确保领口弧线在绱领前不会变形。

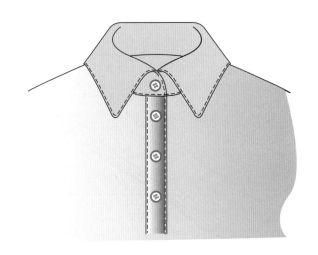

(1) 先完成第256～257页的缝制步骤（将翻领部分与底领缝合），再将分体衬衫领绱于衣片上（将底领与衣片缝合）。完成这些缝制步骤后，在领片上缉明线。

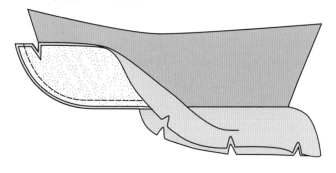

(2) 衬衫正面朝上，将底领的外层与衣片正面相对，用珠针固定在领口弧线上。在如下位置对位：

➤ 领片后中与衣片后中对位。

➤ 领片颈侧点与衣片肩缝对位。

➤ 领片前中与衣片前中对位。

➤ 领片装领线与衣片领口弧线对齐。

注：底领之上的翻领部分落在衣片上。

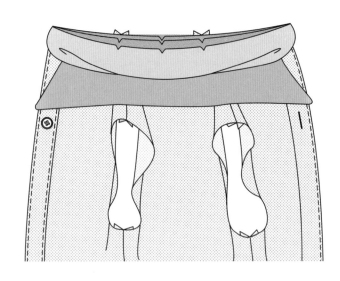

③ 看着领片的反面，将领片与衣片沿领口弧线缝合。底领上方的翻领应远离领口弧线。

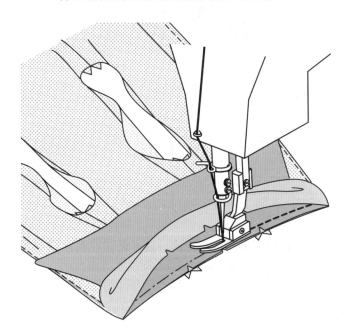

④ 按照如下步骤缝合底领的左、右两端，每一次缝合一端。

A 将底领折向翻领部分，确保底领的正面相对，装领线与领口弧线对齐。这样操作会将领片的两层底领与衣片的局部领口弧线 / 搭门包住，形成类似三明治的效果。

B 从前中交叉处开始缝合，沿装领线缝合5.08cm（2英寸）。修剪拐角处。

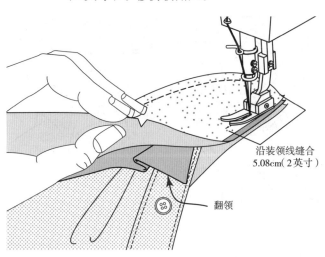

沿装领线缝合
5.08cm（2英寸）

翻领

⑤ 将领角的正面从之前缝合的三明治位置翻出。

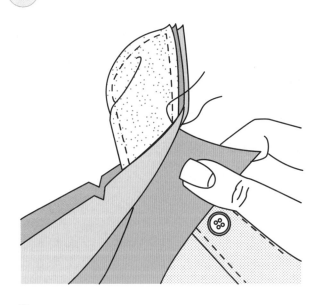

⑥ 完成绱领。

A 将底领尚未缝合的这层向下折叠，盖住领口弧线上原有的缝合线。从一侧肩缝到另一侧肩缝缉边线，将底领与后衣片沿后领口弧线绱好。

B 沿翻领部分和底领上口缉明线，完成绱领。为了得到一条连续的缝合线，转角时将机针扎入面料。

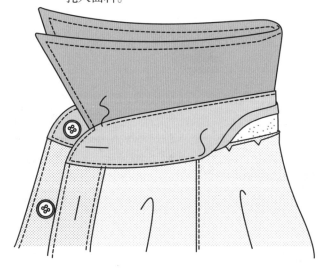

饰结领绱领方法

饰结领与直条领或中式立领相似。然而，为了做出领结或领带的效果，领子两端的纸样会加长一些，形成飘带。

注：绱领之前，通常建议将领口弧线"皱缩"，以确保领口弧线在绱领前不会变形。

① 将飘带正面相对，对折。

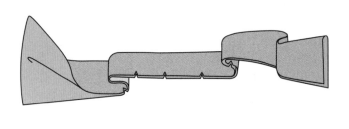

③ 将飘带两端翻至正面，这样就能顺其自然地翻出整个领子的正面。烫平。

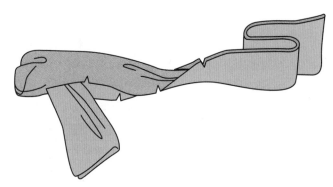

② 按照所需缝份，缝合飘带端至刀口位置。

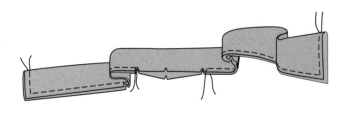

④ 请参阅本章第 265 ~ 266 页"无贴边的绱领方法"，沿领口弧线绱领。

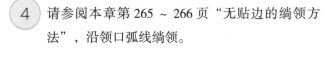

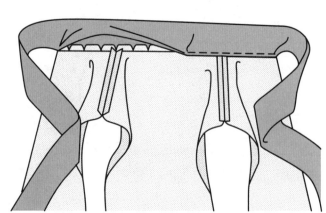

加前、后身贴边的绱领方法

当前、后身有贴边时，请采用"三明治绱领方法"进行绱领。采用这种方法，可以在将衣片贴边与领口弧线缝合的同时，完成平领、立领或普通翻领的绱领。

领子缝合至衣片的前中心线，而不是缝合至止口线。采用这种缝制方法，服装穿着后，领子可以在前中心线处对合。同时，衣片的搭门宽出领子。带搭门的领子（中式立领或衬衫领）需要缝合至衣片的止口线。对于这种领型，请参阅本章第 265 ～ 266 页"无贴边的绱领方法"。

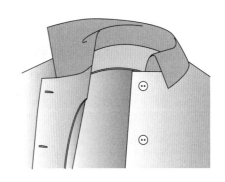

注：绱领之前，通常建议将领口弧线"皱缩"，以确保领口弧线在绱领前不会变形。

① 裁剪领片，缝合并熨烫。请参阅本章第 254 ～ 255 页"平领、立领和普通翻领"的第①～⑧步）。领子的完成效果如下图所示。

② 分别缝合衣片的肩缝、前后身贴边的肩缝。在衣片的领口弧线上缝固定线或皱缩，以免领口变形。

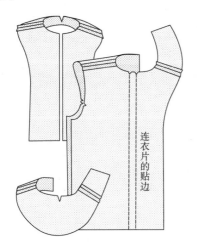

③ 衣片正面朝上，将有刀口的领片装领线（尚未缝合的一边）与衣片领口弧线用珠针固定在一起。在如下位置对位：

➢ 领片后中与衣片后中对位。

➢ 领片颈侧点与衣片肩缝对位。

➢ 领片前中与衣片前中对位。

注：贴边放在远离衣片的位置。

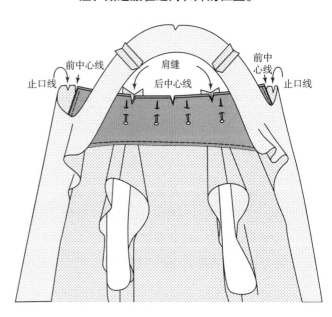

④ 将贴边的正面放在用珠针固定好的领片上面，仔细地对合所有毛边。如有必要，将领片手针绷缝固定。拆掉珠针再重新扎上，以固定衣片、领片和贴边的领口边缘（每次拆掉一根珠针再重新扎上，一根一根操作）。

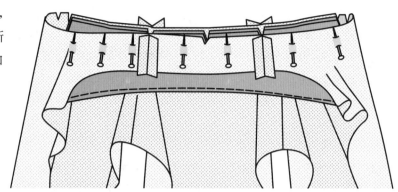

⑤ 从一侧贴边的止口线开始，缝合所有衣片，一直缝至另一侧贴边的止口线为止。

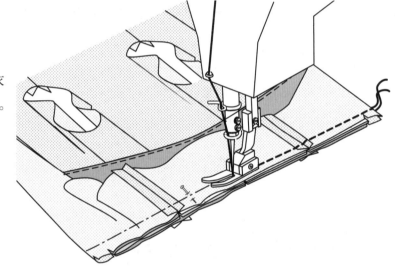

⑥ 将贴边翻至衣片反面并烫平。将贴边的肩缝与衣片的肩缝缝合固定。如有必要，修剪缝份。

　　注：请将领子绱至衣身的前中心线处，而不是衣身的前中止口线处。这样缝纫可以使左、右两侧领子在前中心线处对合，并在衣身上形成搭门。

修剪缝份

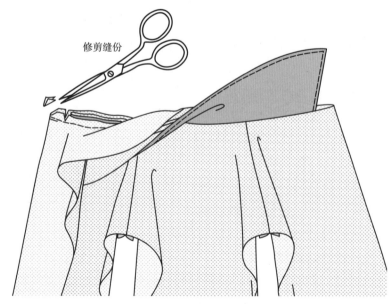

无后身贴边的绱领方法

这部分讲解如何将平领、立领和普通翻领绱至没有后身贴边的衣片领口弧线上。领子仅与前身贴边缝合，没有后身贴边。领子后片有明线。领子缝合至衣片的前中心线，而不是缝合至止口线。采用这种缝制方法，服装穿着后，领子可以在前中心线处对合。同样，此处衣身的搭门宽出领子。

注：带搭门的领子（如中式立领或男衬衫领）需要缝合至衣片的止口线。对于这种领型，请参阅本章第 265 ~ 266 页"无贴边的绱领方法"。

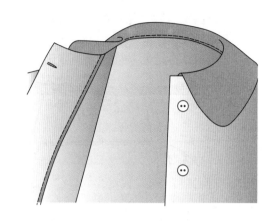

① 裁剪领片，缝合并熨烫（请参阅本章第 254 ~ 255 页"平领、立领和普通翻领"第①~⑧步）。领子的完成效果如下图所示。

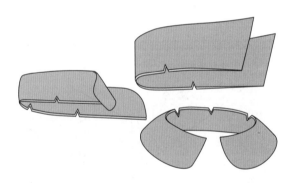

③ 衣片正面朝上，将有刀口的领片装领线（尚未缝合的一边）与衣片领口弧线用珠针固定在一起。在如下位置对位：

- 领片后中与衣片后中对位。
- 领片颈侧点与衣片肩缝对位。
- 领片前中与衣片前中对位。

注：贴边放置在远离衣片的位置。

② 分别缝合衣片的肩缝。在衣片的领口弧线上缝固定线或皱缩，以免领口变形。

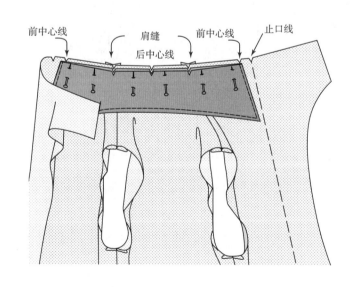

注：这种衣片有搭门和连衣片的贴边。不要忘记在绱领之前先将领口弧线皱缩，以免领口变形。

④ 将贴边的正面放在用珠针固定好的领片上面，仔细地对合所有毛边。拆掉珠针再重新扎上，以固定衣片、领片和贴边的领口边缘（每次拆掉一根珠针再重新扎上，一根一根操作）。

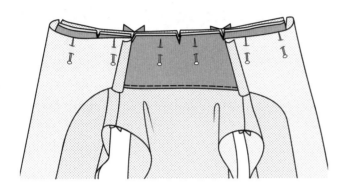

⑤ 在上层领片的肩缝处打剪口。重新用珠针固定领子的后装领线，以使领片仅下层与衣片固定，领片上层不固定。

在上层领片打剪口

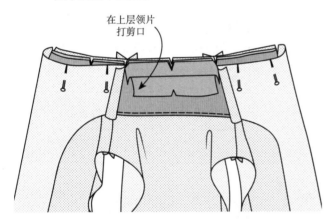

⑥ 保持领片上层远离领口弧线，从一侧贴边的止口线开始，缝合衣片、贴边和下层领片，一直缝至另一侧贴边的止口线为止。

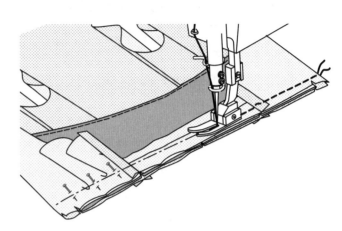

⑦ 将贴边翻至衣片反面，并将领片烫好立于领口弧线上。将未缝合的领片缝份向内扣折，刚好盖住上一步的缝合线，在后领口缉边线固定。如有必要，可将贴边的肩缝与衣片的肩缝缝合固定。

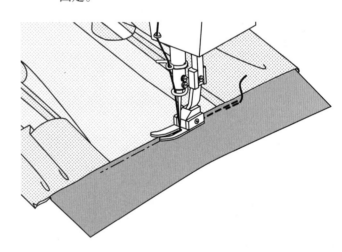

无贴边的绱领方法

这部分讲解如何将立领或底领（没有搭门的中式立领或衬衫领的底领）绱在没有贴边的衣片上。立领通常缝合在没有贴边的衣片领口上。这种领子表面有明线。

服装的前开口没有贴边，只有门襟；绱领前先将门襟缝合完毕。

注：绱领之前，通常建议将领口弧线"皱缩"，以确保领口弧线在绱领前不会变形。

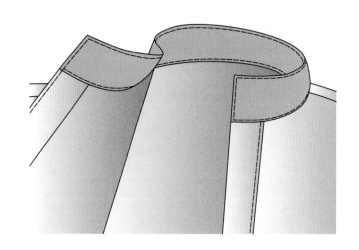

① 裁剪领片，缝合并熨烫中式立领或分体翻领。领子的完成效果如下图所示。

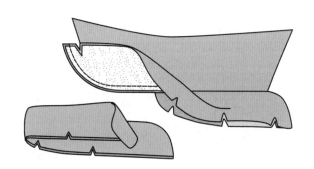

② 缝合衣片的肩缝。若衣片有门襟，绱领前先将门襟缝合完毕。

注：在衣片的领口弧线上缝固定线或皱缩，以免领口变形。

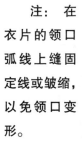
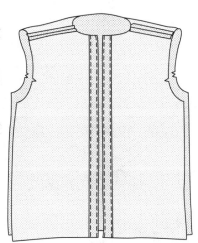

③ 衣片正面朝上，将有刀口的领片装领线（尚未缝合的一边）与衣片领口弧线用珠针固定在一起。在如下位置对位：

➢ 领片后中与衣片后中对位。
➢ 领片颈侧点与衣片肩缝对位。
➢ 领片前中与衣片前中对位。
➢ 领片的装领线与衣片的领口弧线对齐。

注：领片上层远离领口弧线。

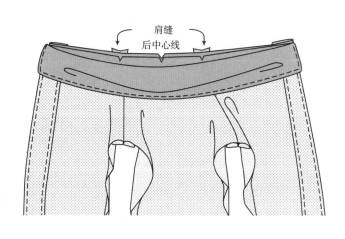

肩缝
后中心线

4 将领片的下层与衣片在领口处缝合。保持领片上层远离领口弧线。从衣片的一侧缝合至另一侧。

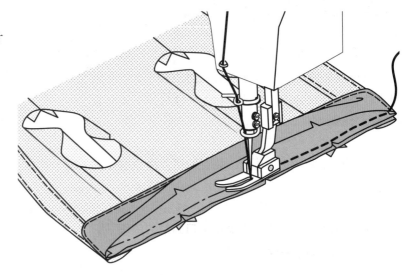

5 如有必要，修剪领口的缝份。将缝份向上熨烫，藏在领子内侧。将未缝合的领片缝份折向领子反面。

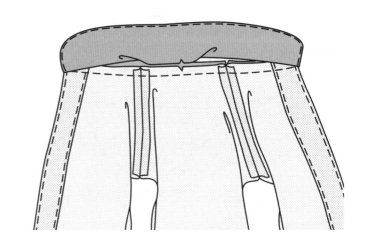

6 将未缝合的领片缝份扣折放在刚好盖住已有领口缝线的位置，并用珠针固定。

7 从领子的一端开始，在领子上缉边线缝合领子和衣片，一直缝至领子的另一端。

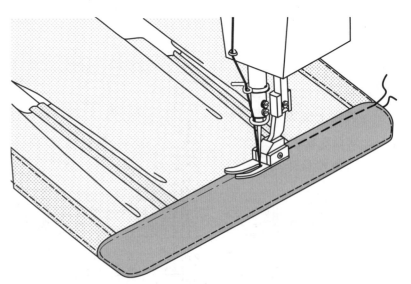

青果领缲领方法

青果领作为前衣片的一部分，与前衣片在前中开口处相连，应当将其与前衣片作为一片裁剪，它的驳领由两片单独的面料组成。下面以一件没有后身贴边的短上衣为例，讲解青果领的缝制。

注：在衣片上敷衬以免领口变形。为了便于缝制，也可以在挂面上敷衬，而不在衣片上敷衬。具体操作方式取决于所使用的面料。

① 备好所有裁片（如图所示，这是一件短上衣的前衣片、后衣片、青果领挂面和青果领衬）。将纸样上的所有省道标记在衣片上。

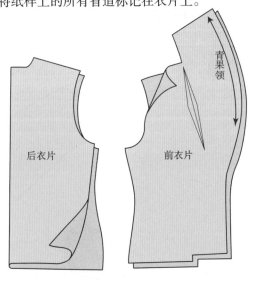

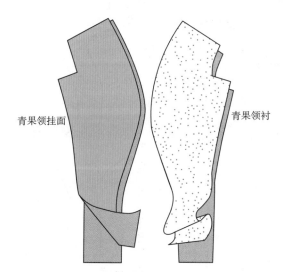

② 缝合前衣片上的省道，将省道倒向前中烫好。在省量最大的地方打剪口，以便省道可以比较平整地倒向前中。

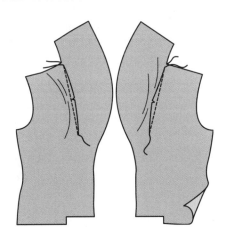

③ 通过缲边线（或熨烫黏合），将青果领衬与前衣片固定在一起。请参阅第二章第 51 ～ 52 页"敷衬——黏合衬""敷衬——缝合衬"。

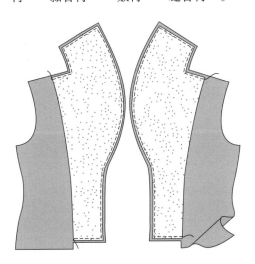

4 将两块青果领挂面正面相对，用珠针固定后中缝并缝合。将缝份劈缝熨烫。

青果领挂面
的后中缝

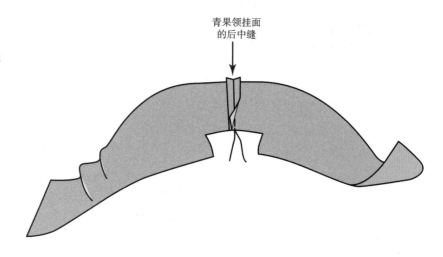

5 将两块前衣片正面相对，用珠针固定后中缝并缝合。将缝份劈缝熨烫。

青果领前衣
片的后中缝

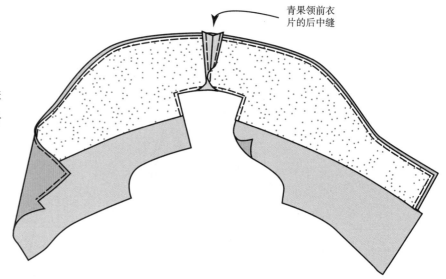

6 将前、后衣片正面相对，缝合肩缝。将缝份劈缝熨烫。

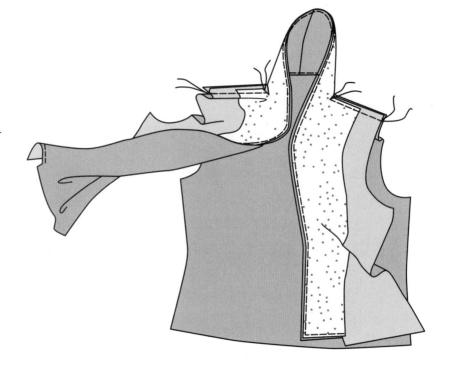

⑦ 将前、后衣片正面相对，对齐前衣片上的前领口弧线与后衣片上的后领口弧线，用珠针固定并缝合。

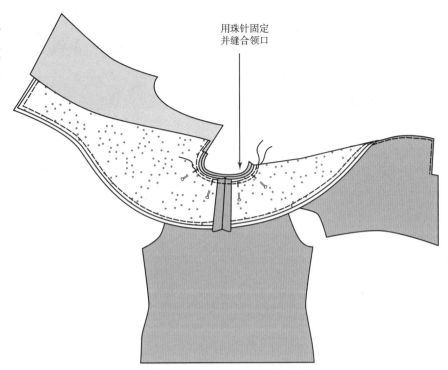

用珠针固定
并缝合领口

⑧ 将青果领挂面的外止口与衣片驳头的外止口正面相对，用珠针固定并缝合。在如下位置对位：

➢ 领子的后中缝与挂面的后中缝对位。

➢ 所有肩部对位。

　　缝合驳头和领子的外止口。

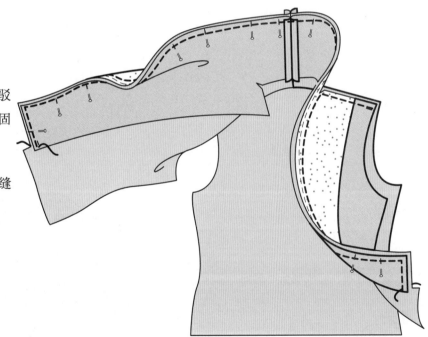

9 将挂面翻至衣片反面。对齐挂面和衣片的肩缝。在驳头的翻折止点以下，暗缝上衣挂面的边缘；在翻折止点以上，暗缝上衣驳头的边缘。

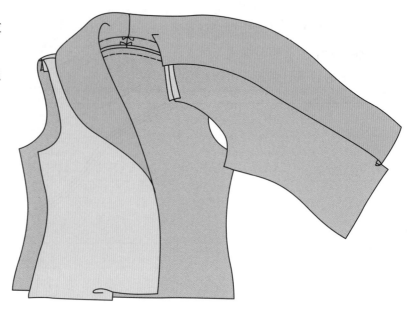

10 将挂面上后领口弧线的缝份向内扣折，固定缝份使它刚好盖住衣片后领口弧线处的缝合线。沿挂面的后领口弧线缉边线。将挂面的肩缝与衣片的肩缝缝合。

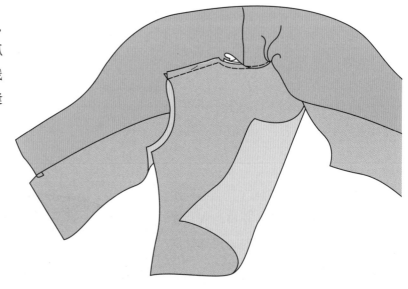

11 继续缝制，完成剩余的部分。

提示：
　　暗缝挂面是指将缝份倒向挂面，从挂面的正面，紧贴接缝将挂面与缝份缝合在一起。这样可以使挂面平顺，减少起鼓。

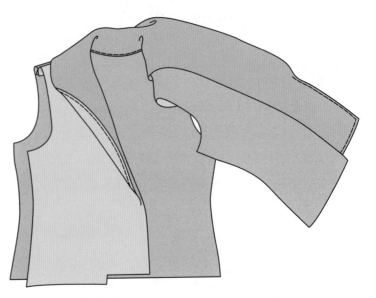

单驳领绱领方法

单驳领是指将驳头翻折后由驳头反面的挂面形成的一种领型。单驳领仅有驳领，没有翻领部分。

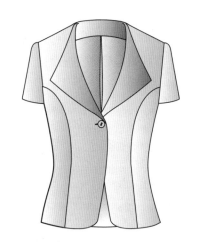

① 备好裁片后，缝合省道、结构线以及接缝，以完成前、后衣片的缝制。将省道和缝合线烫平。

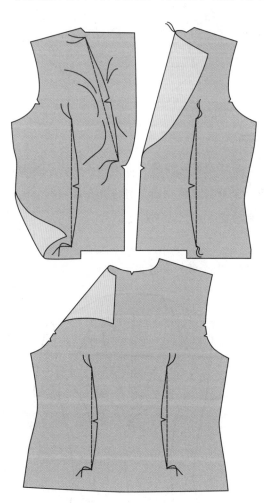

② 通过缉边线缝合（或熨烫黏合），将单驳领衬与前衣片固定在一起。请参阅第二章第51～52页"敷衬——黏合衬""敷衬——缝合衬"。

注：在衣片上敷衬以免领口变形。为了便于缝制，也可以在挂面上敷衬，而不在衣片上敷衬。具体操作方式取决于所使用的面料。

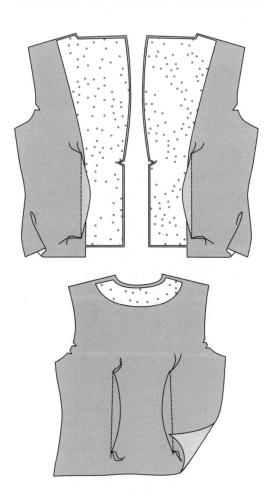

③ 将前、后衣片正面相对，缝合肩缝，将缝份劈缝熨烫。将挂面与后领托正面相对，缝合肩缝，将缝份劈缝熨烫。

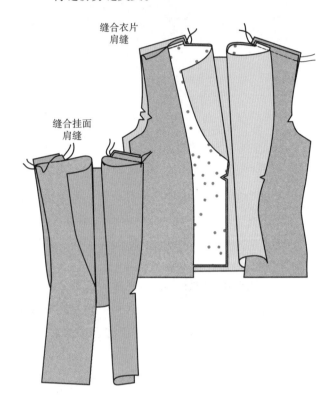

缝合衣片肩缝

缝合挂面肩缝

④ 将挂面、后领托与前、后衣片分别正面相对，用珠针固定，对齐所有领口和驳头边缘，同样，也对齐后中缝和肩缝。从一侧挂面的底部开始将挂面与衣片缝合，向上经过领口，再向下直至另一侧挂面底部。

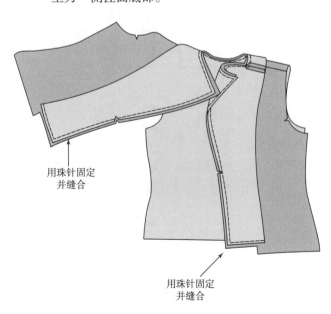

用珠针固定并缝合

用珠针固定并缝合

⑤ 将挂面翻至衣片反面。在驳头的翻折止点以下，暗缝衣片挂面的边缘；在翻折止点以上，暗缝衣片驳头的边缘。

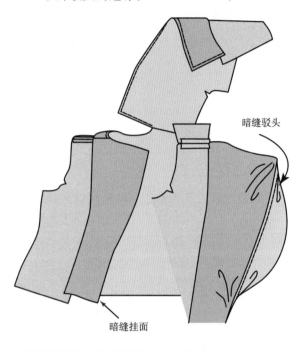

暗缝驳头

暗缝挂面

提示：
　　暗缝挂面是指将缝份倒向挂面，从挂面的正面，紧贴接缝将挂面与缝份缝合在一起。这样可以使挂面平顺，减少起鼓。

⑥ 熨烫整个领口和驳领。

第十六章

领口开襟

第十六章 学习目标

通过阅读本章内容，设计师可以：

➤ 了解领口开襟的不同风格。

➤ 掌握准确缝制门襟所需的必要刀口和纸样。

➤ 掌握门襟应当敷衬的位置。

➤ 学习半开襟明门襟的缝制方法。

➤ 学习明门襟的缝制方法。

➤ 学习暗门襟的缝制方法。

➤ 学习简易半开襟门襟的缝制方法。

重要术语及概念

领口开襟：指在服装开口处缝制相互搭叠的条状面料，用于加固和装饰服装领口附近的开口。

领口开襟采用两块等宽的条状面料（门襟条和里襟条），缝合于一个长方形开口上。门襟条和里襟条互相搭叠，通常在服装表面可见门襟条。

领口开襟的作用：

➤ 加固服装上的开口。

➤ 增加设计细节。

领口开襟的四种类型：

➤ **半开襟明门襟**：缝制于前领口局部开口处。门襟条和里襟条的长度和宽度尺寸不同，从服装内外看到的最终缝制效果都很光洁。

➤ **简易半开襟门襟**：缝制于男衬衫的前中局部开口处。门襟条和里襟条的长度及形状完全相同。

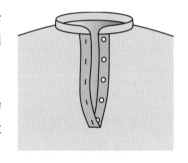

➤ **明门襟**：缝制于男衬衫的前中整个开口处。

➤ **暗门襟**：折叠后缝制于整个开口处，可以将纽扣和扣眼隐藏起来。

练习用纸样

关于缝制各类门襟所需的纸样，查阅本章每种门襟缝制步骤的开始处或本书附录。

半开襟明门襟

半开襟明门襟是一种理想的领口开襟，可用于男衬衫、女衬衫和儿童衬衫。这种门襟可以加固和装饰服装领口附近的开口。门襟的下端可以做成尖角、方形或圆形。

半开襟明门襟与男衬衫袖开衩的缝制方法类似。但是应注意，在半开襟明门襟中，里襟条通常与门襟条的尺寸不同，里襟条的处理方式也略有不同。

裁剪领口开口

A　将衣片沿前中心线对折，从前中开始剪掉一个 0.64cm（1/4 英寸）宽的开口，开口长度根据设计而定。打开开口后，其宽度为 1.27cm（1/2 英寸）。开口底端缝份为 1.27cm（1/2 英寸），两侧缝份为 0.64cm（1/4 英寸）。成品开口宽为 2.54cm（1 英寸）。注意，剪掉的量取决于成品开口的尺寸。

B　在开口底端向拐角处打剪口，如图所示。

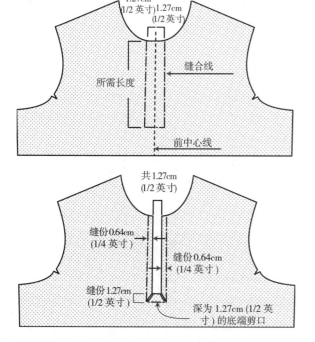

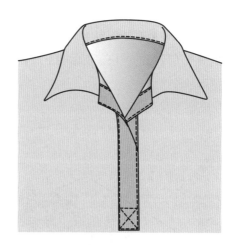

① 裁剪门襟条和里襟条。

> **里襟条宽度：** 对半折叠后的尺寸是 2.54cm（1 英寸）再加上缝份 0.64cm (1/4 英寸)。

> **里襟条长度：** 所需开口长度加上底端缝份 1.27cm (1/2 英寸)。

> **门襟条宽度：** 对半折叠后的尺寸是 2.86cm（1⅛英寸）再加上缝份 0.64cm (1/4 英寸)。

② 在面料的反面敷衬，仅压烫一半衬布至中心折叠线即可。

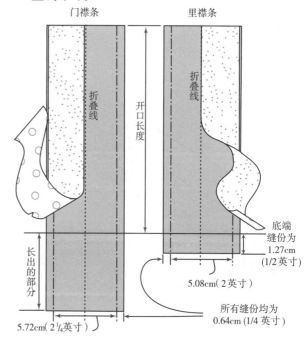

提示：

为了确保门襟缝制准确到位，可以预先将门襟条和里襟条沿折叠线烫倒，并将所有缝份烫倒定型。

③ 首先，将衣片放在缝纫台上，反面朝上；然后，将里襟条（较短的一块）正面朝下放在衣片上，如图所示。

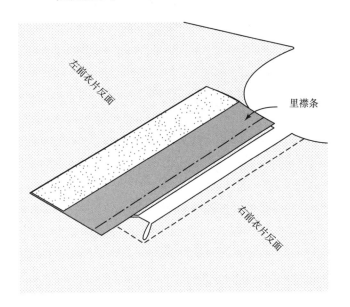

④ 将里襟条与衣片按照推荐的0.64cm（1/4英寸）缝份缝合。从领口弧线开始缝合，直至距里襟条底端1.27cm (1/2英寸) 处，即缝合长度为领口开口的长度。

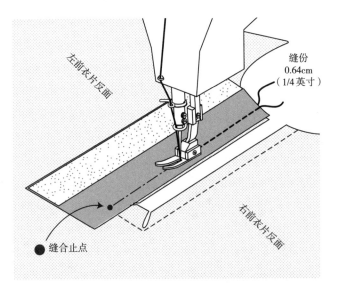

⑤ 在里襟条上，如图所示，将另一侧的0.64cm（1/4英寸）缝份朝里襟条的反面熨烫。同样，将领口开口底端的剪口朝衣片反面折回烫倒。

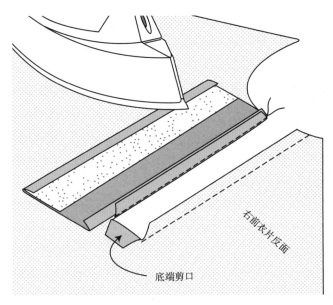

⑥ 将整个里襟条翻至衣片正面。将里襟条对折烫好，刚好盖住上一条缝线。

注：由于领口开口底端已有剪口，因此可以很容易地翻出里襟条。

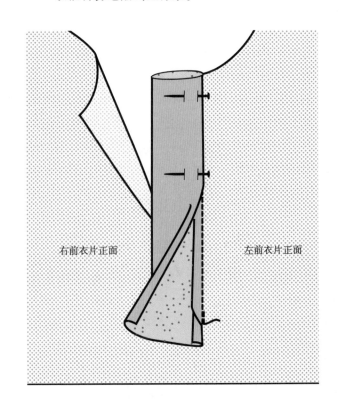

7 沿里襟条的缝份折边缉明线，直至距里襟条底端 1.27cm (1/2 英寸) 处。不要缝到下面的开口底端剪口。同样，为了视觉效果的平衡，沿里襟条的中心折叠线缉明线，直至距襟条底端 1.27cm (1/2 英寸) 处。

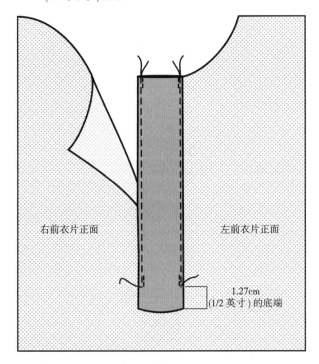

右前衣片正面　　　　　　　　左前衣片正面

1.27cm
(1/2 英寸) 的底端

8 衣片的反面朝上，将门襟条（较长的一条）正面朝下放在衣片上。

注：领口开口的拐角已经打过剪口，形成的剪口已经翻至正面。

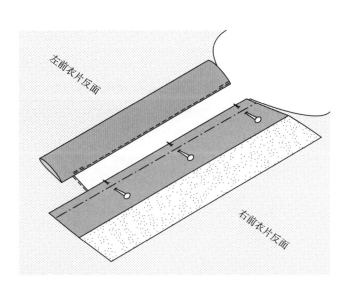

左前衣片反面

右前衣片反面

9 按照 0.64cm（1/4 英寸）的缝份将门襟条与衣片缝合。从领口弧线开始缝合，缝至领口开口的底端。

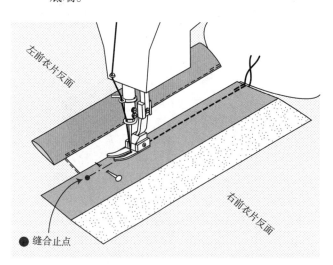

左前衣片反面

右前衣片反面

● 缝合止点

10 如图所示，将门襟条上所有宽为 0.64cm（1/4 英寸）的缝份朝门襟条反面扣烫。同样，将门襟条对折熨烫并翻至衣片正面。

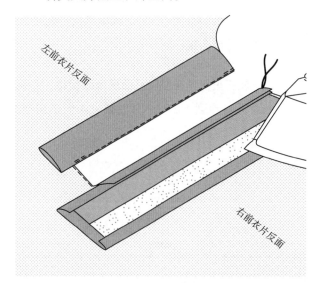

左前衣片反面

右前衣片反面

提示:

　　门襟条和里襟条都需要敷衬以增加强度并提高稳定性，由于其上会钉扣、锁眼或缝合其他闭合件，所以需要衬布增加其强度。

11 保持里襟条远离门襟条，在门襟条上缉明线固定。沿折叠线和缝份折边线缝合。

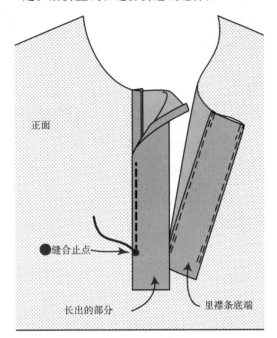

正面

●缝合止点

长出的部分

里襟条底端

12 将衣片和做好的门襟条翻折，露出领口开口底端的 1.27cm (1/2 英寸) 剪口和里襟条。底端的里襟条和剪口会露在面料的正面。

注：里襟条在服装反面呈净缝状态，从服装正面可以看到 1.27cm（1/2 英寸）长的里襟条尾端。

13 在衣片正面，用珠针固定门襟条，使其盖住里襟条，并缝合。

14 在门襟条底部缉缝交叉线，盖住里襟条底端的 1.27cm (1/2 英寸)。

注：下图缝制了一个方形线和交叉线。

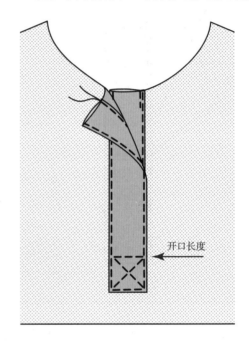

开口长度

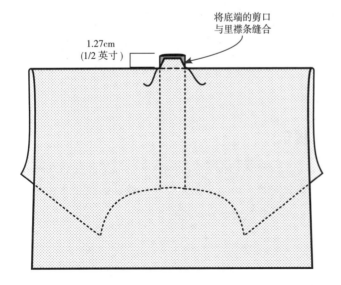

将底端的剪口与里襟条缝合

1.27cm (1/2 英寸)

明门襟

在服装工业生产中，明门襟很常用，不仅制作省时，而且完成效果光洁、美观。

明门襟左、右片的纸样相同，但是刀口位置不同。图中所示为相关纸样，其上可见左、右门襟上的刀口区别。

准备前衣片纸样

A　将纸样的原前中心线标记为旧前中心线。

B　从旧前中心线向外平移 1.27cm (1/2 英寸)，将这条线标记为新前中心线。操作的目的是制作一个宽度为 0.64cm（1/4 英寸）的褶。

C　从新前中心线向外平移，平移量为成品门襟宽度的一半 [此例的成品门襟宽度为 3.18cm（1¼英寸），所以向外量取 1.59cm(5/8 英寸)]。在此处画一条线，将这条线标记为止口线。

D　从止口线向外平移，平移量为成品门襟宽度[此例的成品门襟宽度为 3.18cm（1¼英寸）]。在此处画一条线。

练习用纸样

附录中提供了缝制明门襟所需的纸样。

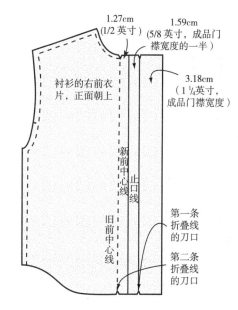

注：左、右衣片的纸样相同，但是，缝制步骤和刀口设置略有不同。缝制明门襟所需的刀口请参阅下图。

1　在衣片的门襟部位敷衬。

> **左前衣片**：如图所示，在衬衫的左前衣片上敷衬，衬布距衣片外缘 1.27cm (1/2 英寸)。

> **右前衣片**：如图所示，在衬衫的右前衣片上敷衬，衬布紧贴衣片外缘。

　　注：此处展示的是女衬衫的明门襟。若为男衬衫，请将衬布在左、右衣片上的放置方法对调，并相应调整后续的缝制步骤。

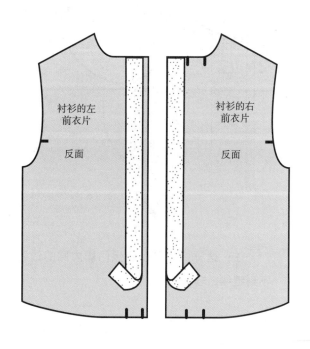

② **在右前衣片上缝制明门襟**（图示范例是一件女衬衫；若为男衬衫，请在左前衣片上操作）。

A 沿第一条折叠线向衬衫反面折叠并熨烫（折叠量为成品门襟宽度）。

B 沿第二条折叠线向衬衫反面折叠并熨烫。

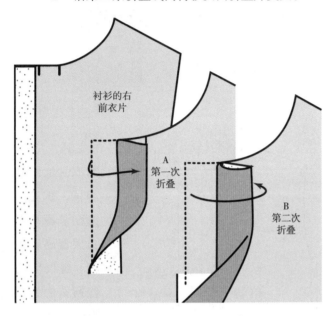

C 看着门襟的正面，在距折边0.64cm（1/4英寸）处缉缝。

D 将门襟向远离衬衫的方向展开，烫平。

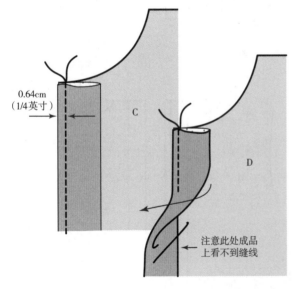

注：这样操作可以确保门襟内侧的边缘看不到缝线，非常光洁。

③ **在左前衣片上缝制里襟**（图示范例是一件女衬衫；若为男衬衫，请在右前衣片上操作）。

A 沿衬衫左前衣片的第一条折叠线折叠1.27cm（1/2英寸）并扣烫（即沿衬布的边缘折叠并扣烫）。

B 沿衬衫左前衣片的第二条折叠线折叠并熨烫（即沿衬的另一侧边缘折叠并熨烫）。

C 沿第一条折叠线边缘缝合并固定。

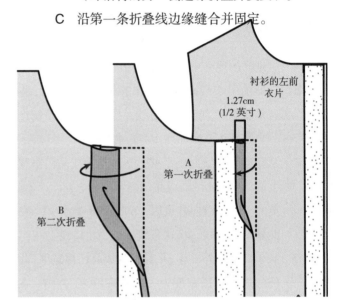

D 在里襟的另一侧也缉明线。

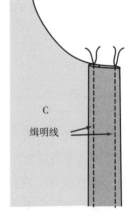

暗门襟

暗门襟是另一种前中常用的开口方式，多用于衬衫、连衣裙、夹克和外套。暗门襟的成品效果非常光洁，还可以隐藏纽扣。这是一种三层门襟。

在女衬衫右前衣片（扣眼所在的衣片）上制作暗门襟，左前衣片（钉纽扣的衣片）上有贴边。男衬衫左、右衣片的做法需要对调。这种服装匹配的领子应能够将门襟的上端全部包住做净。

准备右衣片纸样

A　找到纸样的前中心线。

B　从前中心线向左、右两侧画线，分别与前中心线相距 1.91cm（3/4 英寸），即为实际门襟的宽度。

C　向外加出 3 倍门襟宽度的量，并画线。

D　在上一步所画线的基础上，再向外加出 0.64cm（1/4 英寸）宽的缝份。

E　如图所示，做第一条折叠线和第二条折叠线的刀口。

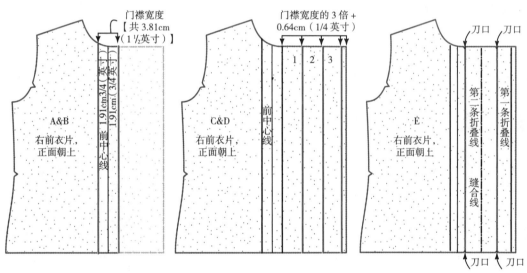

准备左衣片纸样

A　从纸样外缘剪掉最后的两个门襟宽度。

B　从新外缘线向外加出 0.64cm（1/4 英寸）宽的缝份。

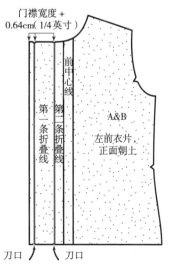

练习用纸样

附录中提供了缝制暗门襟所需的纸样。

缝制暗门襟

1. 在衬衫门襟和里襟区域敷衬。

   A　右前衣片：如图所示，从外向内数，在第一个刀口和第二个刀口之间敷衬（即第一条折叠线和缝合线之间）。

   B　左前衣片：如图所示，在第一条折叠线和第二条折叠线之间敷衬。

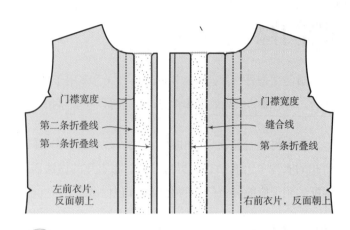

2. 折叠并缝制右前衣片的门襟。

   A　在右前衣片上，沿第一条折叠线扣烫。

   B　如图所示，沿第二条折叠线扣烫。

   C　看着衬衫的正面，在距上一条折叠线 1.27cm（1/2 英寸）处缉缝。

   注：门襟里侧自动做净，因为这条缝合线会将 0.64cm（1/4 英寸）的缝份也缝合起来。

   D　沿缝合线将门襟对折扣烫。

3. 折叠并缝制左前衣片的里襟。

   A　沿衬布的外缘，将左前衣片的 0.64cm（1/4 英寸）缝份扣烫好。

   B　沿衬布的另一条边缘，即第一条折叠线，折叠并扣烫。

   C　沿第一条折叠线的边缘将里襟缝合固定。如有必要，在里襟的另一侧也缉明线，完成里襟的缝制。

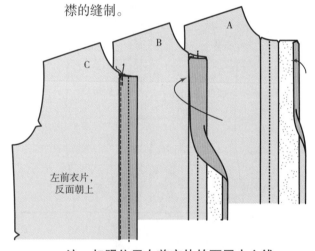

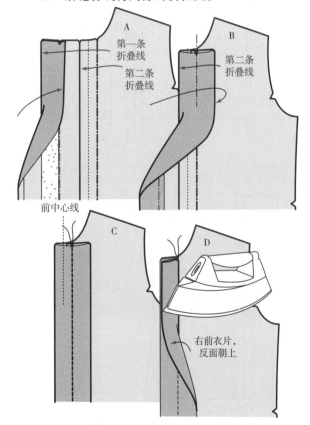

注：扣眼位于右前衣片的下层中心线。

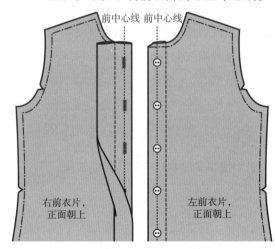

简易半开襟门襟

简易半开襟门襟缝制在领口开襟处，缝制快速，制作成本不高。从服装反面可以看到门襟毛边。所以，这种门襟仅建议用在简易、快速缝制的服装上。

裁剪领口开口

A　将衣片沿前中心线对折，从前中开始剪掉一个0.64cm（1/4英寸）宽的开口，开口长度根据设计而定。打开开口后，其宽度为1.27cm（1/2英寸）。开口底端缝份为1.27cm（1/2英寸），两侧缝份为0.64cm（1/4英寸）。成品开口宽为2.54cm（1英寸）。注意，剪掉的量取决于成品开口的尺寸。

B　在开口底端向拐角处打剪口。如下图所示。

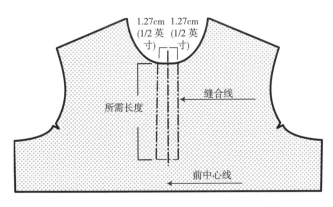

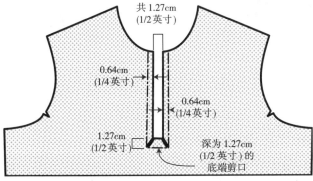

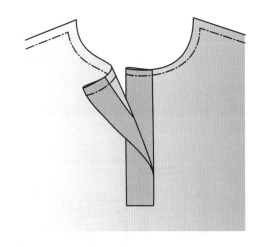

① 准备门襟条和里襟条：

- ➤ **里襟条宽度：** 对折后的尺寸是2.54cm（1英寸）加上缝份0.64cm（1/4英寸）。
- ➤ **里襟条长度：** 所需开口长度加上底端缝份1.27cm（1/2英寸）。
- ➤ **门襟条宽度：** 对折后的尺寸是2.54cm（1英寸）加上缝份0.64cm（1/4英寸）。

② 在面料的反面敷衬，仅压烫一半衬布至中心折叠线即可。

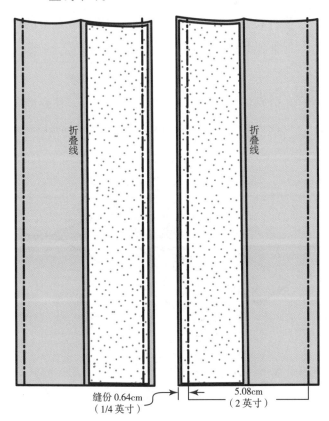

③ 将门襟条和里襟条分别正面相对，沿纵向对折。按照 0.64cm（1/4 英寸）缝份缝合领口端。

④ 将门襟条和里襟条的正面翻出并烫平。

⑤ 将衣片正面朝上，将门襟条和里襟条敷衬的那面朝下放在衣片上，并用珠针固定。

⑥ 分别将门襟条、里襟条与衣片缝合。注意缝合线长度不能超过开口深度。在拐角处打剪口。

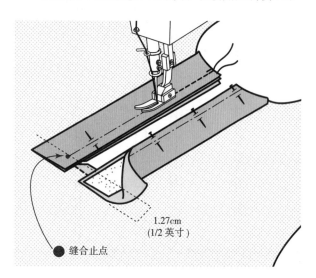

1.27cm
（1/2 英寸）

● 缝合止点

⑦ 将衣片、门襟条和里襟条折回，露出底端的剪口和尚未缝合的部分并沿根部缝合。底端会露在衣片反面（右侧门襟条在上层，左侧里襟条在下方）。

注：这样缝制，可以确保右侧门襟条的边缘从开襟表面看非常光洁。

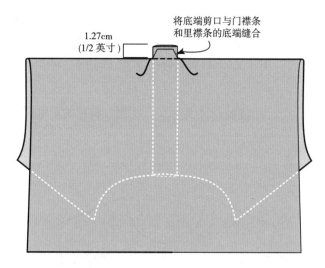

1.27cm
（1/2 英寸）

将底端剪口与门襟条和里襟条的底端缝合

⑧ 将衣片正面朝上，熨烫门襟一定要到位。

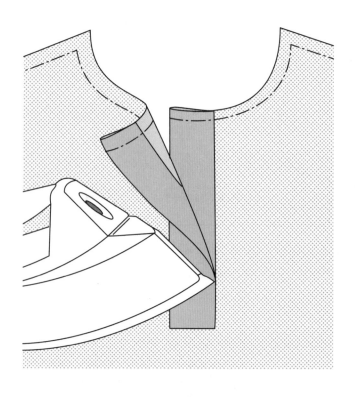

第十七章

贴边

第十七章 学习目标

通过阅读本章内容，设计师可以：

➤ 了解贴边的不同类型。

➤ 了解用于做净服装外边缘的贴边和斜裁贴边的不同缝制方法。

➤ 了解各种常规贴边的用途。

➤ 了解斜裁贴边的用途以及用斜裁贴边代替常规贴边的原因。

➤ 学习不同类型贴边的缝制方法。

➤ 掌握在贴边上敷衬的方法，以确保领口、袖窿和服装前身造型稳定。

➤ 掌握贴边边缘缝份宽度应为0.64cm（1/4英寸）。

➤ 学习暗缝贴边的方法。

➤ 学习服装工业生产中一片式贴边的缝制方法。

➤ 学习弧形贴边的缝制方法。

➤ 学习连贴边的缝制方法。

➤ 学习装饰贴边的缝制方法。

➤ 学习斜裁贴边的缝制方法，以代替常规贴边。

➤ 学会用贴边作为装饰。

练习用纸样

附录中提供了缝制贴边所需的纸样。

重要术语及概念

贴边：指缝制在衣片毛边上，与衣片局部一样的窄条，其用途在于做净缝份。其缝制方法为：首先将贴边与衣片正面相对并缝合，然后将贴边翻至衣片反面并放置平整。出于装饰目的，也可以将贴边缝制在服装的正面。

缝制在衣片局部的贴边，通常在形状上与衣片局部相同，除非使用的是斜裁贴边，而不是常规贴边。

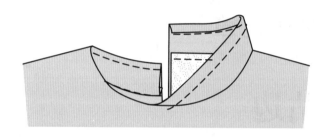

贴边的种类很多，每种贴边的缝制方法略有不同。在某些情况下，贴边的纸样需要单独绘制；而在某些情况下，贴边的纸样与衣片的纸样相连，并随衣片一起裁剪下来。贴边的种类包括：

➤ **斜裁贴边**：可以从市场上购买，也可以自己准备，是一条窄的斜裁面料，缝制在衣片上并翻折到衣片反面。斜裁贴边可以代替弧形贴边，且更加省料。

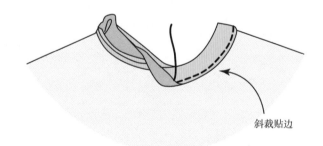

斜裁贴边

➢ **一片式贴边**：指将领口贴边和袖窿贴边连为一片裁剪。常用于马甲、吊带背心和波蕾若女上衣。

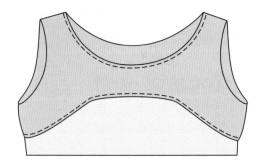

➢ **弧形贴边**：跟被贴边衣片的形状和纱向完全一致，与衣片缝制后翻至衣片反面。常用于无领无袖上衣的领口、袖窿处，或者用于半身裙和裤子的腰口处。

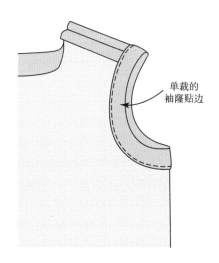

单裁的
袖窿贴边

➢ **连贴边**：与衣片连为一片裁剪，沿折叠线（止口线）折向衣片反面。这种贴边常用于服装的前中或后中开口，可以避免止口处出现单裁贴边上需要缝制的缝合线。运用厚重面料时，连贴边可以减少面料堆积。

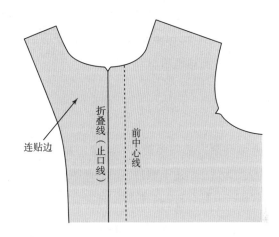

连贴边

折叠线（止口线）

前中心线

➢ **装饰贴边**：采用弧形的窄条面料或者斜裁贴边制作而成，装饰在服装的表面，很明显。这种贴边不仅具有装饰效果，还可以隐藏服装的毛边。

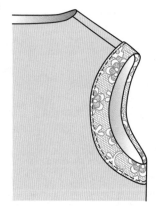

弧形贴边和连贴边

贴边的作用有：隐藏服装的毛边，为服装提供支撑，使领口、袖窿、腰线区域平整服帖。

注： 在服装工业生产中，所有领口和贴边的缝份宽度都采用0.64cm（1/4英寸）。这样利于服装的造型，并且可以减少面料堆积。

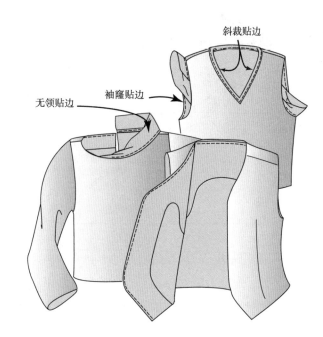

斜裁贴边

无领贴边

袖窿贴边

大多数贴边都需要敷衬。注意，在缝合贴边与衣片之前，应先在贴边上敷衬。请参阅第二章第51～52页"敷衬——黏合衬""敷衬——缝合衬"。

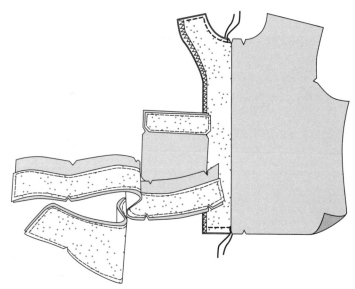

提示：

粗裁敷衬

在服装工业生产中，对于所有需要敷衬的衣片通常应先粗裁敷衬。具体步骤为：首先，计算好所有需要敷衬的衣片尺寸；然后，粗裁面料；接着，裁剪同等大小的衬布，再将衬布用蒸汽压烫在面料的反面；最后，同时修剪压衬后的面料。这样可以确保裁片不变形。由于缝份宽度为0.64cm（1/4英寸），所以不用修剪缝份也可以保型，且不会产生面料堆积。

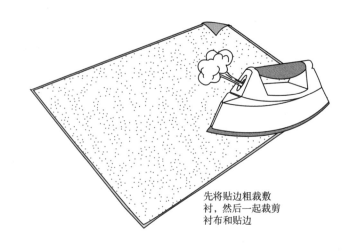

先将贴边粗裁敷衬，然后一起裁剪衬布和贴边

1 对于领口贴边，首先缝合衣片的肩缝、贴边的接缝。对于袖窿贴边，首先缝合侧缝和肩缝。

提示：

固定缝或皱缩衣片的领口弧线，以免其变形。

2 将贴边和衣片正面相对，对齐所有毛边、刀口和缝合线位置，用珠针固定。

3 按照所需缝份，通常是0.64cm（1/4英寸），将贴边与衣片缝合。

注：在服装工业生产中，所有领口和贴边的缝份宽度都采用0.64cm（1/4英寸）。这样利于服装的造型，并且可以减少面料堆积。

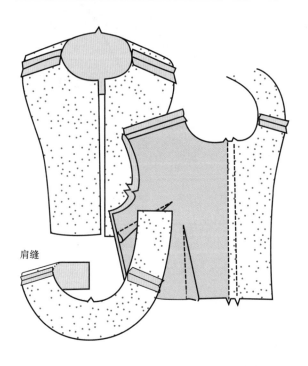

肩缝

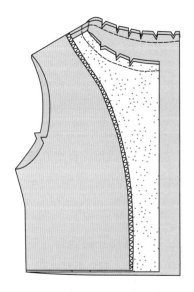

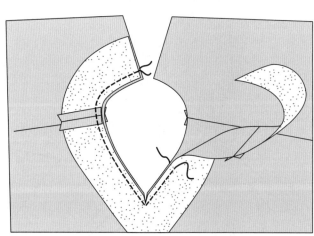

④ 缝制 V 字形或方形贴边时，应在拐角处打剪口。

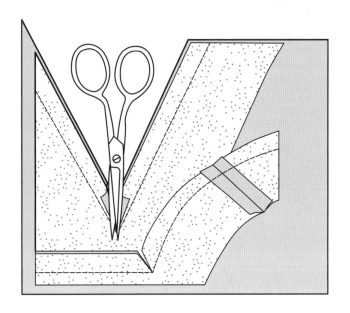

⑤ 暗缝贴边的领口缝份。将所有缝份倒向贴边，在贴边的正面缉缝，紧贴接缝将贴边和缝份缝合。

注：暗缝既防止贴边反吐到衣片正面，又使贴边平整服帖，避免面料堆积。

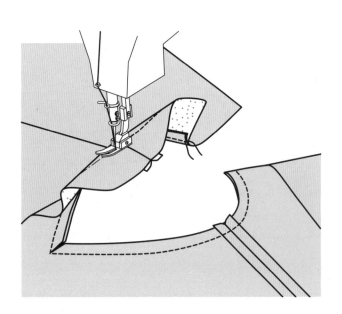

⑥ 将贴边翻至衣片正面并烫好。如有必要，将肩缝对位。

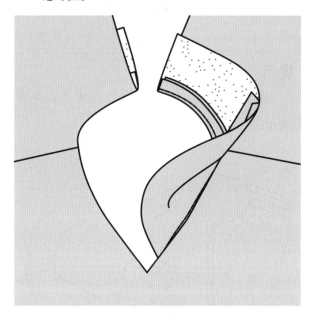

⑦ 完成贴边外边缘。选择一种与面料匹配的贴边外边缘处理方法。可以将外边缘折回 0.32cm（1/8 英寸）后紧贴折边缉缝，也可以绲边或包缝。无论采用哪种方法，贴边外边缘应当平整服帖。

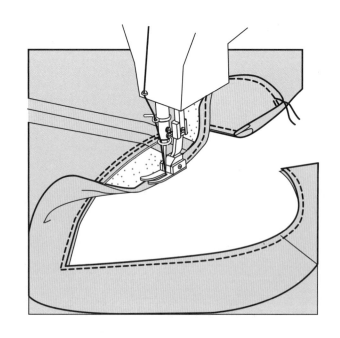

一片式贴边

　　一片式贴边常用于开门领无袖服装。缝制一片式贴边的工艺方法很多，这里介绍的是服装工业生产中常用的方法。

　　注：在服装工业生产中，所有领口和贴边的缝份宽度都采用0.64cm（1/4英寸）。这样利于服装的造型，并且可以减少面料堆积。

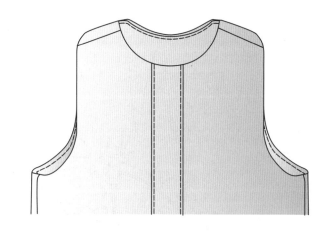

① 将衬布手针绷缝或压烫在衣片反面。

　　　　注：有一些公司选择将衬布压烫在贴边上。

② 将衣片和一片式贴边的前、后片分别正面相对，缝合肩缝和侧缝。将所有缝份劈缝熨烫。使用机缝或包缝的方法处理贴边的外边缘。将面料折回0.32cm（1/8英寸）后紧贴折边缉缝。

③ 将贴边与衣片正面相对，对齐所有刀口、接缝、前中心线及后中心线，并用珠针固定。

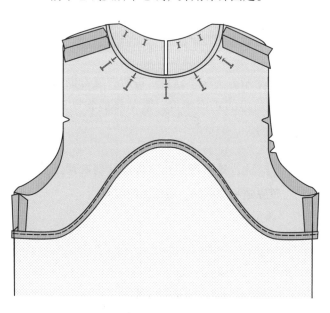

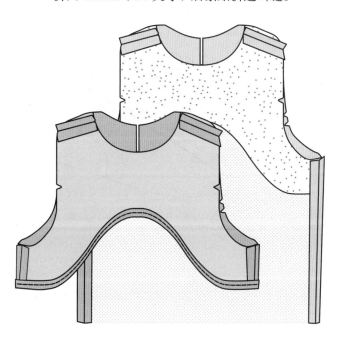

④ 保持领口的毛边平顺，按照适当的缝份缝合领口弧线。如有必要，将缝份修剪至0.64cm（1/4英寸）。

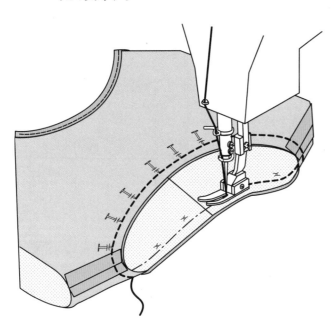

⑤ 暗缝贴边的领口缝份。将所有缝份倒向贴边，在贴边的正面缉缝，紧贴接缝将贴边和缝份缝合。

　　注：暗缝既防止贴边反吐到衣片正面，又使贴边平整服帖，避免面料堆积。

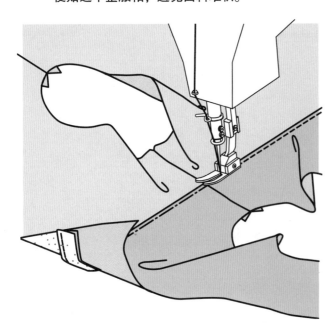

⑥ 将整个贴边翻至衣片反面。烫好领口处的接缝。

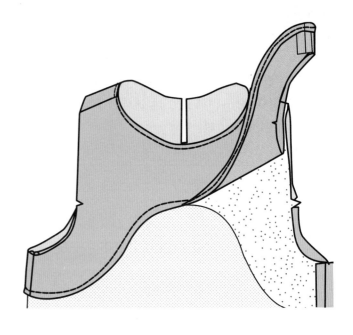

⑦ 将整个衣片和贴边打开放平，反面朝上，如图所示，露出肩缝。

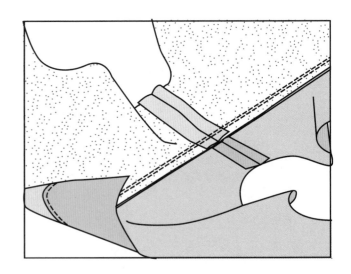

⑧ 将肩缝部位反面朝上，一只手捏住衣片袖窿肩缝连接处的毛边，另一只手捏住贴边袖窿肩缝连接处的毛边，使两者正面相对，毛边对齐，用珠针固定或手针绷缝固定。

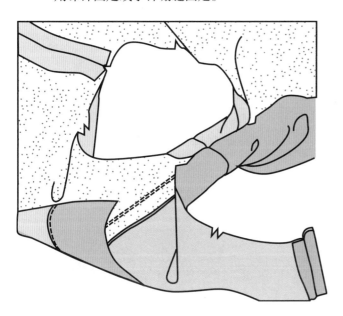

⑩ 缝制完成后，贴边会自动翻转到正面。熨烫领口和袖窿。

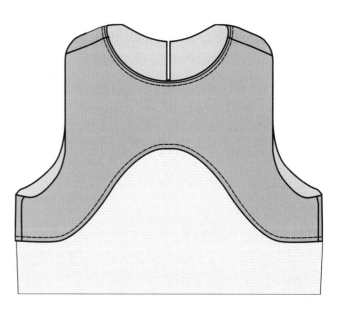

⑨ 贴边朝上，继续用珠针固定或手针绷缝固定衣片与贴边的袖窿毛边，直至整个袖窿一周。用同样的方法固定另一只袖窿毛边，然后缝合袖窿。

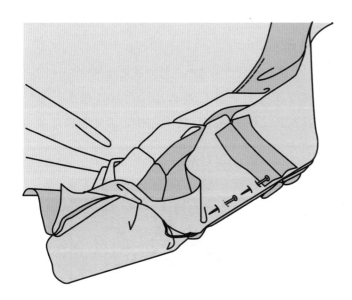

斜裁贴边

斜裁贴边：采用一条窄的斜裁面料，即斜条，将其缝制在衣片毛边上并翻折到衣片反面。斜裁贴边可以代替弧形贴边，也可以用于领口弧线上。可以缉明线固定或者手缝固定。

斜裁贴边完全翻折到衣片内侧，而斜绲条对折缝制后在衣片的正反面都可以看到一条斜绲边。

准备斜条

使用5.08cm（2英寸）宽的斜条（通常斜条采用与衣片同色或呈对比色的面料）。

请参阅第十章第152～153页"裁剪斜条"和"拼接斜条"。

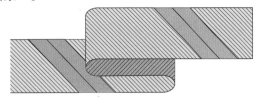

① 将斜条与衣片正面相对，边缘对齐，用珠针固定。斜条两端比领口各长出5.08cm（2英寸）。

② 按照0.64cm（1/4英寸）的缝份缝合斜条与衣片。

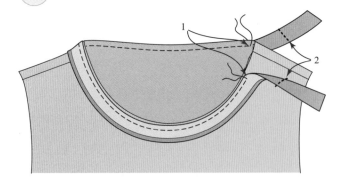

③ 在缝制完成之前，当斜条两端快要相接时停止缝合，先将斜条拼接好，再继续缝合贴边。将斜条未缝合的边缘按照0.64cm（1/4英寸）缝份

进行扣烫。

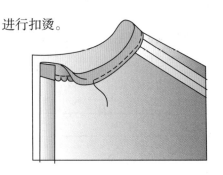

④ 与翻折常规贴边的方法一样，将斜条折向衣片反面。在衣片表面看不到斜条。如有必要，将领口弧线处的缝份暗缝在斜条上。

⑤ 用缉明线或手缝固定斜条，即完成斜裁贴边的缝制。

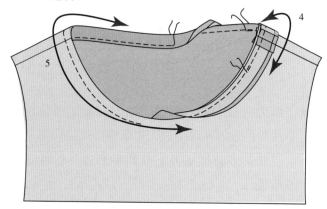

提示：

另一种缝合斜裁贴边的方法是使用5.08cm（2英寸）宽的斜条，沿长度方向对折斜条。再按照上述步骤缝制。这种方法尤其适合轻薄的面料。

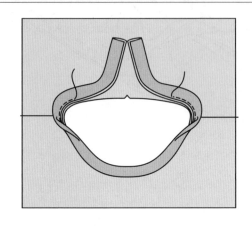

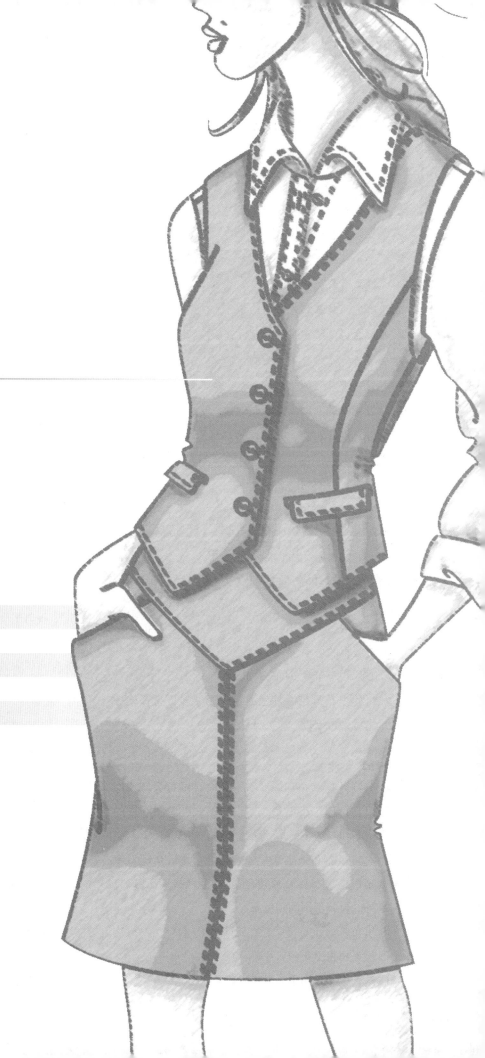

第十八章

里布

第十八章 学习目标

通过阅读本章内容，设计师可以：

➢ 了解服装绱里的作用。

➢ 掌握服装哪些部位需要绱里。

➢ 了解不同里布——半成品里布、活络里布和全光缝里布之间的区别。

➢ 了解不同服装款式所需的工艺方法。

➢ 学习底边活络裙里的缝制方法。

➢ 学习底边活络裤里的缝制方法。

➢ 学习马甲绱里的缝制方法——夹衣翻膛法。

➢ 学习紧身胸衣绱里的缝制方法。

注：关于里布，请参阅第二章第46～47页。

里布主要有三种类型：

半成品里布：常用于轻薄面料，可以增加服装的重量，有时也可以赋予面料新的手感。

➢ 里布和衣片缝合后，作为一层进行后续的缝制工序。

➢ 每块衣片都绱里，一次绱一块衣片，里布会影响服装的悬垂性。

➢ 衣片和里布裁成同一样式。

➢ 每片里布都与衣片包缝在一起。为每块衣片绱里后，再进行后续的缝制工序。

活络里布：

➢ 分别处理里布和衣片。可以简化里布操作，即里布可以不加贴边、不设造型线、不加额外的褶裥和口袋（但是，贴边上需要加省道）。

➢ 先将里布和外层衣片分别缝制，然后在领口或腰口将里布和衣片缝合在一起。领口或腰口之外的位置不用固定里布。

➢ 里布应比外层衣片短约2.54cm（1英寸）。底边处不用将里布与衣片缝合在一起。

➢ 这种里布常用于半身裙、裤子和连衣裙。

重要术语及概念

里布：用于服装内侧，如同服装面料的复制品，两者的缝制方法类似。里布应与服装面料相匹配。在大多数情况下，里布应当相对轻薄、光滑，除非为了保暖。里布的作用是：

➢ 使服装内侧看起来光洁。

➢ 使服装表面看起来完整。

➢ 有助于保持外层服装的形态，防止服装被拉伸或下垂。

➢ 若为保暖里布，则可以增加服装的保暖性。

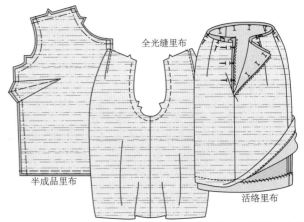

全光缝里布

半成品里布

活络里布

全光缝里布：用于夹克之类的服装，采用单独的纸样裁剪里布，纸样中包含易于人体活动的眼皮量。全光缝里布用于连衣裙、半身裙、马甲或裤子时，里布与外层衣片采用相同纸样裁剪，但是不需要做造型线和口袋。

每种里布都需要专门的工艺方法，确保里布不会拉伸服装或产生面料堆积。

➢ 里布和外层衣片需要单独处理，可以加或不加贴边。

➢ 全光缝里布用于马甲、紧身胸衣、西装或外套时，服装内部看不到任何毛边。

➢ 里布和外层衣片先分别缝制，然后将里布和外层衣片沿外缘缝制，最后翻至正面。

➢ 有时这种里布与贴边一块使用，例如在西装中。但是，对于马甲这样的服装，可以用里布完全取代贴边做净服装内部。

底边活络裙里

裙里与外层裙片先分别缝制，然后在腰口将裙里和裙片固定。裙里和裙片在底边处不固定，即里布是活络的。

里布纸样可以简化，去掉所有的造型线、腰部褶裥（用省道代替）和口袋。如果有助行褶裥，褶裥量也可以省略。纸样包装袋中应包括单独的里布纸样。

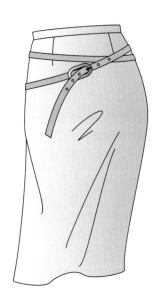

(1) 裁剪裙里各片，纱向与外层裙片一致。

(2) 缝合裙里各片。由于腰头和贴边先不缝合在裙里上，所以先不处理裙里的腰口，同样也先不绱拉链。处理好裙里的底边。

　　注：裙里应比裙片短2.54cm（1英寸）。这样可以确保裙里不会从底边处露出来。缝制裙里底边时，可以采用机缝（参阅第六章第104页）。

(3) 裁剪并缝制裙片，包括所有的口袋、褶裥和造型线。在外层裙片上绱拉链并处理好底边。先不处理腰口。

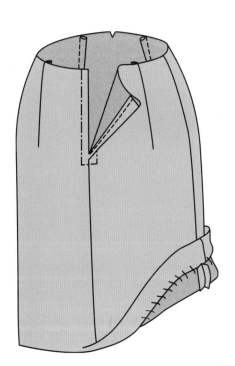

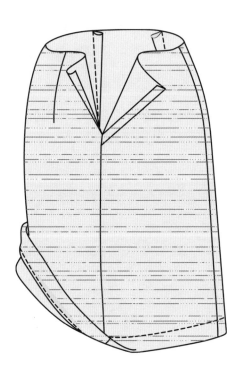

4 将裙里和外层裙片反面相对，对齐侧缝，在腰口处用珠针将两者固定好。

　　扣折裙里拉链开口处的缝份，用珠针将其固定在拉链的布带上。

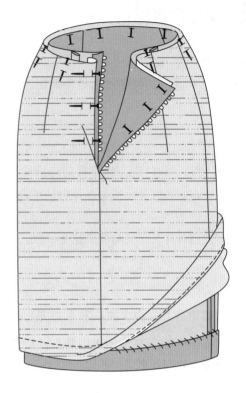

5 将裙里手缝固定在拉链布带上。

6 在腰口处将裙里和裙片作为一层缝合，绱腰头或做贴边。请参阅第二十章第 325 ~ 342 页。

底边活络裤里

　　裤里与外层裤片先分别缝制，然后在腰口将裤里和裤片固定。裤里和裤片在底边处不固定，即里布是活络的。

　　里布纸样可以简化，去掉所有的造型线、额外的褶裥（用省道代替）和口袋。纸样包装袋中应包括单独的里布纸样。

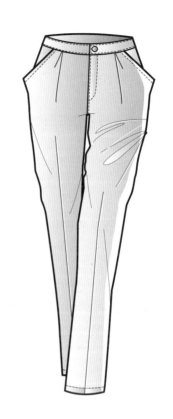

（1）裁剪裤里各片，纱向与外层裤片一致。

（2）缝合裤里各片。由于腰头和贴边先不缝合在裤里上，所以先不处理裤里的腰口，同样也先不绱拉链。处理好裤里的底边。

　　　注：裤里应比裤片短2.54cm（1英寸）。这样可以确保裤里不会从底边处露出来。缝制裤里底边时，可以采用机缝（参阅第六章第104页）。

（3）裁剪并缝制裤片，包括所有的口袋、褶裥和造型线。在外层裤片上绱拉链并处理好底边。先不处理腰口。

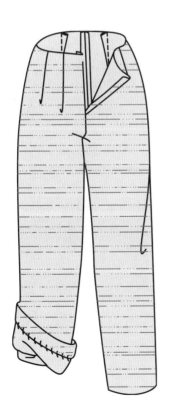

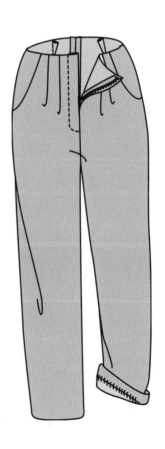

4 将裤里和外层裤片反面相对，对齐侧缝，在腰口处用珠针将两者固定好。

 扣折裤里拉链开口处的缝份，用珠针将其固定在拉链的布带上。

5 将裤里手缝固定在拉链布带上。

6 在腰口处将裤里和裤片作为一层缝合，绱腰头或做贴边。请参阅第二十章第 325 ~ 342 页。

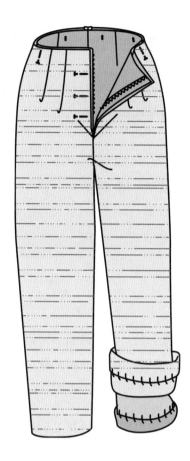

马甲绱里

马甲是长及腰线或长过腰线的一种无袖服装，通常穿在衬衫外面，有时马甲外面还要穿西装。作为这类套装的组成之一，马甲起到了完善或加强整体服装造型的作用。马甲可以设计为有领或无领，宽松或合身。

下面图示为马甲绱全光缝里布的缝制方法，马甲内部也非常光洁，无需使用贴边处理衣身边缘。

① 裁剪马甲里布和衣片时，请使用相同的马甲纸样。

② 将里布各片的边缘剪去 0.32cm（1/8 英寸），此步骤很必要，可以确保里布不反吐。

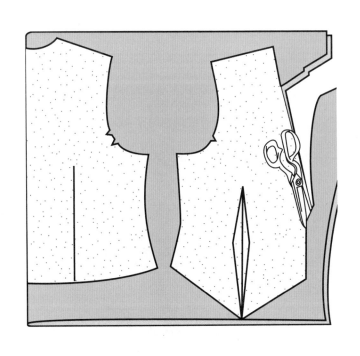

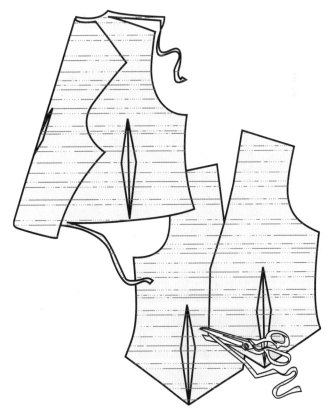

③ 分别缝合马甲里布和衣片的肩缝、省道、造型线及挖袋。不要缝合侧缝。

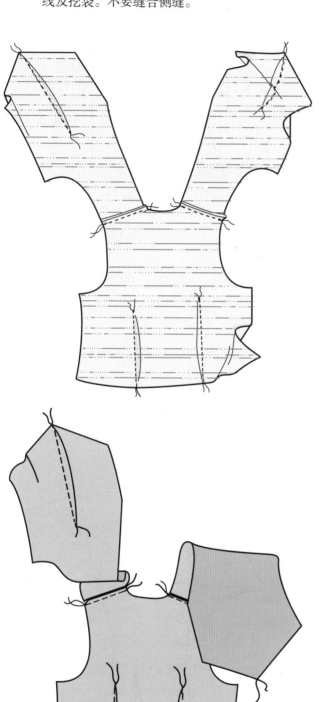

④ 将马甲里布和衣片正面相对，用珠针固定袖窿、领口和前止口。

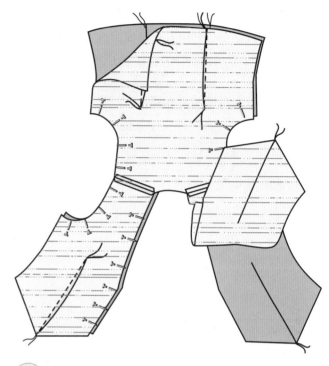

⑤ 机缝马甲里布和衣片，侧缝和底边先不要缝合。如有必要，将所有缝份修剪至0.64cm（1/4英寸）。

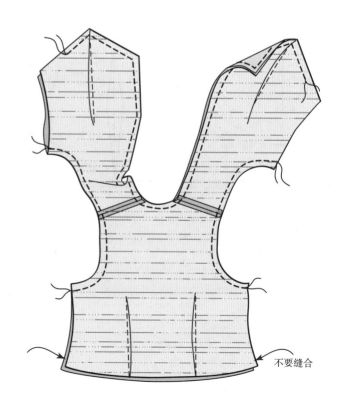

不要缝合

6 将马甲从反面翻出，正面朝外。

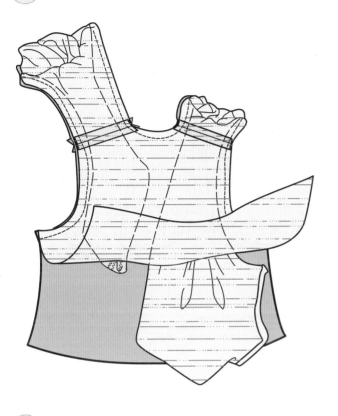

8 将马甲里布和衣片分别正面相对，对齐侧缝并从袖窿底点向下缝合。

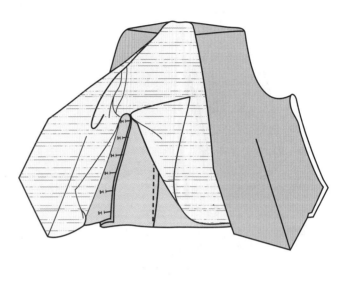

7 将所有缝份仔细烫平，然后才能进行下一步操作。

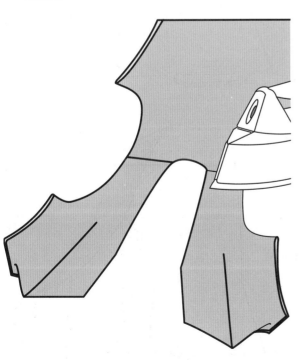

9 烫平侧缝。

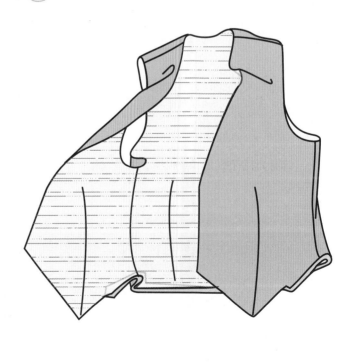

10 将马甲的反面翻出，正面朝里。将马甲的底边用珠针固定并缝合，后中附近的底边留个开口不要缝合。

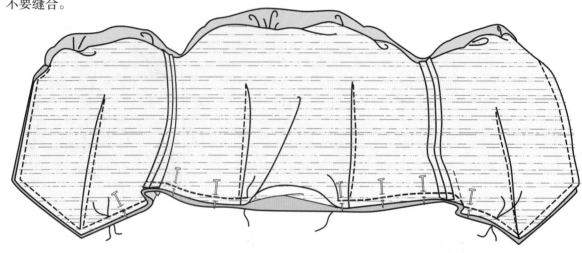

11 从开口处将马甲从反面翻出，正面朝外。

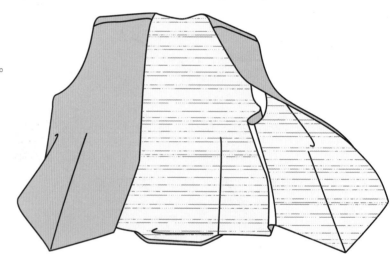

12 将开口用手针暗缲或机缝，整烫马甲。

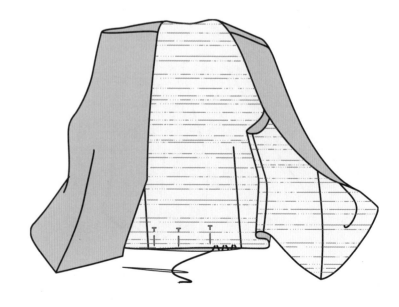

紧身胸衣绱里

紧身胸衣在胸腔附近合体度极高，为无肩带、无领、无袖设计。无肩带的紧身胸衣需要采用多层结构和专门的缝制方法。通常，塑造富有质感的紧身胸衣需要三层材料——面料、里布以及两者之间缝制的夹层，里布和夹层在前片常设有公主线，在后片的后中设有拉链。紧身胸衣的面料选择较多，变化丰富。但是，三层材料在领口处的形态必须相匹配。

紧身胸衣

缝制夹层与固定撑骨

夹层的作用是通过撑骨为衣身提供最大的支撑。这层如三明治一样夹在里布和面料的中间。

撑骨：是柔韧度很好的窄条，其种类有羽毛撑骨、鱼骨与胶骨。用于合体度非常高的服装的接缝和边缘处，可以起到加固、支撑和防滑的作用。

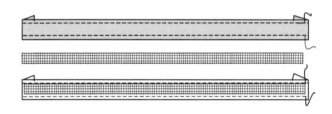

(1) 选用坚实挺括的机织面料（如预缩过的口袋布），按照紧身胸衣的纸样裁剪面料。紧身胸衣的夹层和里布采用相同纸样裁剪。

(2) 用所需面料将紧身胸衣的夹层缝好，后中留开口。将所有接缝劈缝熨烫。

(3) 在每条接缝的内侧用珠针固定一条撑骨。撑骨应放在夹层的反面，盖住接缝。

注：在每条撑骨的起始端和结尾端各剪去1.27cm（1/2 英寸）。将夹层多出的面料翻折，可以覆盖撑骨的起始端和结尾端。

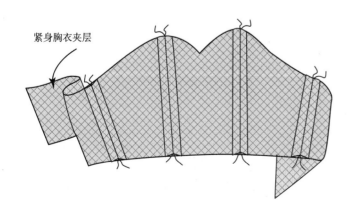

紧身胸衣夹层

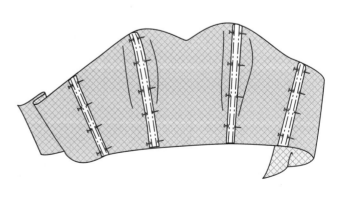

④ 使用拉链压脚或单边压脚，将撑骨缝合在公主线和侧缝处。

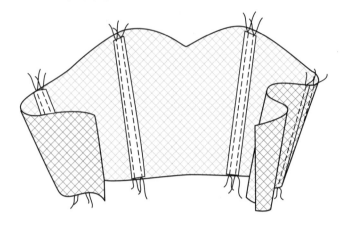

增加额外支撑的方法

　　如果需要更强的支撑，可以在其他区域放置撑骨，如在前侧片上斜向放置撑骨。

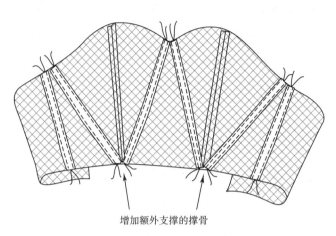

增加额外支撑的撑骨

缝制紧身胸衣的里布

　　应使用轻薄的斜纹里布，以便隐藏夹层。

① 选用适合的里布，采用与公主线夹层相同的纸样裁剪里布各片。

② 缝合里布各片，后中留开口（通常会绱拉链）。将所有接缝劈缝熨烫。

缝制紧身胸衣的面料

　　紧身胸衣的夹层和里布通常采用传统的公主线形式，而面料可以有所不同。但是，各层在领口处的形态必须相同。

　　缝合紧身胸衣的面料各片，后中留开口（通常会绱拉链）。

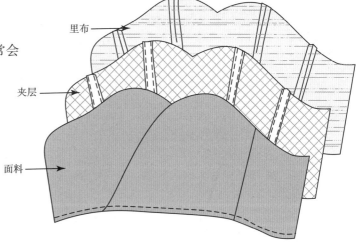

紧身胸衣的绱里

　　分别将紧身胸衣的夹层、里布和面料缝制完毕，之后将三层缝合在一起。

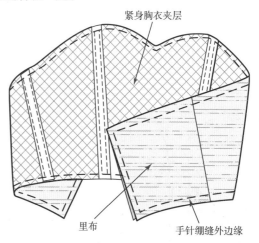

（1）　将夹层用珠针固定在里布的反面。手针绷缝所有外边缘以使夹层和里布后续作为一层使用。

（2）　将附加了夹层的里布与面料正面相对，用珠针固定。

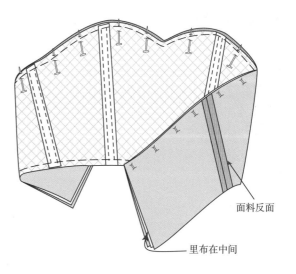

③ 按照 0.64cm（1/4 英寸）的缝份将紧身胸衣的上口缝合。

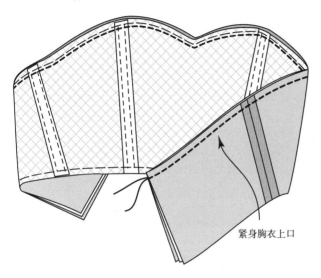

紧身胸衣上口

④ 放好里布，露出紧身胸衣的缝份，确保夹层和面料平整。将所有缝份倒向里布，并暗缝在里布上。

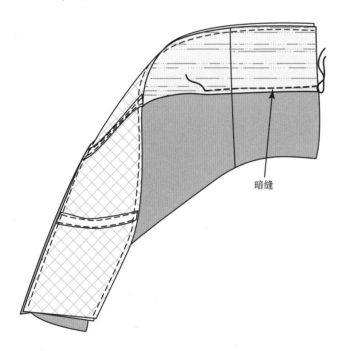

暗缝

⑤ 将里布和面料的正面翻出。

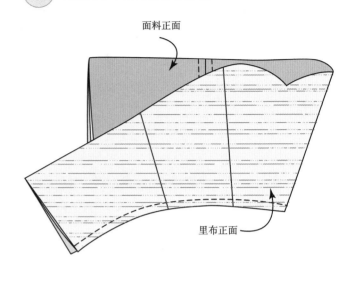

面料正面

里布正面

⑥ 将紧身胸衣与下身裙缝合。先将紧身胸衣的腰线与下身裙的腰线缝合，然后在后中开口处用珠针固定并绱拉链。半身裙上的拉链长度至少为 17.78cm（7 英寸）。

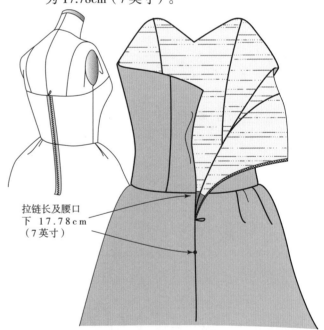

拉链长及腰口
下 17.78cm
（7 英寸）

在腰口增加额外支撑的方法

在腰口放置一条束腰带并缝制，这样可以保持腰围尺寸，并为服装提供额外支撑。请参阅第二十章第 338 页的缝制方法。

第十九章

西装

第十九章 学习目标

通过阅读本章内容，设计师可以：

➤ 进行西装的创新设计。

➤ 了解西装轮廓、领口以及西装袖的相关术语。

➤ 学习两片袖的缝制方法。

➤ 学习不绱里翻驳领西装工艺。

➤ 学习服装工业化生产中全里翻驳领女西装工艺——夹衣翻膛法。

➤ 学习挑选合适的西装里布。

➤ 学习挑选合适的西装衬布。

➤ 学习全里西装纸样的准备要求。

➤ 学习西装里布纸样的准备要求。

➤ 学习为西装装垫肩的方法。

西装工艺

在黏合衬产生并运用于服装之前，西装工艺是一种繁琐、昂贵的服装工艺。下面以图解工艺步骤的方式，讲解目前服装工业中所运用的西装工艺，图示内容涉及适合西装面料与里布的纸样、敷衬工艺以及机缝方法。西装工艺有时也被称为夹衣翻膛法。

注：青果领或单驳领西装的绱里方法与翻驳领西装的绱里方法一样。

重要术语及概念

西装工艺：指进行裁剪、试穿、缝制和后整理的全过程制作工艺，其中包括缝制省道、里布、底边以及熨烫等技术。西装通常穿着在最外层，借助西装工艺可以为服装提供必要的支撑，并塑造出平整且立体的形态。大多数西装在其反面绱里，这样有助于降低西装与内层服装之间的摩擦力，同时可以隐藏西装反面的工艺细节。

注：不绱里西装工艺请参阅本章第322~324页。

西装中的常用术语如下：

➤ **驳头**：服装前开口翻折止点与翻领之间的部分。

➤ **单驳领**：没有翻领部分，只有驳头的领型。

➤ **翻折止点**：止口线上驳头翻折的终止点。通常用在驳头、青果领、单驳领和翻驳领上。

➤ **翻折线**：一条指定的线，用于翻领或驳头，翻领或驳头沿翻折线朝服装的领口弧线方向翻下来。

➤ **两片袖**：裁剪成大袖（手臂外侧）和小袖（手臂内侧）两块袖片的袖型。两片袖可以在肘部更好地塑形，也更为符合手臂的前倾形态。

全里翻驳领西装

准备纸样

➢ **外层西装衣片**：图示为最常用的西装纸样——前衣片、公主线款式的前衣片、后衣片、两片袖、领面和领底。西装衣片已经加放了缝份。为了确保衣片与里布准确缝合，对衣片的局部底边缝份已进行了相应调整。

➢ 如图所示，西装衣片的常规底边缝份为 3.81cm（1½ 英寸）

➢ 所有与领口和挂面相接的边缘缝份均为 0.64cm（1/4 英寸）。

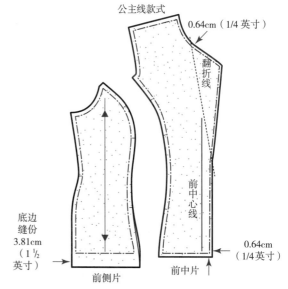

公主线款式

0.64cm（1/4 英寸）

翻折线

底边缝份 3.81cm（1½ 英寸）

前侧片　前中片

0.64cm（1/4 英寸）

前中心线

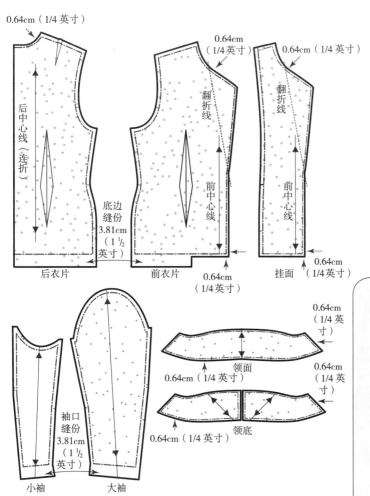

0.64cm（1/4 英寸）

0.64cm（1/4 英寸）

0.64cm（1/4 英寸）

后中心线（连折）

底边缝份 3.81cm（1½ 英寸）

翻折线　前中心线

翻折线　前中心线

后衣片　前衣片　挂面

0.64cm（1/4 英寸）

0.64cm（1/4 英寸）

袖口缝份 3.81cm（1½ 英寸）

小袖　大袖

0.64cm（1/4 英寸）

领面

0.64cm（1/4 英寸）

0.64cm（1/4 英寸）

0.64cm（1/4 英寸）

领底

提示：

　　此处的西装缝制采用了夹衣翻膛法，这种方法普遍应用于服装工业生产和样衣室中。

　　通过图示介绍了既简便又专业的西装工艺，内容涉及纸样、底边缝份、常规缝份、里布松量和衬布等。

　　制作全里女式西装和男式休闲夹克时，如全里皮革飞行员夹克，也可以按照同样的步骤准备纸样、里布和衬布。

西装敷衬

- **敷衬**：目的是使西装上经常受力的区域稳定，并提供支撑。
- 正确敷衬可以为西装的前衣片领口、肩缝、袖窿、驳头、翻领部分和底边等额外的支撑。如果没有衬布纸样，接下来将介绍如何准备衬布。

> **提示：**
>
> 过去，使用毛衬（通常为羊毛衬）制作西装，修剪缝份可以减少面料堆积。但是现在服装工业生产力求省时高效，这促进了黏合衬的发展，黏合衬并不厚重，既能保持衣片稳定，又能减少缝份处的面料堆积，故无须修剪缝份。

准备衬布纸样

利用西装外层衣片纸样，请参阅下述内容准备衬布纸样：

- **前片衬**：去掉所有缝份（选做；对于公主线西装，还需要准备前中衬和前侧衬）。

- **挂面衬**：去掉所有缝份（选做）。

- **领面衬**：可以保留或去掉所有缝份。

- **前后领口 / 袖窿衬**：与后领口贴边类似，保留所有缝份。

- **底边衬**：前衣片底边、后衣片底边、袖口处应当敷宽度为3.81cm（1 1/2 英寸，经济做法）至7.62cm（3英寸，优选宽度）的斜纱有纺衬。

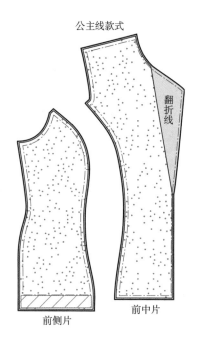

公主线款式

前侧片   前中片

翻折线

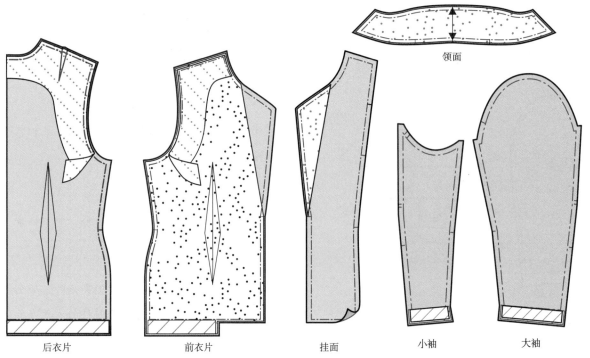

领面

后衣片   前衣片   挂面   小袖   大袖

衬布

请参阅第二章第 48 ~ 50 页"衬布"。

适合毛料、中厚型西装面料的纬编衬

对于大多数西装而言，推荐使用纬编衬。这种黏合衬由涤纶／黏胶混纺而成。纬编衬是一种轻型的纬编组织，黏合在面料上可以产生柔软、微回弹、光滑的手感。

适合丝、麻面料的轻型黏合衬

轻型黏合衬可以产生柔软、稳定的手感，对面料的外观几乎没有影响。这种衬布尤其适用于丝、麻面料制成的西装。

提示：

粗裁敷衬

在服装工业生产中，为了省时，对于所有需要敷衬的衣片通常先粗裁敷衬。为了提供额外的支撑，后续可以在裁剪后的衣片上再次敷衬，例如领口、袖窿区域。

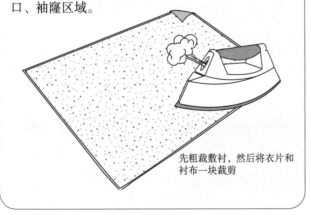

先粗裁敷衬，然后将衣片和衬布一块裁剪

准备里布纸样

下图所示为前片里、后片里和袖里。

➤ 里布纸样的底边缝份为 1.27cm（1/2 英寸）。如果是家用缝制，则缝份为 1.59cm（5/8 英寸）。

➤ 后中需要加一个宽为 2.54cm（1 英寸）的褶裥。

➤ 里布在袖底缝和侧缝拐角处的缝份需要向上延长 0.64cm（1/4 英寸），并比衣片对应处向外延长 0.64cm（1/4 英寸）。绘制新的袖窿弧线、袖山弧线、侧缝和袖底缝线。新旧袖窿弧线、袖山弧线分别相交于刀口处，新旧侧缝、袖底缝线分别相交于袖窿深线、袖肥线向下 5.08cm（2 英寸）处。这样操作可以为里布提供更大松量，以免发生撕扯现象。

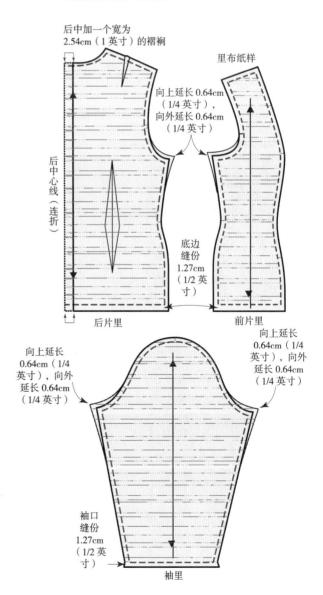

后中加一个宽为 2.54cm（1 英寸）的褶裥

里布纸样

向上延长 0.64cm（1/4 英寸），向外延长 0.64cm（1/4 英寸）

后中心线（连折）

底边缝份 1.27cm（1/2 英寸）

后片里

前片里

向上延长 0.64cm（1/4 英寸），向外延长 0.64cm（1/4 英寸）

向上延长 0.64cm（1/4 英寸），向外延长 0.64cm（1/4 英寸）

袖口缝份 1.27cm（1/2 英寸）

袖里

缝制工艺

① 西装衣片敷衬。

　　请参阅第二章第50～51页，学习黏合衬的敷衬方法。伴随着科技进步，黏合衬和内衬也有了很大的发展与改进。缝制西装时，最好选用纬编衬或轻型经编衬。请在如下部位敷衬：

➢ 前衣片（驳头部分除外）。

➢ 挂面驳头部分。

➢ 前衣片底边（采用斜纱有纺衬）。

➢ 后衣片底边（采用斜纱有纺衬）。

➢ 袖口（采用斜纱有纺衬）。

➢ 领面（有些公司在领底敷衬）。

➢ 后领口、后袖窿。敷衬有助于加固后袖窿并保型（对于公主线款式，请先缝合公主线，然后再完成该步骤）。

➢ 前领口、前袖窿。敷衬有助于支撑相应部位，塑造特定效果，令造型更显讲究（对于公主线款式，请先缝合公主线，然后再完成该步骤）。

　　注：如果选用轻薄型面料，则整个后片都敷衬。

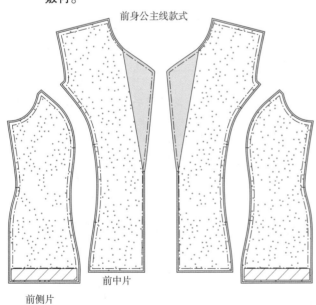

前身公主线款式

前侧片　　前中片

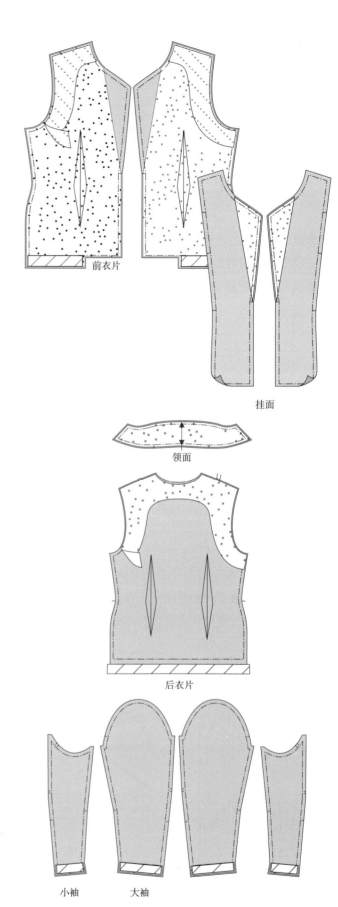

前衣片

挂面

领面

后衣片

小袖　　大袖

2 缝合省道、造型线（如公主线）。

　A　缝合前、后衣片上的省道。

　B　沿省中线剪开。将省缝劈缝熨烫。

前身公主线款式：

　注：缝合公主线之后，在前、后领口部位敷衬。

　A　在前侧片胸围线附近的刀口之间，采用皱缩或大针脚线迹抽碎褶，进行吃缝。

　B　将前侧片放在前中片上面，正面相对，对齐所有毛边和刀口，缝合公主线。将缝份劈缝熨烫。

　注：前中片和前侧片下摆折边的刀口可以对位，但是下摆的毛边无法对齐，这是由于前中片因缝制挂面，故其底边缝份为0.64cm（1/4英寸），而前侧片底边缝份为3.81cm（1½英寸）。

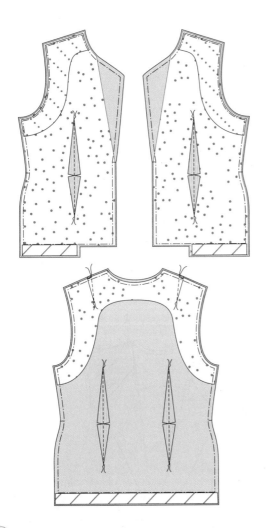

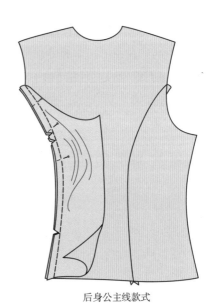

后身公主线款式

3 缝制口袋。

　　大多数西装使用加里贴袋、双嵌线袋或单嵌线袋。缝制之前，在衣片正面用笔标出袋位。

　　注：西装常用口袋（如双嵌线袋、单嵌线袋、加里贴袋等）的缝制方法，请参阅第十三章"口袋"。

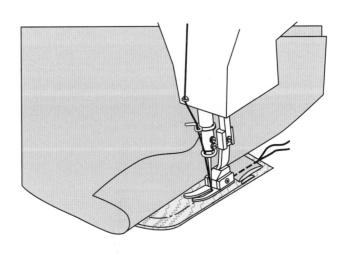

④ 缝制两片袖。

　　将大、小袖片正面相对，用珠针固定并缝合袖片的袖底缝。将缝份劈缝熨烫。机缝袖山弧线与袖窿弧线。

有袖衩时，请注意：

　　如果没有采用粗裁敷衬的方法，则此时应将黏合衬黏在袖衩部位。

➤ 将大、小袖片正面相对，缝合后袖底缝至袖衩顶端向下 1.27cm（1/2 英寸）处。在袖衩顶端打剪口并将缝份劈缝熨烫。将袖衩倒向一侧。

➤ 将袖衩缝份和袖口缝份折回，正面相对，从拐角处斜向缝至袖口处。修剪斜接缝处的缝份至 0.64cm（1/4 英寸）。将缝份劈缝熨烫。将袖口和袖衩缝份的正面翻至袖子反面。更多制作细节参阅第二十一章第 350 页"勾底边（斜接缝）"。

➤ 绱袖里后，请钉扣以固定袖衩。

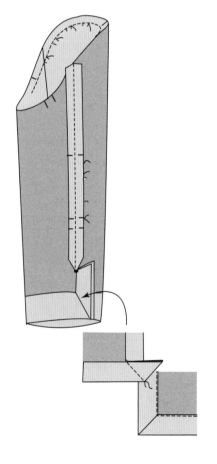

⑤ 缝合西装各片接缝。

　　将衣片正面相对，缝合所有接缝，包括肩缝和侧缝。将缝份劈缝熨烫。

　　采用皱缩或大针脚线迹，从前袖山刀口至后袖山刀口进行吃缝。将衣身与袖子正面相对，衣身的袖窿弧线和袖子的袖山弧线在如下位置对位：

➤ 前袖山刀口与前袖窿刀口对位。

➤ 袖山顶点刀口与衣片肩点对位。

➤ 后袖山刀口与后袖窿刀口对位。

➤ 前、后袖底缝与衣片侧缝。

吃缝袖山头并缝合到位　　　　装垫肩

⑥ 整烫。

　　为确保绱好里布并翻转正确，建议提前将衣片底边和袖口的缝份向上扣烫 3.81cm（1 1/2 英寸）。熨烫服装其他部位。

⑦ 装垫肩。

　　将西装衣身的反面翻出，将垫肩边缘与袖窿缝份锁缝固定。将肩缝缝份与垫肩手针绷缝固定。

　　注：这是服装工业生产中使用的方法。但在服装工业生产中还会使用一种专门的圆柱形机器装垫肩，并自动形成袖山头的造型。

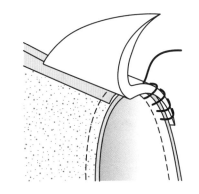

⑧ 缝制领子。

　　将领底与领面正面相对，沿没打刀口的三条边缘对齐，用珠针固定。按照正确的缝份，将领底与领面沿三边缝合（不要缝合装领线与领下口线）。将缝份暗缝在领底上。修剪拐角处缝份，并将正面翻出。用珠针或翻角器仔细地翻出领角。整烫领子。

　　注：缉缝、暗缝、翻转、整烫可以使领子成品呈现出专业的效果。在服装批量生产中，经常按照这样的流程和方法缝制领子。

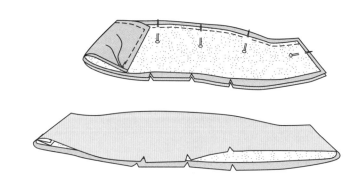

⑨ 绱领。

　　将衣身正面朝上放好，将领子上有刀口的装领线（尚未缝合）与衣身的领口弧线毛边固定，在如下位置对位：

➢ 领片后中与衣身后中对位。
➢ 领片颈侧点与衣身肩缝对位。
➢ 领片短边与驳头刀口对位。

　　将领子的装领线与衣身的领口弧线缝合，从一侧的驳头刀口开始，缝至另一侧的驳头刀口。

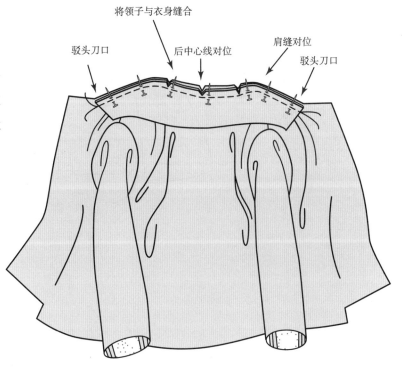

将领子与衣身缝合

驳头刀口　　后中心线对位　　肩缝对位　　驳头刀口

10 缝制里布。

➤ 缝合挂面和前侧片里：正面相对，对齐毛边和刀口，将挂面与前侧片里缝合。在底边附近留5.08cm（2英寸）暂不缝合。

➤ 缝合后片里：在领口和底边处将后中的褶裥缝好，即沿后中对折里布，从距离后中2.54cm（1英寸）处开始缝合，缝合长度7.62cm（3英寸）。沿整个后中将褶裥倒向一侧熨烫。

➤ 缝合省道：将后片里腰省缝合。省缝倒向后中。

➤ 缝合接缝：缝合肩缝与侧缝。将缝份劈缝熨烫。

➤ 缝合袖里：采用皱缩或大针脚线迹，从前袖山刀口至后袖山刀口进行吃缝。将衣身里与袖里正面相对，对齐所有刀口，将衣身里的袖窿弧线和袖里的袖山弧线用珠针固定并缝合。一边用手指压着缝份，一边用蒸汽熨斗将缝份烫倒，缝份倒向袖里。

➤ 手巾袋（挖袋）：若西装上设计了手巾袋，请在这一步骤中将其缝好（参阅第十三章第193～226页"口袋"）。

注：将挂面与里布缝合，这样可以使肩缝的缝合更加容易。手巾袋可以开在衣片上。在大多数男装中，手巾袋开在挂面和里布上。

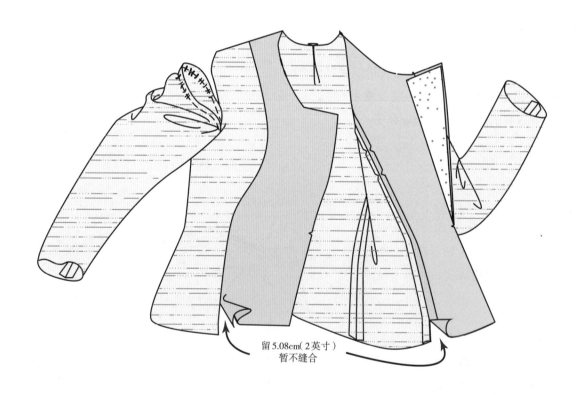

留5.08cm（2英寸）暂不缝合

⑪ 绱里。

衣片正面朝上平放，将里布正面朝下放在衣片上，即里布反面朝上。

对齐所有外边缘并缝合衣片和里布，从挂面底边开始向上缝合，过领口，再向下缝至另一侧挂面的底边。注意缝合时要确保衣片和里布的后中与肩缝分别对齐。

注：将领子翻向衣片反面，夹在衣片和里布之间，露出领口。

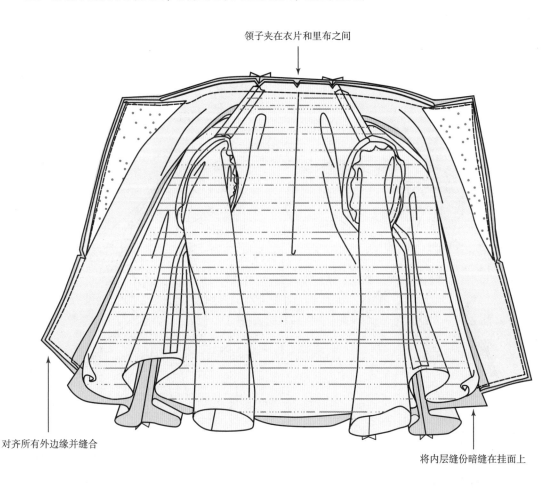

领子夹在衣片和里布之间

对齐所有外边缘并缝合

将内层缝份暗缝在挂面上

⑫ 暗缝挂面。

将挂面和衣片的底边至翻折止点之间的缝份暗缝在挂面上。操作方法是：将缝份倒向挂面，在挂面的正面紧贴接缝缝制，注意应穿透挂面和缝份缝制。

注：暗缝有助于挂面向内层翻转，从外观看更加平整服帖，并且有助于减少面料堆积。

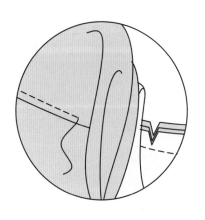

13　缝合衣身和里布的底边。

　　将衣身和里布正面相对，对齐底边边缘。沿底边缝合衣身和里布。从一侧挂面开始缝至另一侧挂面结束。

　　注：在挂面和里布的两个拐角处会各留有一个开口。翻出衣身后，这个开口会在衣身和里布之间自动形成一个褶裥。

14　缝合袖口。

　　将袖里和袖身的反面翻出，放在肩缝的上端。将袖身和袖里正面相对，对齐袖口并缝合（注意，像翻出袖头一样将袖里翻出，再向袖身内侧推入一些，以便将袖身和袖里的正面相对）。对准各袖底缝以免扭曲。

15　拆开一个袖里的袖底缝。

　　将一只袖里的袖底缝拆开约30.48cm（12英寸），即为翻出口，后续将衣身正面从这个翻出口翻出。

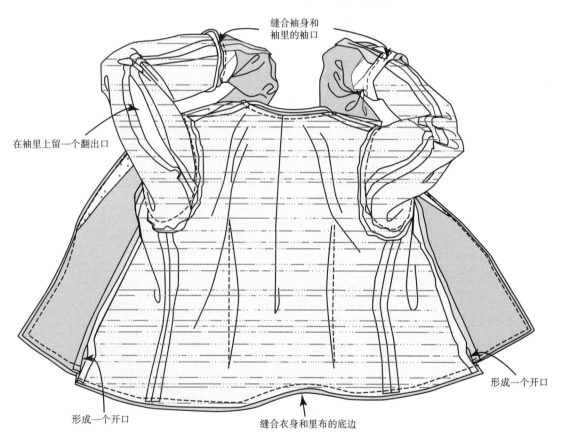

缝合袖身和袖里的袖口

在袖里上留一个翻出口

形成一个开口

形成一个开口

缝合衣身和里布的底边

形成一个开口

16 将西装正面翻出。

从袖里翻出口将衣身正面翻出。提前烫好的底边会自动归位。将衣身和里布放好后，在里布的底边处会形成眼皮，在袖口处也会形成眼皮。

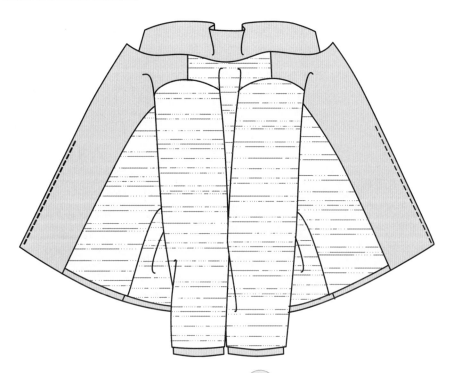

17 缝合袖身和袖里的袖底缝。

从袖里翻出口伸进去，将袖身和袖里的袖底缝通过机缝或包缝缝合。

18 缝合袖里的翻出口。

将用于翻出衣身的袖里翻出口机缝缝合。

19 最终整烫。

整烫整件西装。

20 钉扣，锁眼。

从翻折止点开始定位、标记并机锁所有扣眼。请根据纸样定位扣眼，并钉好所有纽扣。

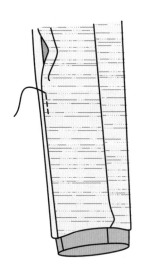

不绱里翻驳领西装

这部分图解了不绱里西装的绱领方法，这种西装的挂面很宽，直至腋下。挂面有助于稳定整个前身和袖窿区域，因此无需里布。不绱里翻驳领西装呈现出休闲的外观和风格，这种款式的西装常采用轻型或中厚型面料制成（参阅本章第 311 ~ 321 页"全里翻驳领西装"的相关内容）。

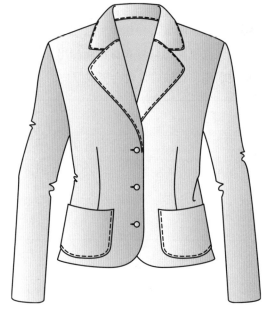

① 准备好所有裁片。

　　将纸样上的所有省道标记转移到面料上。

② 敷衬。

　　请在如下部位敷衬：

➤ 挂面：注意肩缝、袖窿附近。

➤ 挂面驳头。

➤ 领面。

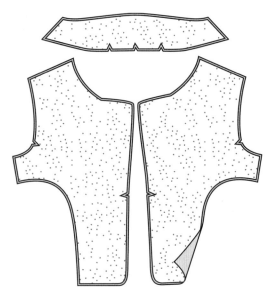

③ 敷斜纱有纺衬。

　　在如下部位压烫 3.81 ~ 7.62cm（$1\frac{1}{2}$ ~ 3 英寸）宽的衬布：

➤ 前衣片、后衣片底边（采用斜纱有纺衬）。

➤ 袖片的袖口处（采用斜纱有纺衬）。

④ 修剪挂面外边缘（剪掉多余的毛边等）。

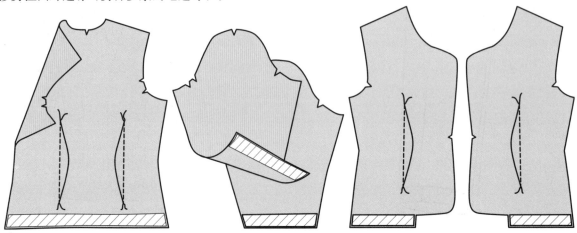

5 缝合所有省道、造型线。

将所有衣片上的省道、公主线、育克线都缝好。缝合侧缝和肩缝。将所有接缝和省道的缝份劈缝熨烫。

6 缝制口袋。

大多数西装使用加里贴袋、双嵌线袋或单嵌线袋。缝制之前，在衣片正面用笔标出袋位。

注：西装常用口袋（如双嵌线袋、单嵌线袋、加里贴袋等）的缝制方法，参阅第十三章"口袋"。

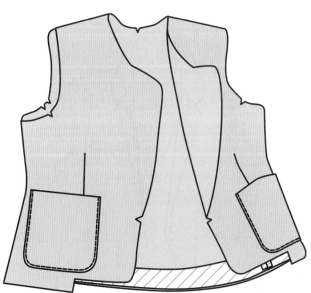

7 缝制领子。

将领底与领面正面相对，沿没打刀口的三条边缘对齐，用珠针固定。按照正确的缝份，将领底与领面沿三边缝合（不要缝合装领线与领下口线）。将缝份暗缝在领底上。修剪拐角处缝份，将正面翻出。用珠针或翻角器仔细地翻出领角。整烫领子。

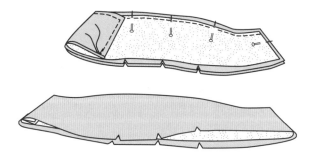

8 绱领。

将衣身正面朝上放好，将领子上有刀口的装领线（尚未缝合）与衣身的领口弧线毛边固定，在如下位置对位：

➤ 领片后中与衣身后中对位。

➤ 领片颈侧点与衣身肩缝对位。

➤ 领片短边与驳头刀口对位。

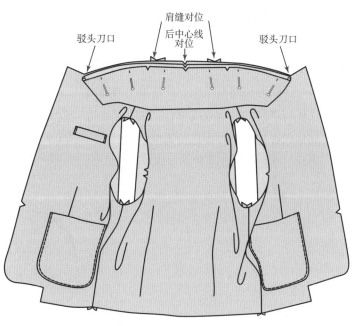

9 缔挂面。

A 将挂面放在衣身上，正面相对。对齐外边缘、
肩缝、袖窿和侧缝。

B 在领面的颈侧点对位处打剪口。重新
用珠针固定领口，即只将领子的一层
固定在衣身上。

C 从一侧挂面的底边向上沿外边缘缝合
挂面和衣身，缝过领口。保持领面的
后装领线远离衣身的领口弧线，暂不
缝合它。继续向下缝至另一侧挂面的底边。

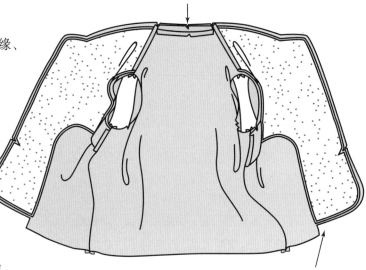

在领子的一层上打剪口，将另一层与衣身缝合

在后领口部位用珠针固定并缝合

缔挂面

10 将挂面和领子翻出并做好。

A 将挂面翻至衣身反面，并将领子向上烫好。

B 将领子上尚未缝合的缝份向内折，刚好盖住
上一步的缝线。在后领口缉边线固定。

C 从底边向上至翻折止点，将缝份暗缝在挂面
上。请参阅第十七章第285～294页"贴边"。

D 将衣身和挂面反面相对，对齐侧缝，机缝或
包缝衣身和挂面的袖窿弧线。

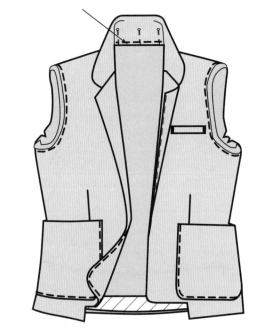

11 完成西装。

仔细地皱缩袖山头，并将袖子的袖山
弧线与衣身的袖窿弧线缝合。在衣身底边
和袖口处用三角针固定折边。整烫西装。
将垫肩手缝在袖窿弧线和肩缝上。

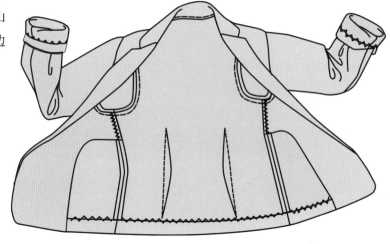

第二十章

腰头与腰线

第二十章 学习目标

通过阅读本章内容，设计师可以：

➤ 了解腰头的不同款式。

➤ 学习选择合适的腰头。

➤ 学习不同腰头的缝制方法。

➤ 学习在腰头上缉明线、缉边线和漏落缝的缝制方法。

➤ 学习传统直腰头的缝制方法。

➤ 学习精做直腰头的缝制方法。

➤ 学习松紧腰头的缝制方法。

➤ 学习抽绳腰头的缝制方法。

➤ 学习贴边腰头的缝制方法。

➤ 学习串带的缝制方法。

➤ 学习内嵌束腰带的缝制方法。

➤ 学习连衣裙腰缝的缝制方法。

➤ 学习外贴抽绳管的缝制方法。

重要术语及概念

服装腰线处必须缝制平整服帖，保证穿着舒适。腰头和腰线的处理可以保持服装位于身体上适当的位置。腰线处可以采用下述腰头款式进行处理。

➤ **直腰头**：由一个直条对折后制成。直腰头位于人体的自然腰线之上，在完成半身裙或裤子的其他工艺之后，再绱直腰头。直腰头应合体，但需加放约2.54cm（1英寸）的松量，以免过紧。

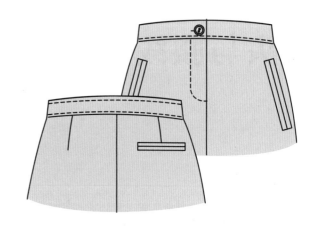

➤ **弧形腰头**：位于人体的自然腰线之下，所以弧形腰头纸样是与人体腰臀间曲线相匹配的弧形纸样。缝好弧形腰头后，按照与直腰头相同的方法绱在服装上。

➤ **贴边腰头**：使用一个单独的贴边，通常宽度为6.35cm（2½英寸）。为了做净腰线边缘，在半身裙的腰线毛边处会缝制一个贴边。这样做可以使服装的腰线保持在人体的自然腰线处。

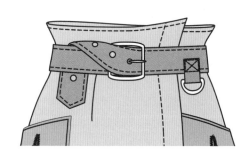

➤ **松紧腰头或抽绳腰头**：可以将松紧带或抽绳缝在衣身腰口贴边上，也可以缝在与服装腰口尺寸相同的单独腰头上。不管腰头是单独的还是与衣身连为一体的，都需要缝合抽绳管，以便松紧带或抽绳可以穿入。采用松紧带或抽绳设计，可以确保服装从人体臀部自如穿过，而穿着时服装在腰部又会回复到合体的状态。

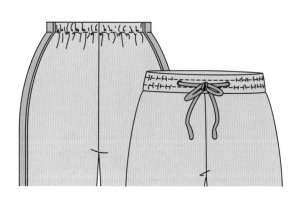

内嵌束腰带：缝制在晚礼服或正装裙腰部反面缝份的外面，用于稳定腰线区域造型，为腰线提供额外的支撑，并缓解拉链处的拉力。

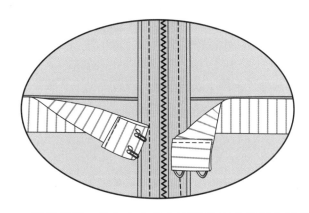

腰线接缝：需在上衣身和下裙身完全缝好之后缝合，但是需在绱拉链之前缝合。上衣身和下裙身的接缝位置可以改变，根据服装设计的不同，腰线接缝可以位于：

➤ 人体的下胸围线处（如帝政风格的服装）。

➤ 人体的自然腰线处。

➤ 人体的腹围线处。

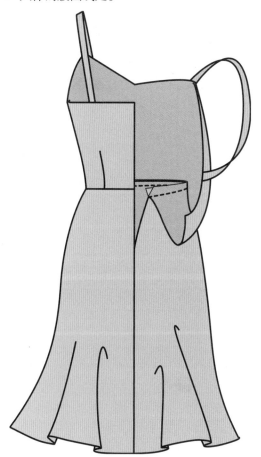

传统直腰头

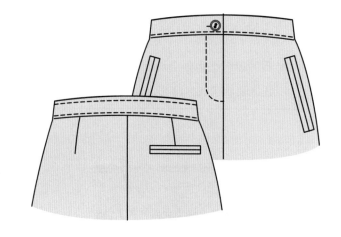

　　传统直腰头采用对折的直条制成。为了使腰头长度保持稳定，腰头的长度方向采用经纱方向。腰头敷衬可以确保其外观平整且合体。

　　这种腰头位于人体的自然腰线之上，直腰头应合体，但需加放约 2.54cm（1 英寸）的松量，以免过紧。

① 在腰头反面敷衬，黏合衬的宽度 =1/2 腰头宽度 +1.27cm（1/2 英寸）。

② 将腰头正面相对，沿腰头长度方向对折。

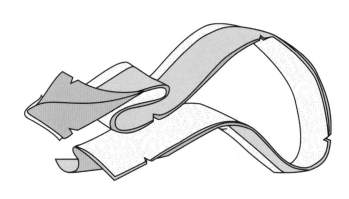

③ 按照适当的缝份将腰头一端的短边缝合，并将另一端的里襟勾好。修剪拐角和缝份。

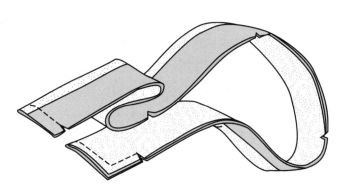

④ 将腰头的正面翻出，烫好。

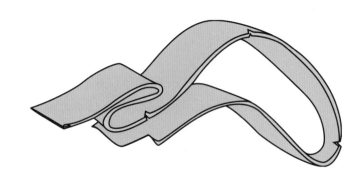

⑤ 将裙身反面朝上，将未敷衬的腰头（仅一层）正面与裙身反面用珠针固定，在如下位置对位：

➤ 腰头的前中心线与裙身的前中心线对位。

➤ 腰头的侧缝与裙身的侧缝对位。

➤ 腰头的后中心线与裙身的后中心线对位。

    在上述位置对位后，将余量在对位点之间均匀分配。

⑦ 将腰头翻至裙身正面。将腰头敷衬一侧用珠针固定（缝份扣折），盖住前一条缝合线。

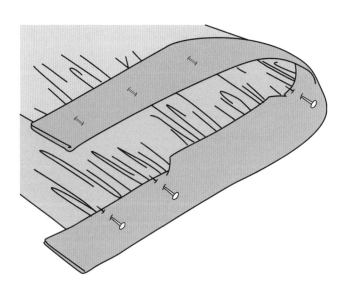

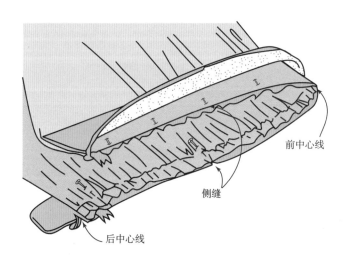

前中心线

侧缝

后中心线

⑧ 看着裙身正面，在腰头上沿扣折的缝份边缘缉边线固定，注意应穿透所有面料层，沿整个腰头长度进行缝合。

⑥ 看着裙身正面，按照所需缝份将珠针固定的裙身与腰头机缝好。

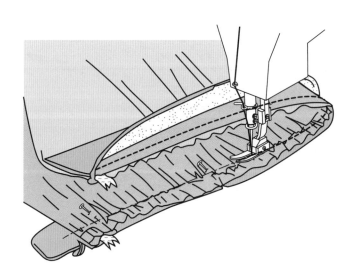

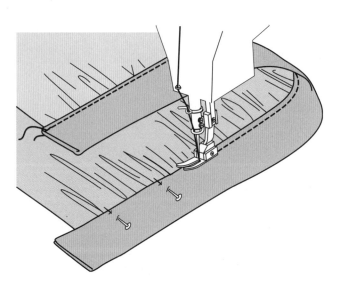

精做直腰头

下面讲解另一种直腰头的制作方法，这种腰头常用于较厚重或较蓬松的面料。腰头外观平整、美观。腰头内侧的毛边用斜绲条包裹。

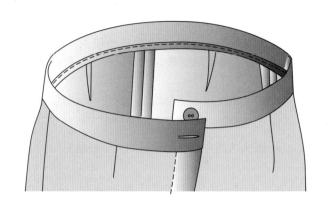

① 在腰头反面敷衬。

② 采用缎料绲条 [成品宽约 0.64cm（1/4 英寸）]，将腰头未敷衬的一侧毛边进行绲边。

注：可以从面料商店购买缎料绲条。

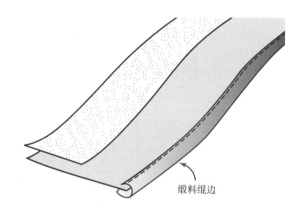

缎料绲边

③ 将腰头正面相对，沿长度方向对折。

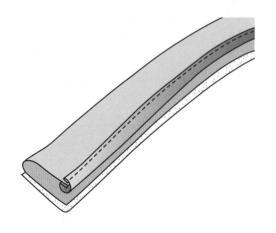

④ 按照适当的缝份，缝合腰头的两条短边。如有必要，修剪拐角处和缝份。

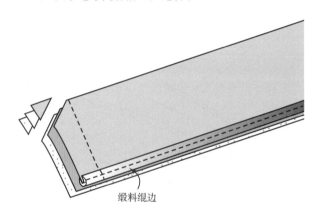

缎料绲边

⑤ 将腰头正面翻出并熨烫。

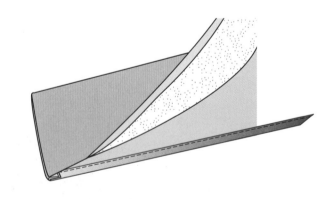

⑥ 将裤身正面朝上，将腰头敷衬的一面与裤身正面相对，用珠针固定，在如下位置对位：

> 腰头一条短边的净缝与裤身里襟边缘对位。
> 腰头侧缝与裤身侧缝对位。
> 腰头后中心线与裤身后中心线对位。
> 腰头另一条短边的净缝与裤身门襟边缘对位。

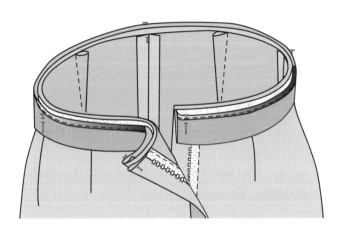

⑦ 将裤身正面朝上，保留适当缝份，将固定好的裤身与腰头机缝。

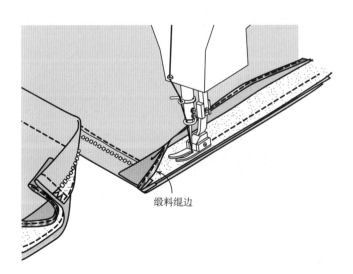

缎料绲边

⑧ 将腰头翻至裤身反面，确保腰头被对折且没有扭曲。用珠针固定腰头，确保平整服帖。

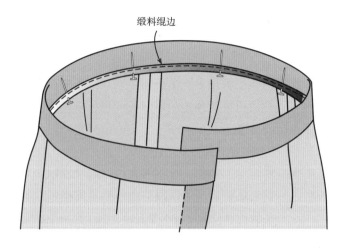

缎料绲边

⑨ 看着裤身正面，在腰头上缉边线，将腰头的内层固定。

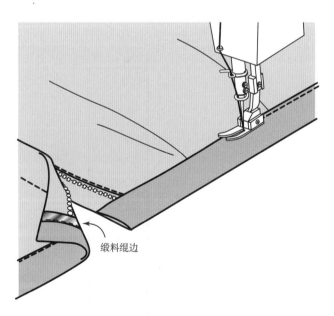

缎料绲边

串带

串带是缝制在腰头上的窄条，用于固定腰带位置。

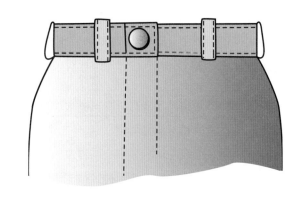

裁料

先将所有串带视为一个整体，先裁剪一个长条并缝制好，然后再按照预定的串带长度将长条裁剪成一个个单独的串带。

A 裁剪一个长条，其长度方向为经纱方向，长条应足够长，足以裁剪所需数量的串带。长条的长度包括所有串带长度之和 [含每个串带需加的 2.54cm（1 英寸）缝份]。

B 长条的宽度 = 单个串带成品宽度的两倍 + 缝份 1.27cm（1/2 英寸），长条宽度至少为 3.81cm（1½英寸）。

① 沿长条的两条长边，向内各扣烫 0.95cm（3/8 英寸）。沿长度方向对折长条，注意长条反面相对。

② 如下图所示，沿长条两长边缉边线。

③ 按照预定的串带长度裁剪一个个单独的串带。

注：每个串带的长度 = 腰头宽度 + 松量与缝份 2.54cm（1 英寸）。

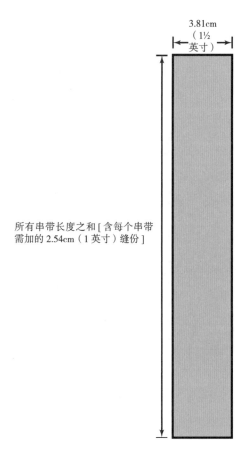

3.81cm（1½英寸）

所有串带长度之和 [含每个串带需加的 2.54cm（1 英寸）缝份]

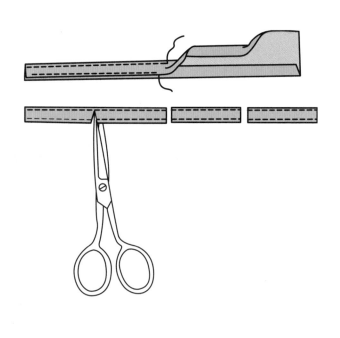

4 将串带有缝份的一面朝上，用珠针固定在裤身上，对齐裤身腰口处的毛边。

5 在前裤身和后裤身上将串带均匀定位。

6 将每个串带缝在裤身上，再将腰头绱在裤身上（参阅本章第328 ~ 331页"传统直腰头"和"精做直腰头"的相关内容）。

注：通过改变串带的款式，可以轻松改变裤子的风格。用一粒扣固定的宽串带是一种比较流行的款式。

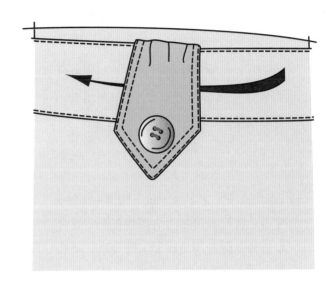

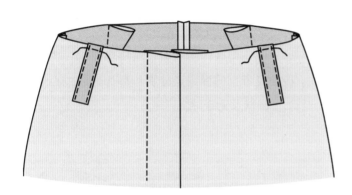

7 完成腰头的相关工艺。将串带向上熨烫并放在腰头上，将毛边折回 0.95cm（3/8 英寸）后与腰头的上口线对齐。确保腰带可以穿过每个串带。在每个串带上缉明线。

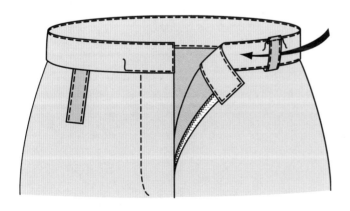

松紧腰头

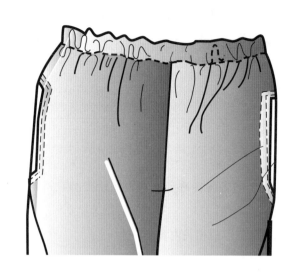

松紧腰头采用两倍腰头宽度的面料制成。松紧腰头缉在裤子或半身裙上，可以确保裤子或半身裙从臀部自如穿脱。

有时，会用松紧腰头替代直腰头。请按照下述方法准备松紧腰头，以确保松紧带不拧。使用1.91cm（3/4英寸）宽的松紧带效果最佳。

① 裁剪松紧带，其长度＝成品腰围－2.54cm（1英寸）。将松紧带的两端搭接在一起缝合固定。对折松紧带并用笔标记二等分点，继续对折再标出两个四等分点。

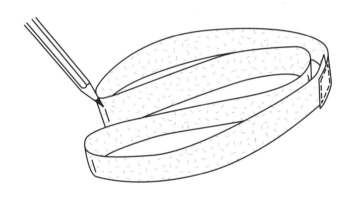

② 将松紧带沿裤身腰口毛边向下0.64cm（1/4英寸）处定位。用珠针将松紧带与裤身固定。将上一步松紧带上的标记点分别与裤身的前中心线、后中心线及侧缝对位。

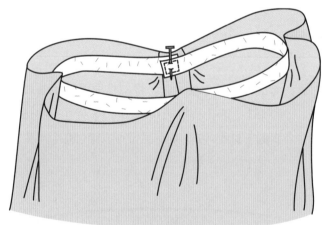

③ 将松紧带拉伸至与腰口长度一致，用之字缝将松紧带固定在腰口处。请参阅第六章第102页"缝松紧带"。

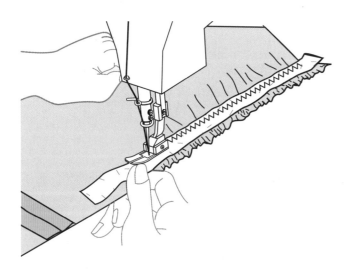

④ 沿折叠线（松紧带下沿）将腰部向裤身反面翻折。

⑤ 将松紧带尚未缝合的 0.64cm（1/4 英寸）缝份扣折。将腰头拉平并沿折边线之字缝固定松紧带。

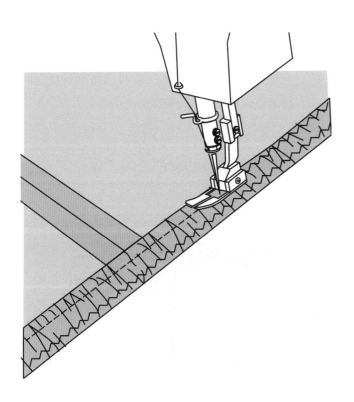

穿松紧带的缝制方法

针对以上最后几步操作，也可以采用另一种缝制方法，即：将腰口的缝份扣折，并沿折边线机缝，预留 2.54cm（1 英寸）的小口暂不缝合；裁剪松紧带，其长度＝成品腰围－2.54cm（1 英寸）；在松紧带的一端别上安全别针，将松紧带穿进腰头里；将松紧带从尚未缝合的小口处拉出；将松紧带的两端搭接在一起缝合固定；调整松紧带在腰头里的位置直至合适，将小口缝合。

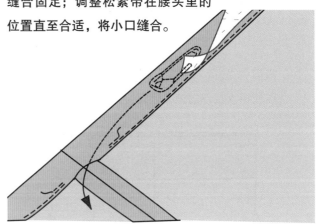

抽绳腰头

缝制抽绳腰头时，在腰部中间缉缝两条线以形成抽绳管。在服装表面的适当的位置做气眼，以便带子或绳子可以穿入两条缝线之间的抽绳管。

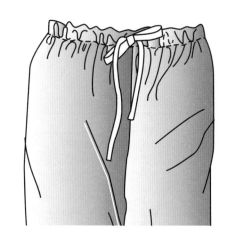

① 裁剪一条带子或绳子，其长度为腰围的两倍，以便穿入腰部的抽绳管。

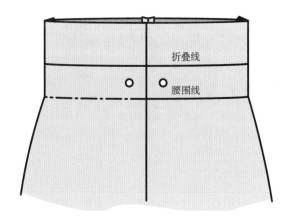

② 机锁气眼，或者安装塑胶材质或金属材质的气眼。气眼位于前中心线两侧、抽绳管的中间，气眼距离前中心线 2.54cm（1 英寸）。

③ 对腰口外部的缝份，可以缉边线、锁边或扣烫。

腰口外部 0.64cm（1/4 英寸）缝份

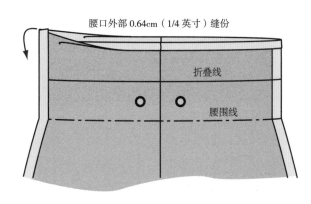

④ 沿折叠线刀口将腰部向下折叠。沿初始的腰围线缝合固定腰头。

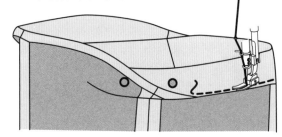

⑤ 在抽绳管上缉明线，注意应在抽绳通道的中间缉缝两条间距 0.95cm（3/8 英寸）的平行线。

⑥ 穿绳。从一个气眼穿入，穿过两条平行线之间的通道，从另一个气眼穿出。

⑦ 将腰头的褶量分配均匀。

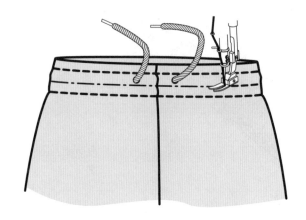

贴边腰头

　　贴边腰头使用一个单独的贴边，其形状与腰口区域形状一致。贴边平整服帖地位于衣身反面。为了做净腰线边缘，在半身裙或裤子的腰线毛边处会缝制一个贴边。这样做可以使服装的腰线处平整服帖，不反吐。

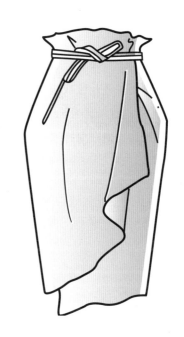

1　在贴边上敷衬。

2　将贴边的侧缝缝好。

3　将贴边的下边缘向上扣折 0.64cm（1/4 英寸）或锁边。

6　将贴边翻至衣身反面，烫平。

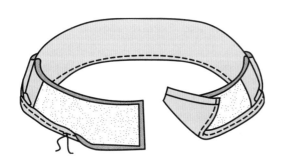

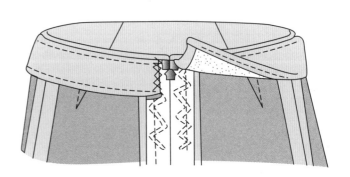

4　将贴边与衣身的腰口用珠针固定并缝合。

5　将腰口缝份暗缝在贴边上。

用罗纹织带替代贴边的方法

　　罗纹织带可以用来替代弧形贴边。在较厚重的面料上使用织带可以减少面料堆积。

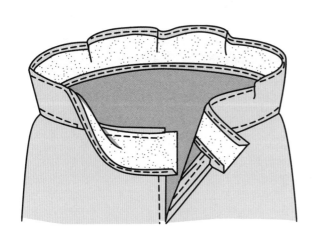

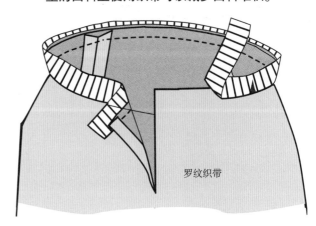

罗纹织带

内嵌束腰带

内嵌束腰带缝制在晚礼服或正装裙腰部反面缝份的外面，用于稳定腰线区域，为腰线提供额外的支撑，并缓解拉链处的拉力。内嵌束腰带通常采用罗纹织带或定型衬制成。

束腰带也可以用于防止腰缝拉伸，对于这种用途，制作时应先将织带与腰缝缝合，再绱拉链，此时无须使用风钩和环扣。

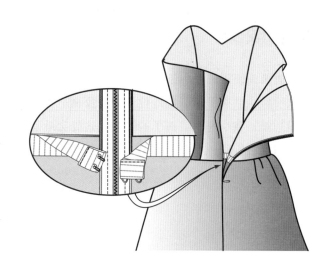

① 裁剪织带或定型衬，长度＝成品腰围+5.08cm（2英寸）。

② 将织带的两端分别折回1.91cm（3/4英寸）并机缝固定。

③ 在织带或定型衬的两端分别钉缝两个风钩和环扣。

④ 将织带或定型衬的两端分别与拉链的中心线对位，放在腰缝上。将风钩和环扣面向拉链。

⑤ 从距离拉链5.08cm（2英寸）处开始，将织带或定型衬机缝或手缝至腰缝的缝份上。

注：如果连衣裙没有腰缝，则将织带或定型衬置于腰线部位，将其与省道、侧缝以及公主线（如果有的话）处的缝份机缝。

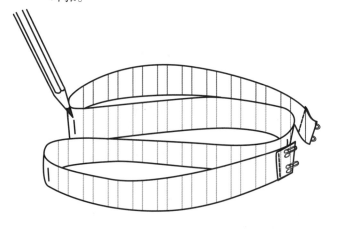

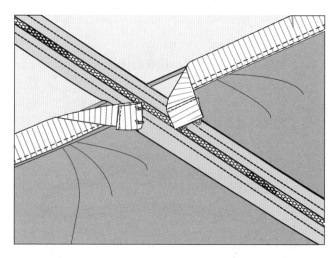

连衣裙腰缝

连衣裙腰缝的位置并不固定，会根据服装款式有所改变。连衣裙的腰缝可能在胸部，也可能在腰部或臀部。通常，将上衣和下裙分别缝制完毕后，再进行腰缝的连接。处理完腰缝之后再将拉链缝到衣身上。

注：连接腰缝前，应先检查上衣和下裙的合体度，如有调整应在此时进行。

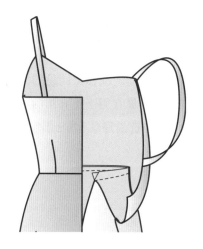

① 将上衣正面朝上，将下裙与上衣正面相对，用珠针将上衣与下裙固定。在如下位置对位：

➢ 上衣的前中心线与下裙的前中心线对位。
➢ 上衣的侧缝与下裙的侧缝对位。
➢ 上衣的后中心线与下裙的后中心线对位。

　　准确对位后，将余量均匀分配并用珠针固定。

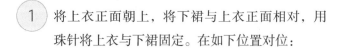

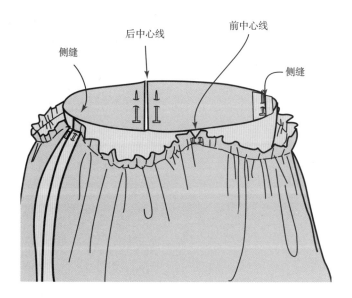

② 将上衣反面朝上，按照适当的缝份将上衣和下裙机缝在一起。保持毛边平整服帖，从开口的一端开始，缝至开口的另一端。

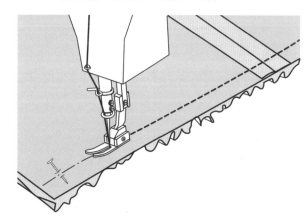

③ 仔细熨烫缝份，使其倒向上衣。

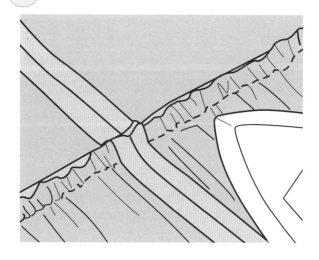

用于系扣或穿带的线襻

线襻采用与缝线或扣眼同色的多股线，缠绕后手工编制成链。线襻常用于连衣裙的腰部，也可以用于领口处的后中拉链或开口上方，作为隐藏的纽襻环。

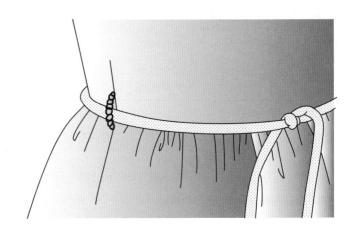

① 剪一根长约182.88cm（72英寸）的线，并将其对折。将对折处的线头穿过针孔，直至与另一端线头对齐，形成四股线。将四股线一块打结。

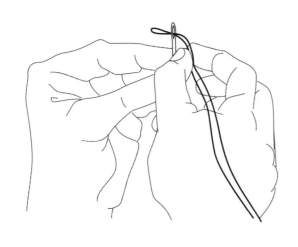

② 在需要形成线襻的位置，从裙身的反面入针，并从裙身正面穿出。

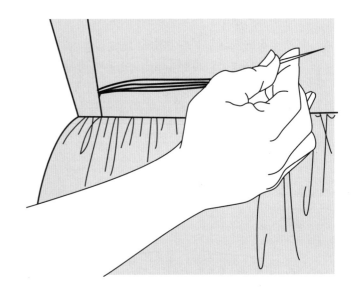

③ 在裙身正面线根处缲缝，形成一个线环。

⑤ 捏着缝线穿过这个线环，然后拉紧，使原来的线环闭合形成链结。如此反复循环直至达到所需链结的长度。

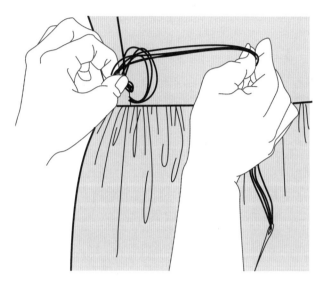

④ 用左手拇指和一根手指撑开这个线环，并捏住缝线。

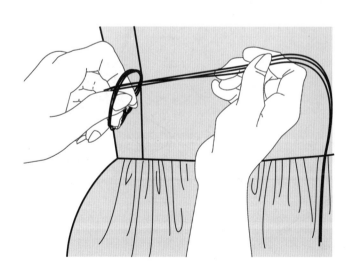

⑥ 将针穿过最后一个线环并收紧，然后穿过裙身至反面，缲缝打结。

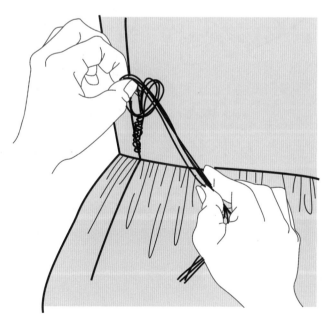

外贴抽绳管

外贴抽绳管用于穿绳或穿带（如织带、细实心带或松紧带）。这种方法常用于连衣裙、女衬衫或夹克的束腰。

抽绳管长度取决于成品服装上所需要的抽绳管长度。宽度通常为 3.81 ~ 5.08 cm（1½ ~ 2 英寸）。有时会使用提前备好的斜纹织带。

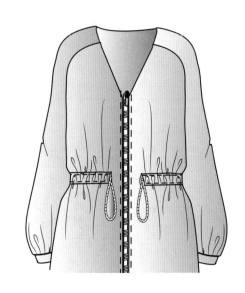

(1) 扣烫所有缝份（包括抽绳管长度方向及宽度方向的所有缝份），熨烫平整。

(2) 将抽绳管反面与衣身正面相对，用珠针固定。

(3) 缉明线，将抽绳管与衣身固定。缝好后将绳穿过抽绳管。

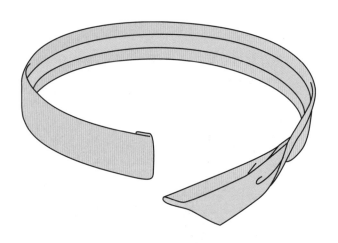

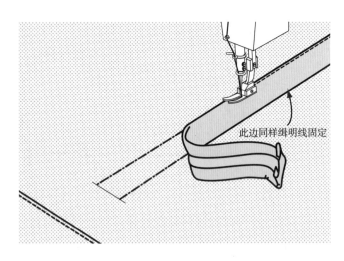

此边同样缉明线固定

第二十一章

底边

第二十一章 学习目标

通过阅读本章内容，设计师可以：

➤ 选择与衣身设计相匹配且美观的底边处理方法。

➤ 确定所需的底边位置。

➤ 学习底边的不同缝制方法。

➤ 学习密包底边的缝制方法。

➤ 学习勾底边的缝制方法。

➤ 学习勾底边（斜接缝）的缝制方法。

重要术语及概念

底边：指服装的下边缘，经过处理后可以防止毛边脱散。底边的处理方法包括：

➤ 向内折边，再用手缝固定。

➤ 向外折边，作为装饰细节。

➤ 不折边，用装饰线迹处理，例如采用密包形成小荷叶边效果。

底边缝份：指半身裙、连衣裙、女衬衫的底边以及裤口、袖口加放出来的量，将缝份扣折后可以采用合适的线迹进行处理。

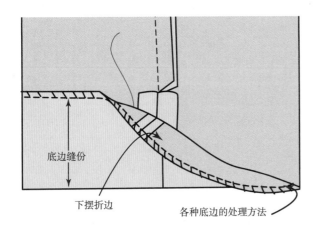

各种底边的处理方法

底边线：一条特定线，沿底边线可以将底边折叠、加贴边或做其他处理。

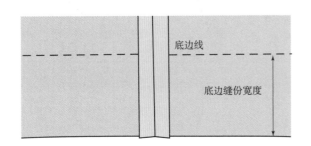

固定底边：采用手缝、机缝或胶带进行固定。

➤ 采用手缝将底边固定在服装反面，从服装表面看不到固定线迹，操作时，可使用多种线迹。

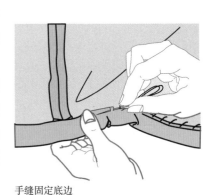

手缝固定底边

➤ 采用机缝将底边固定在服装反面，从服装表面能看到固定线迹。

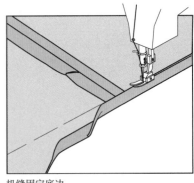

机缝固定底边

➤ 采用胶带代替机缝或手缝，黏合固定底边。

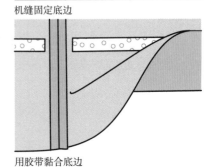

用胶带黏合底边

底边毛边处理方法

底边毛边可以使用多种方法进行处理。有时可以使用专门机器以模拟手缝效果。

下面罗列了一些常用的底边毛边处理方法：

➤ 将针织面料或褶皱面料拉伸后进行锁边，可以形成不用折边的装饰性小荷叶边效果。

➤ 用单独的一块面料作为贴边。

➤ 绲边处理。

➤ 在底边外边缘进行密包处理，形成非常窄的密包线迹。

➤ 用蕾丝、斜绲条、接缝压胶条或网纱进行装饰性处理。

➤ 在底边进行细且窄的卷边，并在卷边中插入细长的塑胶条（如鱼骨），形成加线底边。

➤ 对于西装及采用疏松的机织或针织面料制成的服装，其底边可以敷衬。

➤ 对于细薄、精细的面料，可以先用手将底边卷边，再用细密的手缝线迹固定。

注：关于底边的各种手缝、机缝和锁边方法，请参阅第六章第 103 ～ 104 页"底边缝法"。

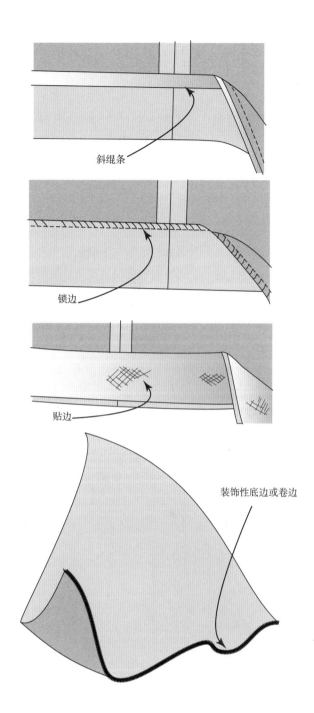

斜绲条

锁边

贴边

装饰性底边或卷边

标记和翻折底边

对于半身裙、连衣裙、女衬衫的底边以及裤口、袖口等，其毛边经过处理后，可以用手缝或机缝线迹固定到位。选择底边的处理方法可根据面料种类和服装设计而有所不同。

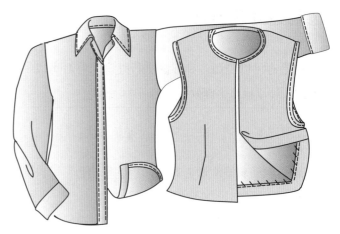

① 衣长取决于当季流行、服装风格以及个人喜好。自己先确定底边距离地面的高度，然后借助测量工具（如尺子）从地面往上测量同一高度，以此标记底边线的位置，确保底边线平行于地面。如果服装制作不够精良，或者测量时站姿弯曲，那么底边线将与地面不平行。请参阅本章第347页"提示"。

② 确定底边线的位置后，继续向下测量底边需折边的宽度，通常是2.54 ~ 3.81cm（1 ~ 1½英寸）。裁掉多余的面料。

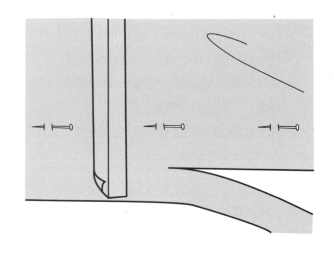

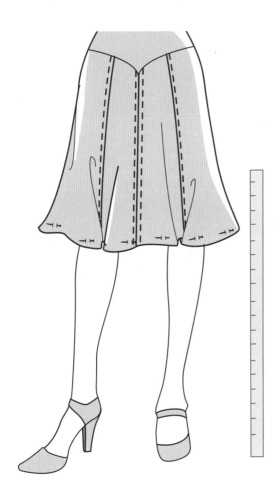

③ 对底边毛边进行处理，以免纱线散脱。可以缝斜绲条，也可以将毛边向里扣折0.64cm（1/4英寸）并缝住，还可以对毛边进行锁边或手缝毛边。

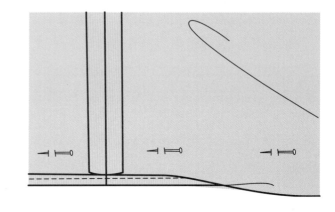

④ 将衣身反面朝上，将底边向上扣折至所需位置。用珠针固定。

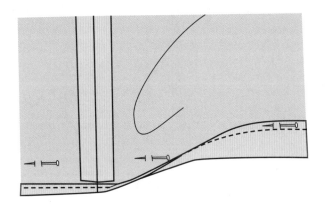

⑤ 选择一种合适的底边缝法将底边缝制到位。请参阅第六章第 103 ~ 104 页"底边缝法"。

注：如果服装廓型为 A 型，则需要减少底边堆积的面料量。操作时，先将服装底边外边缘皱缩，然后再进行相关处理。请参阅第六章第 99 页"皱缩"。

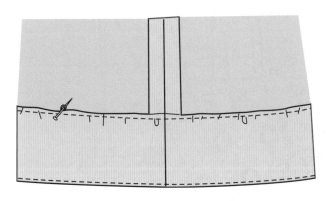

⑥ 缝好底边后，将底边熨烫到位，确保从服装里侧看，底边也整洁、平整。

注：为了避免从服装正面看到底边的折痕，熨烫时应在底边和衣身之间垫一张纸或一块面料。

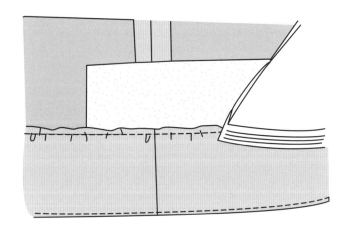

提示：

评估半身裙的悬垂效果和腰线形态

腰线的形态决定半身裙的悬垂效果。前腰线应呈下落状态。如图所示，采用立裁法再次调节腰线区域，以使半身裙呈竖直状态。这种方法可以重新对腰线准确塑形，并可确保半身裙底边线与地面平行。

将人字织带紧紧地缠在人台腰线处。上下调节腰部直至半身裙底边线与地面平行。重新对腰线塑形并标记，以使其与人台的腰部匹配。

密包底边

　　密包底边是一种使用包缝机完成的独特缝法。这种底边缝法用于做净半身裙或连衣裙的底边、围巾或手帕的毛边，可呈现出光滑的外观。

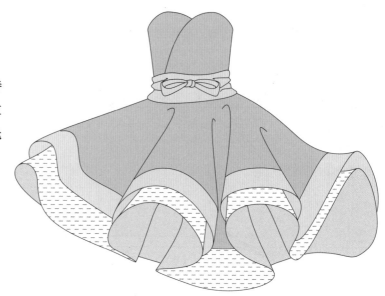

　　采用家用包缝机进行密包，需要专门设置；而服装工业生产时，可以直接使用工业包缝机进行密包。

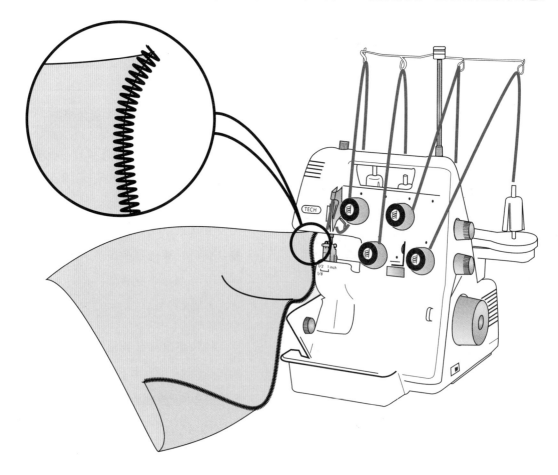

勾底边

　　勾底边用于系扣服装前贴边与底边相接处的底边拐角，女衬衫、连衣裙、夹克或半身裙均可采用。采用这种方法可以自动将服装的底边翻折到位。

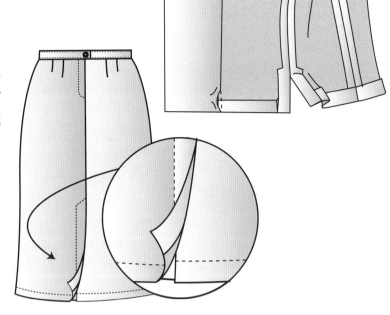

（1）沿止口线将贴边向裙片方向翻折，贴边与衣片正面相对。

（2）在所需底边位置将贴边与衣片机缝固定。

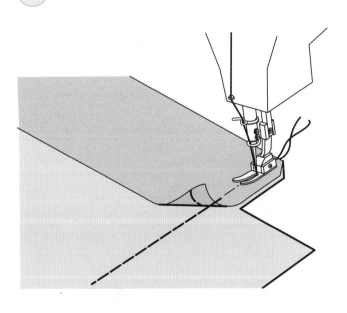

（3）修剪拐角处的缝份，将贴边翻至衣片的反面。

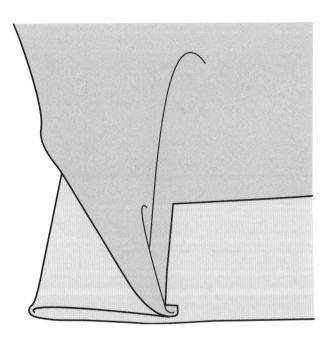

勾底边（斜接缝）

勾底边（斜接缝）用于有斜向接缝的底边拐角。马甲、桌布和餐具垫都可采用这种缝法。

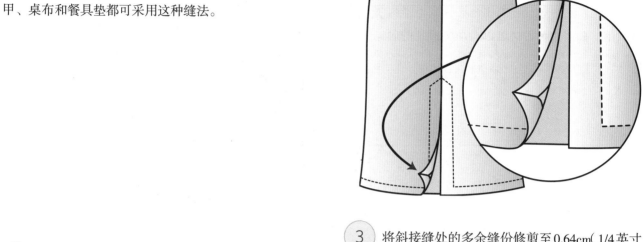

① 扣折底边和贴边的缝份，将拐角处的缝份斜向对齐，形成斜接缝。确保缝份正面相对。

② 将拐角处的接缝斜向缝合。

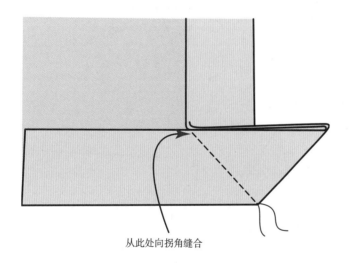

从此处向拐角缝合

③ 将斜接缝处的多余缝份修剪至0.64cm（1/4英寸）。将缝份劈缝熨烫。

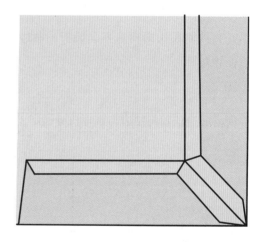

④ 将底边缝份翻至衣身反面。选择适当的缝法继续完成底边。

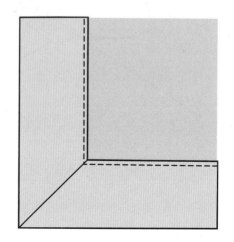

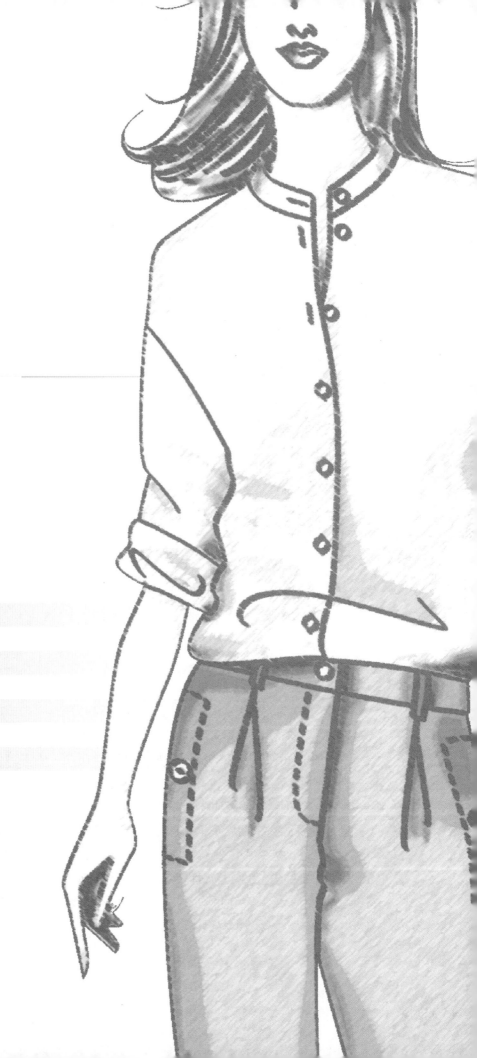

第二十二章

服装闭合件

重要术语及概念

闭合件：用于连接服装开口、使其安全闭合的配件。闭合件具有多种设计用途，兼具功能性与装饰性。可以将闭合件作为服装的设计焦点，增强服装的整体造型。闭合件的选择取决于服装的设计、用途、护理以及面料的种类和薄厚。

闭合件包括以下类型：

➤ **纽扣**：具有三维立体形态，可以用天然材料或非天然材料制成，例如珍珠、木头、骨头、纤维、面料、玻璃、珠宝、塑料、铁和其他金属。纽扣外面可以包覆面料或其他材料。纽扣的尺寸和形状丰富多样，主要有两类纽扣：

- **带孔纽扣**：这种纽扣有两孔或四孔，钉扣时用缝线穿过纽孔将纽扣钉在服装上。

- **带柄纽扣**：这种纽扣下方有一个纽柄，纽柄通常采用金属、面料、塑料或线环等制成，钉扣时用缝线穿过纽柄将纽扣钉在服装上。

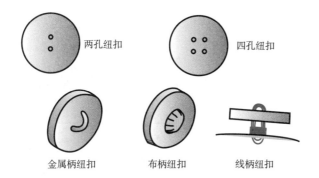

两孔纽扣　　四孔纽扣

金属柄纽扣　　布柄纽扣　　线柄纽扣

- **带扣**：尺寸和形态丰富多样，用于固定扣襻或带子。

- **风钩和环扣**：尺寸和形态丰富多样，用于固定服装。

- **尼龙搭扣**：由两层机织尼龙织带组成，一层是钩面，另一层是绒面。当两层"搭"在一起时，就会"扣"住。尼龙搭扣的尺寸、形态和色彩丰富多样。

- **按扣**：呈圆片状，由公扣与母扣组成，公扣中间凸起一个圆球，母扣中间凹进一个插孔。按扣的尺寸丰富多样，用于服装形成平整的闭合效果。

- **金属气眼**：是一种小的金属圆眼，开口直径约0.64cm（1/4英寸）。金属气眼和饰带一起使用，也可以作为服装的设计细节。

- **拉链**：用于开合服装的配件。拉链由金属齿牙或塑料齿牙组成，通过拉链牙互相咬合完成闭合（参阅第十二章"拉链"）。

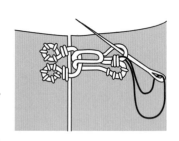

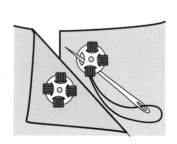

扣眼

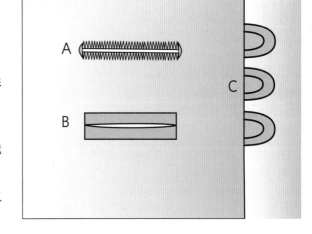

扣眼：指经过处理的开口，其尺寸可以容纳纽扣穿过。扣眼可以用于任何搭接处的边缘，例如袖头、腰头、女衬衫等。扣眼分为三种类型：

A　机锁扣眼：使用缝纫机附带的锁眼器或者之字缝线迹完成。

B　绳边扣眼：用单独的嵌线布制成。做好绳边扣眼之后再做贴边。

C　纽襻环：用管状物、线襻或带子制成，放置在服装边缘外侧，不需要搭门。

确定扣眼位置

女装、女童装的扣眼通常开在右手边，男装、男童装的扣眼通常开在左手边。扣眼一般是横向，但是衬衫例外，为纵向。

有一些缝纫机自带锁眼器，务必参阅缝纫机提供的手册进行正确操作。扣眼也可以使用缝纫机的之字缝线迹完成。

纸样上建议了扣眼的位置，可以根据服装设计进行调整。

使用划粉，在前中心线上为横向或纵向的扣眼标记纽扣直径。

横向扣眼：从距前中心线0.32cm（1/8英寸）处（靠近门襟止口处），向侧缝方向开口（开口长度为纽扣直径），形成扣眼。

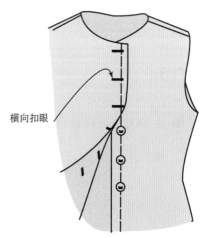

横向扣眼

纵向扣眼：位于衣片或门襟的前中心线上（不在边缘线上）。扣眼间距取决于服装设计。

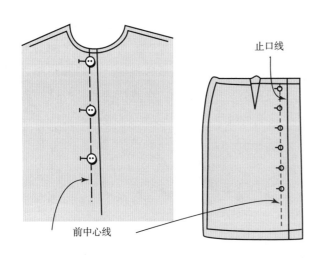

止口线

前中心线

纽扣

确定纽扣位置

纽扣与扣眼应当尺寸匹配，这非常重要，可以防止服装产生扭曲或牵拉。

从领口或衣身上端开始，沿着前中心线标记扣位。先用珠针将衣身闭合；再将一根珠针穿过扣眼的中心；然后在钉扣的里襟上，将珠针插入的位置标记为扣位。

> **提示：**
>
> 使用定位规可以快捷简易地定位纽扣、扣眼和褶裥。这种可伸缩的定位规可以按照所需的间距定位。

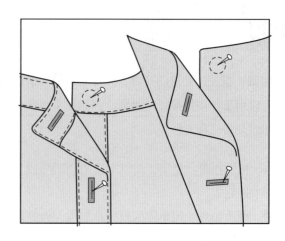

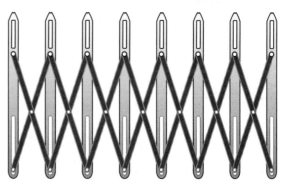

钉带孔纽扣

钉带孔纽扣的时候需要缝出一个线柄，以防止拽紧服装。

① 将缝线从反面穿过一个扣孔，再从正面穿过另一个扣孔，并插入面料。重复进行这步操作，直至缝线穿过所有扣孔。

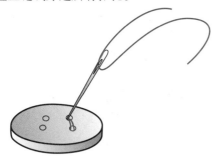

② 将一根珠针别在纽扣正面的缝线中间。重复进行第①步的操作数次。

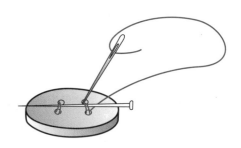

③ 拔出珠针，轻轻将纽扣向与衣身相反的方向拉一拉。这样便于后续在衣身和纽扣之间的空隙处做线柄。将缝线紧密地缠绕衣身和纽扣之间的空隙，形成线柄。在线柄的底部打结并剪掉多余的缝线。

钉带柄纽扣

带柄纽扣一般作为闭合件用于厚重的服装上，如外套。钉带柄纽扣时也需要缝出一个线柄，与带孔纽扣的线柄缝制类似。

① 在服装的扣位处先缝几针。

② 将缝线穿过扣柄，再穿过面料。缝制扣柄时，保持纽扣远离衣身约一个手指的距离。重复操作约 6 次。

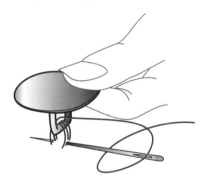

③ 保持纽扣远离衣身，将缝线紧密地缠绕衣身和纽扣之间的空隙，形成线柄。在线柄的底部打结并剪掉多余的缝线。

机锁扣眼

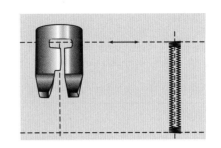

如果缝纫机没有锁眼器，但是可以缝制之字缝线迹，那么也可以利用该缝纫机进行机锁扣眼。将之字缝针板和压脚安装在缝纫机上，并将针距设置为最小针距，之字缝宽度设置为中等宽度。

① 在服装的正面操作，将机针在扣眼的一端插入面料。缓慢地用之字缝沿扣眼的长度方向缝制。完成时将机针处于靠近扣眼开口、插入面料的状态。

④ 再一次抬起机针，将之字缝宽度设置为中等宽度。缝合扣眼的另一边。

⑤ 再一次抬起机针，将之字缝宽度设置为最大宽度。在扣眼的尾端缝制约5次，形成另一个套结。

⑥ 用拆线器或者锋利的剪刀从扣眼中间剪开。

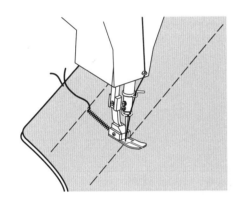

② 保持机针不动，抬起压脚，将服装旋转180°。

③ 抬起机针，将之字缝宽度设置为最大宽度。在扣眼的尾端缝制约5次。这步操作被称为套结。

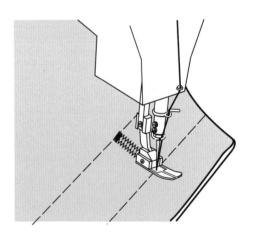

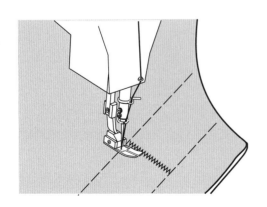

提示：

在服装工业生产时，请使用锁眼机锁眼。这种机器可以先设置扣眼的大小，然后自动锁眼、开眼。

纽襻环

先用斜纱面料制成纽襻管，再以此制作纽襻环。纽襻环放置在服装边缘外侧，不需要搭门。

① 制作足够长的斜纱纽襻管，以便后续将其裁剪、制作成足够量的纽襻环。每个纽襻环的长度应保证纽扣可以穿过，并在其两端留有缝份。请参阅第十章第 157 ~ 159 页"管状细带"。

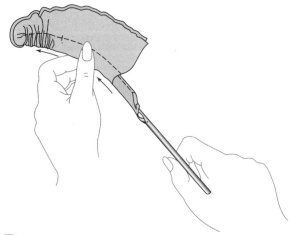

② 将做好的纽襻管放在预定的纽扣位置并弯成环状，计算所需的纽襻环数量。

③ 用一张纸条复制贴边并在纸条上标记缝合线。根据这条线在纸条上再画第二条线，以便显示纽襻环长度。这样可以确保每个纽襻环的尺寸一致。

④ 将纽襻环缝在纸条上。注意，从纸条的上端开始缝制，纽襻环的毛边朝向衣身外边缘，以第二条线为边界放置纽襻环，一次缝一个。

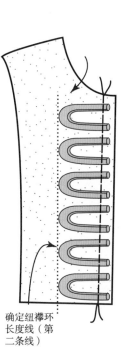

确定纽襻环长度线（第二条线）

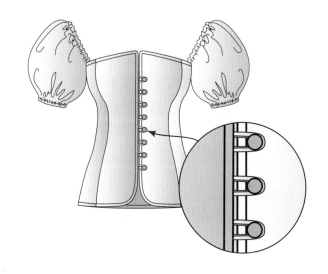

⑤ 将缝有纽襻环的纸条放在衣身正面的上方。将贴边放在纸条上，用珠针固定。

⑥ 沿缝合线缝合所有层。修剪纽襻环的尾端以减少厚度。撕掉纸条。

⑦ 修剪缝份并将贴边翻至衣身反面。烫好贴边，纽襻环呈远离衣身的状态。

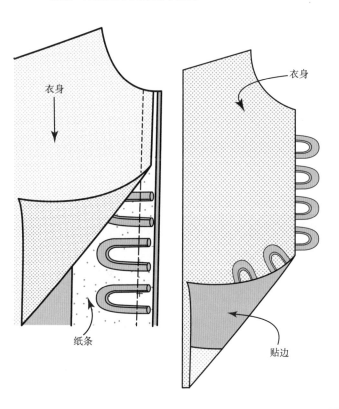

衣身

衣身

纸条

贴边

绲边扣眼

对于品质考究的服装，可以采用绲边扣眼，作为富有特色的服装设计细节。绲边扣眼采用两块嵌线布制成，完成效果是一个方形的开口，嵌线布的面料可以自选。

在服装工业生产中，绲边扣眼由机器自动缝制并在开扣眼后完成。缝制绲边扣眼的方法有多种，此处所示的是其中最简单的一种方法。

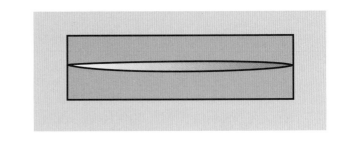

 准备扣眼。

A 裁剪嵌线布，宽度 =5.08cm（2 英寸），长度 = 所需扣眼长度 +2.54cm（1 英寸）。在嵌线布反面敷一块薄型黏合衬，以增加强度。

B 用尺子在衣身正面和嵌线布反面标记所需的扣眼位置。如图所示，标记三条线：一条横线为扣眼中线、两条竖线以确定扣眼长度。

② 缝制扣眼。

A 将嵌线布放在衣身扣眼位置的上面，正面相对。对齐上一步标记的三条线。用珠针固定。

B 将嵌线布的中线对齐扣眼中线，沿这条中线手针绷缝固定。

C 继续手针绷缝两条平行于中线的线，它们与中线分别相距 0.64cm（1/4 英寸），手针绷缝的长度为整个嵌线布的长度。

D 沿外侧绷缝线折叠嵌线布并烫好。距折边线 0.32cm（1/8 英寸）处，缝制长度为扣眼长度的线。起始和结尾处打倒针加固。另一侧也重复这一步操作。.

E 拆掉绷缝线。

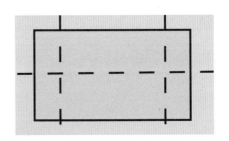

0.64cm（1/4 英寸）

0.64cm（1/4 英寸）

距折边线 0.32cm（1/8 英寸）处缝线

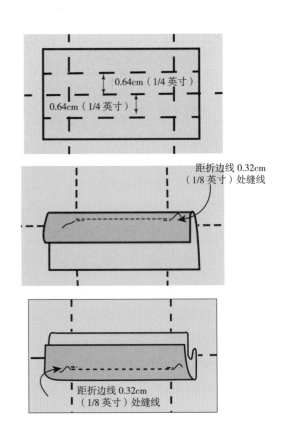

距折边线 0.32cm（1/8 英寸）处缝线

3 剪开并处理扣眼。

   A 从衣身反面沿中线剪开扣眼。打三角剪口至
        拐角处，小心不要剪到缝线。

   B 将嵌线布穿过扣眼，拉到衣身反面。

   C 熨烫嵌线布。折叠处在扣眼中线位置对合，
        形成一个暗褶。将嵌线布对合的两个边缘用
        手针绷缝。

   D 将衣身放在缝纫台上，正面朝上。将衣身折
        回，露出嵌线布的两端和剪开的三角剪口。
        沿三角剪口的根部来回缝合。

   E 在衣身反面熨烫扣眼。拆掉绷缝线。

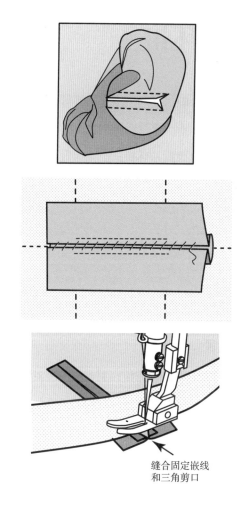

缝合固定嵌线
和三角剪口

4 完成贴边。

   A 如果服装需要贴边，则完成贴边的缝制。给
        贴边敷衬，并将贴边缝在衣身上。将贴边翻
        至衣身反面，并将缝份暗缝在贴边上。熨烫
        到位。

   B 在衣身正面，将每个扣眼的各拐角附近别一
        根珠针。

   C 在珠针之间将贴边沿扣眼中心剪开，打三角
        剪口至拐角处。将毛边折叠藏好并手缝固定。

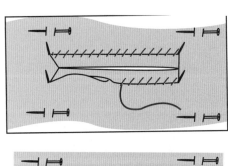

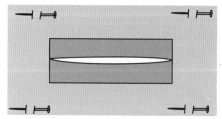

风钩和环扣

风钩　　直环　　圆环

风钩和环扣的尺寸和类型丰富多样。根据闭合的部位与类型，例如腰头或领口的拉链上端，选择适合的风钩和环扣的尺寸与类型。

常规用途的风钩和环扣：环扣为直环或圆环，这也是最常用的类型。

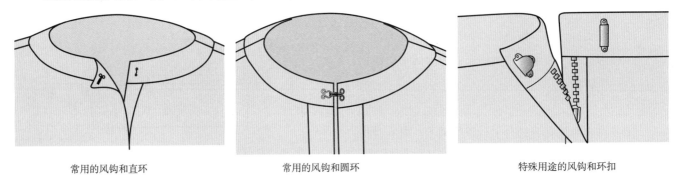

常用的风钩和直环　　　　　　　常用的风钩和圆环　　　　　　　特殊用途的风钩和环扣

特殊用途的风钩和环扣：主要用于腰头。

① 首先，确定风钩位置并锁缝固定。沿风钩一圈缝制，注意在服装的另一面不能露出线迹。

② 闭合服装，根据风钩位置确定环扣的位置，然后将环扣锁缝固定。

尼龙搭扣

无论在男装、女装还是童装中，尼龙搭扣可以作为拉链、纽扣的替代品，还可以用来调节腰围。

尼龙搭扣的宽度和色彩丰富多样。它的一层是钩面，另一层是绒面。当两层"搭"在一起时，就会"扣"住。

① 将尼龙搭扣的钩面放在里襟上。沿钩面的边缘缉边线。

② 将尼龙搭扣的绒面放在门襟上。沿环面的边缘缉边线。

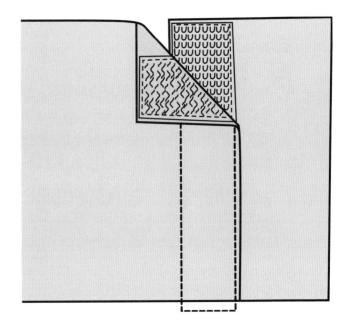

附录A

缝纫指南

直线缝指南

曲线缝和转角缝指南

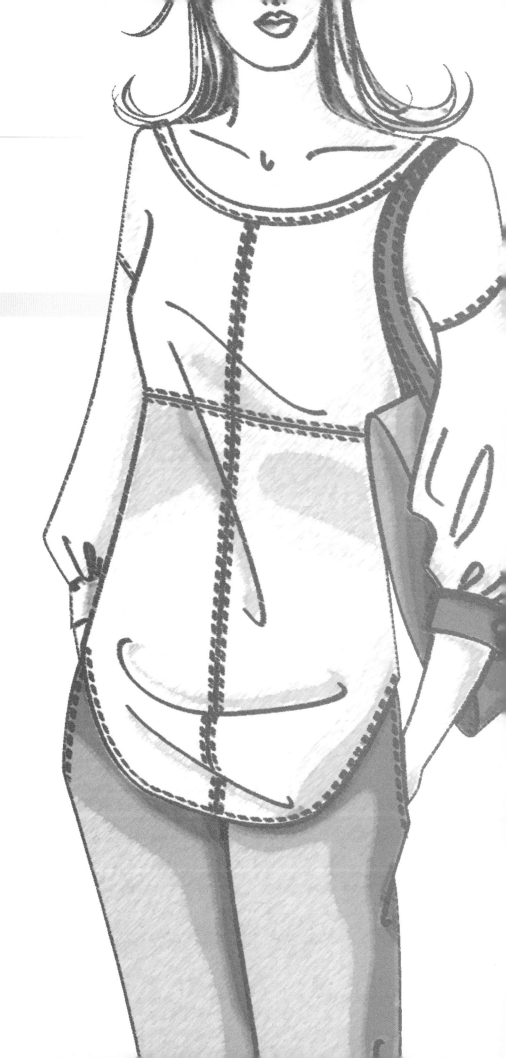

直线缝指南

请参阅第六章的相关内容。

练习1——直线缝

沿每条直线机缝，首尾打倒针。

这张练习纸可以引导初学者学习缝纫机时使用，也有助于学生掌握如下技巧：

➢ 控制面料送入压脚的节奏。如果练习纸撕裂了，则表明练习纸被控制得过紧，未能将练习纸平稳地送入压脚。

➢ 用手控制面料（此处是练习纸）沿着指定线迹机缝。建议练习机缝直线和曲线线迹。

➢ 控制机缝过程的开始和结束。包括打倒针以及如何开始和结束缝制。

曲线缝和转角缝指南

请参阅第七章的相关内容。

练习2——曲线缝和转角缝

沿每条曲线或每个转角机缝，首尾打倒针。

这张练习纸可以引导初学者学习缝纫机时使用，也有助于学生掌握如下技巧：

➤ 控制面料送入压脚的节奏。如果练习纸撕裂了，则表明练习纸被控制得过紧，未能将练习纸平稳地送入压脚。

➤ 用手控制面料（此处是练习纸）沿着指定线迹机缝。建议练习机缝直线和曲线线迹。

➤ 控制机缝过程的开始和结束。包括打倒针以及如何开始和结束缝制。

➤ 改变机缝方向。例如转角处的缝制。

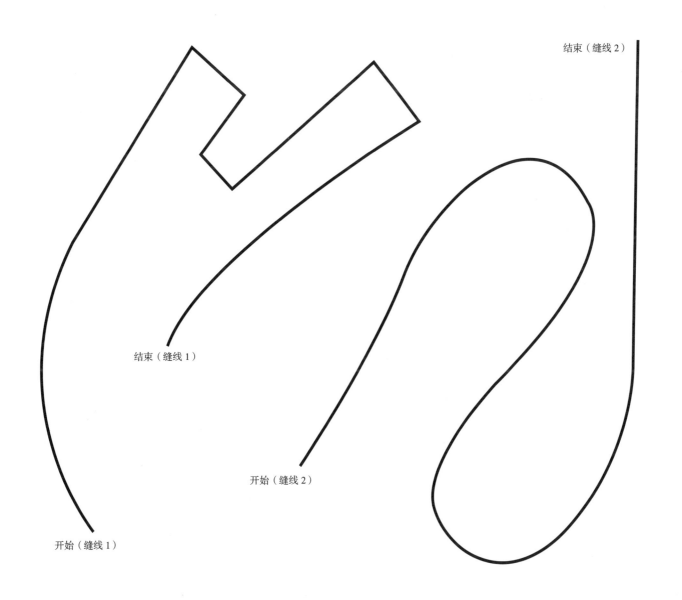

结束（缝线2）

结束（缝线1）

开始（缝线2）

开始（缝线1）

附录B

纸样

接缝

请参阅第七章的相关内容。

接缝：指将两块或多块裁片对齐后缝合。应当根据面料、服装类型及接缝位置，选择合适的接缝类型。在各类服装中，通常反复运用平缝和封闭的接缝，许多服装中还可能运用更富装饰性的接缝类型。

请采用此处纸样裁剪机织面料，练习以下接缝类型：

> ➢ 平缝。
> ➢ 绷缝。
> ➢ 来去缝。
> ➢ 暗包缝。

刻度标记线：沿着刻度标记线，有助于缝制平行于边缘的直线，利于初学者学习。刻度标记线通常标示在缝纫机的针板上。这些标记线通常以0.32cm（1/8英寸）为间隔设置有多条，表明了裁片的缝份宽度。

倒针：练习接缝时，应当学会打倒针。倒针用于缝线开始和结束的位置，以加固缝线。

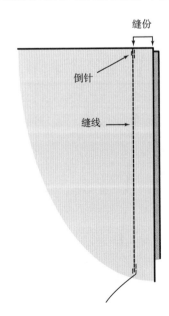

每个接缝练习需裁剪两块面料

锥形省

请参阅第八章的相关内容。

省道： 用于塑造衣身、半身裙或袖子的立体造型，使其平整、服帖、圆顺且合体。请使用此处纸样裁剪机织面料，并将省道标记转移到面料上，缝制示例的省道。

练习缝制省道，有助于学习以下内容：

➢ 如何将省道标记转移到面料的反面。
➢ 如何从服装边缘收掉多余的面料量，省量有各种宽度，省道开口逐渐收于省尖点。

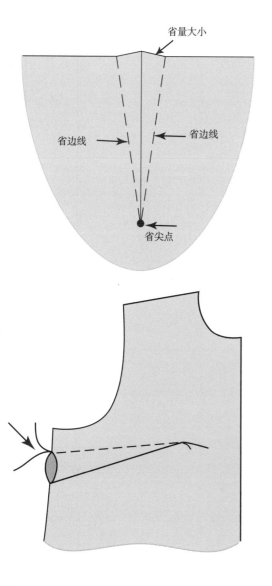

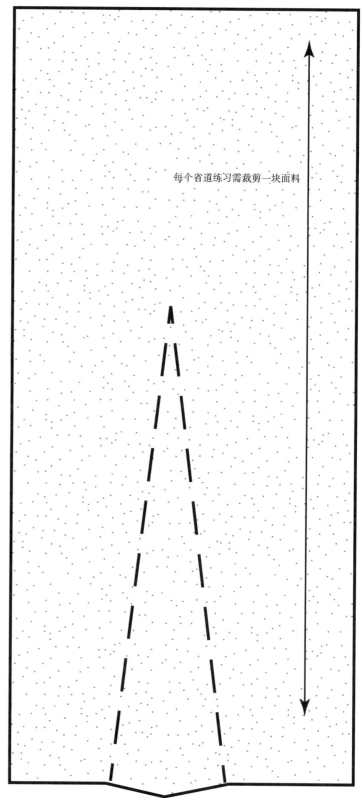

每个省道练习需裁剪一块面料

鱼眼省

请参阅第八章的相关内容。

鱼眼省: 指一种两端都为省尖点的省道,适用于腰部塑形,省道的大小和长度都可以改变。

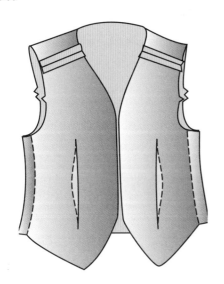

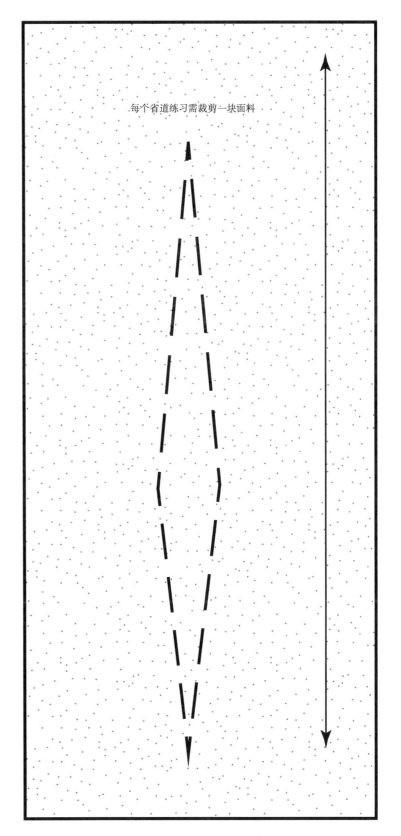

每个省道练习需裁剪一块面料

弧形省和剪开省

请参阅第八章的相关内容。

弧形省：指一种单省，通常用于机织面料制成的束身胸衣或露背吊带紧身衣，可以使服装更加合体。大多数时候，弧形省位于侧缝，也被称为法式省。

剪开省：用于省量大的服装（主要用于服装的前身）。剪掉省道中心线区域多余的量，再缝合省道，可以使省道造型更平顺，避免鼓起。这种省道多用于机织面料制作、省量大的女衬衫、连衣裙。省道缝合后再熨烫。

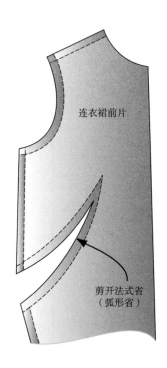

连衣裙前片

剪开法式省
（弧形省）

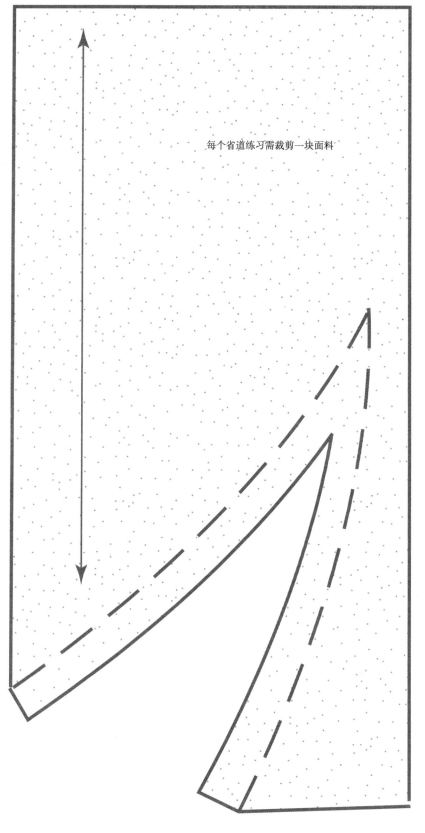

每个省道练习需裁剪一块面料

活塔克

请参阅第九章"活塔克"的相关内容。

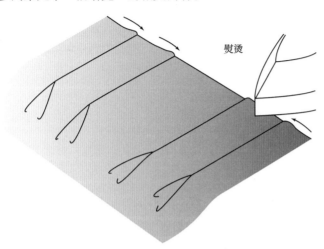

熨烫

活塔克: 指在服装边缘收掉多余的面料量，缉缝至褶裥打开处。

活塔克可以起到既控制某部位松量又增加松量的作用，同时，还可以产生设计效果。活塔克可以用于：

> 特定部位，以保持合适的松量或呈现装饰效果。

> 前衣身的腰线或肩部或前中位置，打开褶裥、释放面料以符合胸部形态。

> 后衣身的腰线或肩部，打开褶裥、释放面料以符合人体曲线。

> 半身裙、长裤或短裤的腰线，为臀部和腹部提供松量。

> 连身服装的腰线，在合体部位的上方和下方打开褶裥、释放面料，以增加松量。塔克可以代替省道，塑造更加自然柔和的效果。

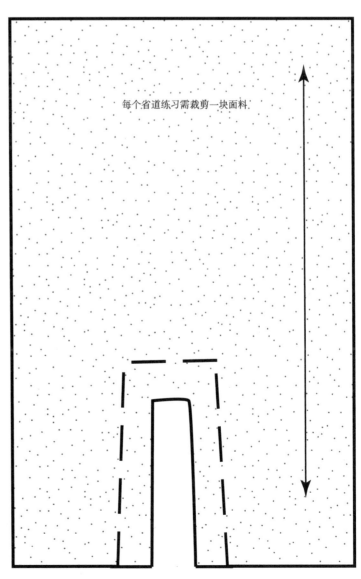

每个省道练习需裁剪一块面料

领口弧线和皱缩

请参阅第十章各种"斜条"的相关内容。

请参阅第六章"皱缩"的相关内容。

领口弧线：领口容易变形，因此需要采用特殊的缝制方法，以保持最初的设计造型，防止变形。防止领口拉伸变形的缝制方法有很多。

请采用此处领口纸样裁剪机织面料，缝制以下斜条，并练习防止领口变形的皱缩方法：

> 斜裁贴边。

> 单斜绳边。

> 法式斜绳边。

皱缩、固定缝或吃缝：适用于服装的一条缝边比与之缝合的另一条缝边略长的时候。为确保缝边平整且无不良皱褶，必须对较长的缝边进行皱缩或吃缝，从而与短的缝边缝合在一起。这种方法可以用来保持衣片的最初造型，防止变形。

皱缩与吃缝通常用于袖山、容易变形的领口弧线、胸围线之上的公主线接缝和微喇裙的下摆折边等。

斜绳边：使用 45° 正斜裁的单斜条或折叠的双斜条（法式斜绳边），将毛边做净处理或修饰。

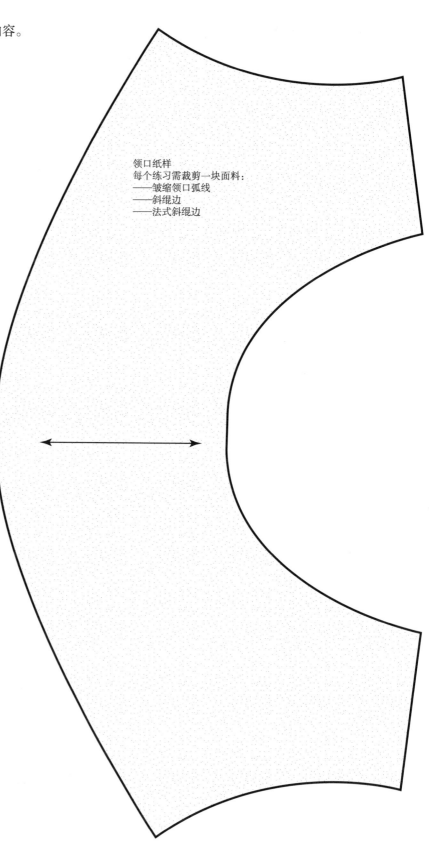

领口纸样
每个练习需裁剪一块面料：
——皱缩领口弧线
——斜绳边
——法式斜绳边

裁剪斜条

斜条是从面料上以45°斜裁（即正斜裁）的布条。斜条用于处理和加固毛边。操作时需要折叠斜条以包住毛边，斜条可以在服装的正反面都显露出来。斜条可以从市场上购买，也可以自己制作。将斜条缝在衣片上，再翻至衣片的反面。斜条可以替代弧形贴边用于服装上，更加省料。

单斜绲边：用于处理和加固毛边，也可以起到装饰服装的作用。通常用于领口、袖口或袖窿边缘以取代贴边。

法式斜绲边：与单斜绲边的最终完成效果是一样的。两者的区别在于，单斜绲边开始的时候是在单层面料上缝制，而法式斜绲边则是先对折，再与面料缝合。单斜绲边适用于大多数面料；而法式斜绲边则适用于薄型织物，不仅可以隐藏毛边，还可以增加操作部位（如领口或袖窿）的厚度。

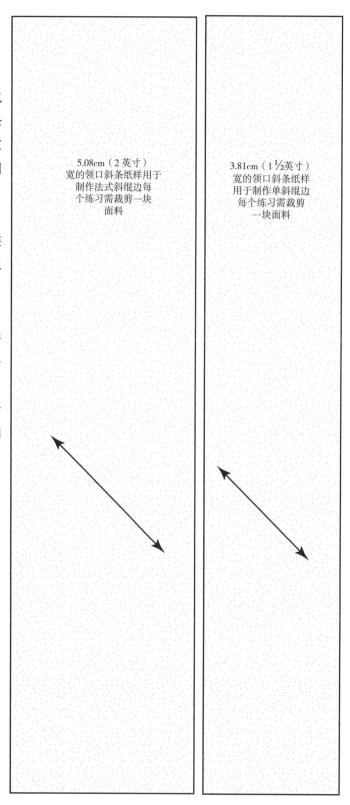

5.08cm（2英寸）宽的领口斜条纸样用于制作法式斜绲边每个练习需裁剪一块面料

3.81cm（1½英寸）宽的领口斜条纸样用于制作单斜绲边每个练习需裁剪一块面料

路轨式绱拉链法和搭门式绱拉链法

请参阅第十二章"路轨式绱拉链法"的相关内容。

请参阅第十二章"搭门式绱拉链法"的相关内容。

初学者应当掌握以下三种绱拉链的方法，这三种方法适用于大多数服装：
➤ 路轨式绱拉链法。
➤ 搭门式绱拉链法。
➤ 门襟连贴边式绱拉链法。

随着你的缝制技能的提高，还应当学习更多绱拉链的方法。缝制每种拉链时，请采用此处纸样裁剪两块面料。用 17.78cm（7英寸）长的拉链练习以下绱拉链的方法：
➤ 路轨式绱拉链法。
➤ 搭门式绱拉链法。

路轨式绱拉链法： 适用于领口、腰口的前中心或后中心接缝处绱拉链。拉链的两侧有距离中心线等长的明线。

搭门式绱拉链法： 将拉链隐藏在面料的折边下面，在服装的正面只能看到一条明线。搭门式绱拉链法尤其适用于连衣裙的领口处，半身裙和裤子的后开口处。

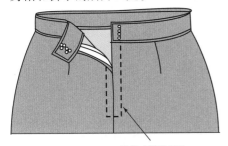

路轨式绱拉链法

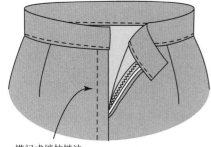

搭门式绱拉链法

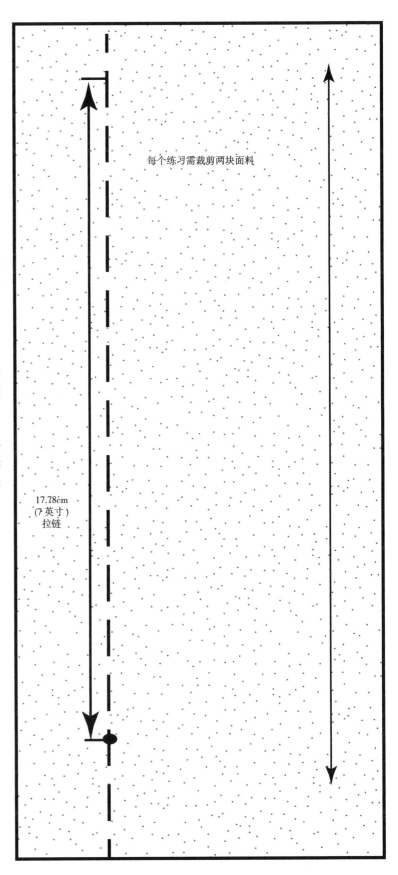

每个练习需裁剪两块面料

17.78cm
（7英寸）
拉链

门襟连贴边式绱拉链法

请参阅第十二章"门襟连贴边式绱拉链法"的相关内容。

门襟连贴边式绱拉链法：常用于裤子和一些半身裙的前开口处。这里介绍的是一种不太复杂的门襟连贴边式绱拉链法。随着你的缝制技能的提高，还应当学习更多的门襟连贴边式绱拉链法。

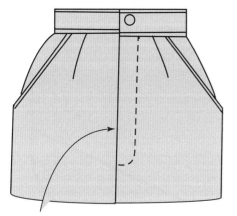

门襟连贴边式绱拉链法

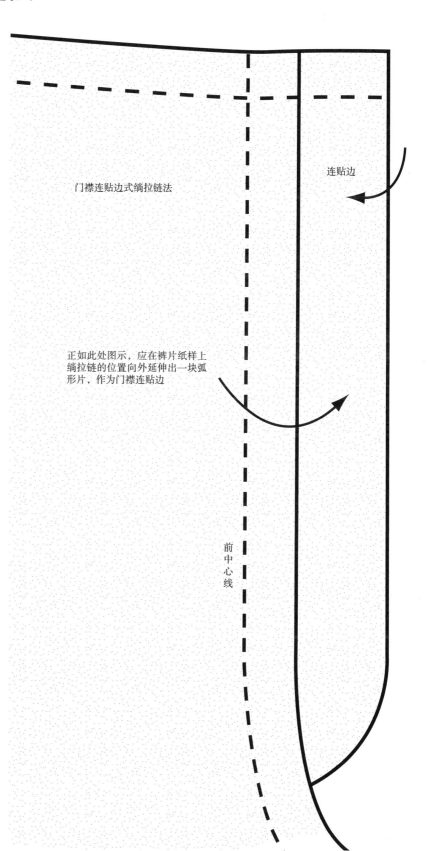

门襟连贴边式绱拉链法

连贴边

正如此处图示，应在裤片纸样上绱拉链的位置向外延伸出一块弧形片，作为门襟连贴边

前中心线

贴袋与加里贴袋

请参阅第十三章“贴袋”的相关内容。

口袋：由一定形状的面料制成，或绱于服装外部，或绱于服装的接缝和开口处。它可以作为装饰细节，也可以用来放置一些小物件，如手巾或零钱。

口袋是男装和女装上最明显的部件之一，不仅具备功能性，还可以作为服装的设计细节。

口袋的尺寸和造型多种多样，既可以放在服装外部，也可以放在服装内部（如单嵌线袋或双嵌线袋）。在第十三章中详解了各种口袋的缝制方法。

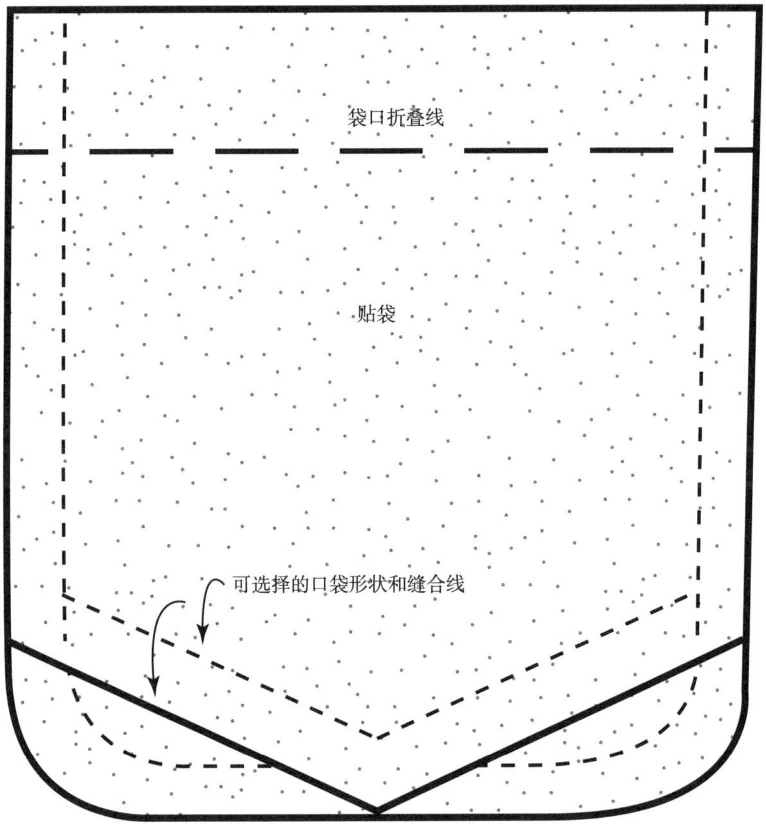
袋口折叠线
贴袋
可选择的口袋形状和缝合线

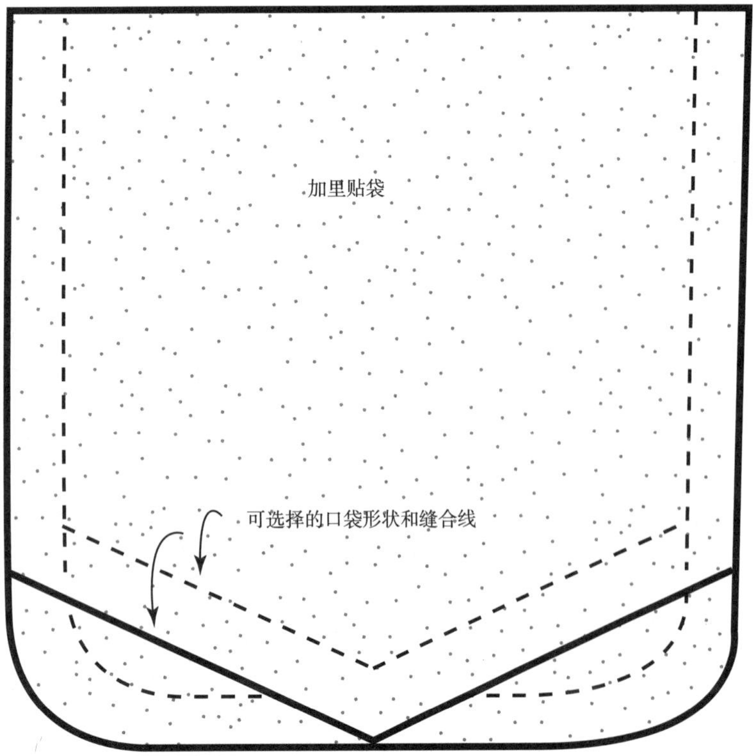
加里贴袋
可选择的口袋形状和缝合线

将口袋绱到样片上

裁剪一块20.32cm × 25.4cm（8英寸 × 10英寸）的面料，代表需要绱口袋的衣片。

同料加里贴袋

请参阅第十三章"同料加里贴袋"的相关内容。

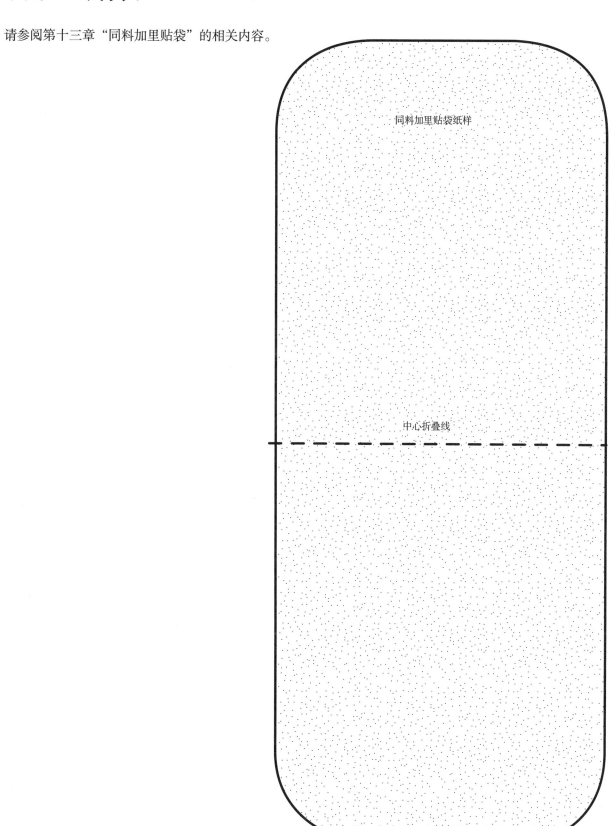

同料加里贴袋纸样

中心折叠线

同料加里贴袋纸样

袋口有连贴边的加里贴袋

请参阅第十三章"袋口有连贴边的加里贴袋"的相关内容。

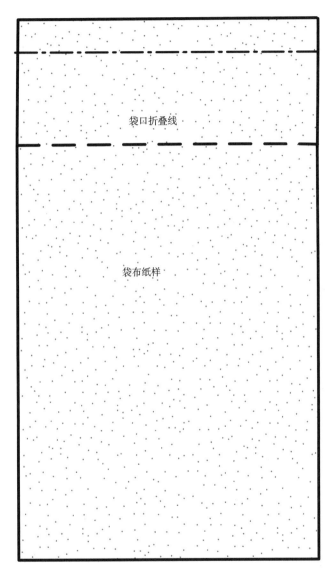

袋口折叠线

袋布纸样

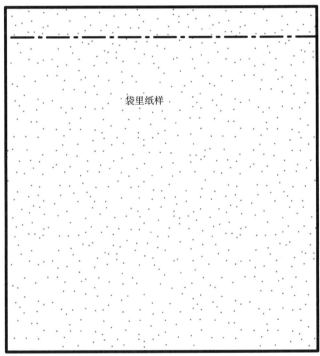

袋里纸样

接缝插袋

请参阅第十三章"接缝插袋"的相关内容。

接缝插袋： 指缝合于衣片侧缝或其他接缝中的一种口袋，穿着服装时，看不到接缝插袋。口袋常由匹配的面料制成。

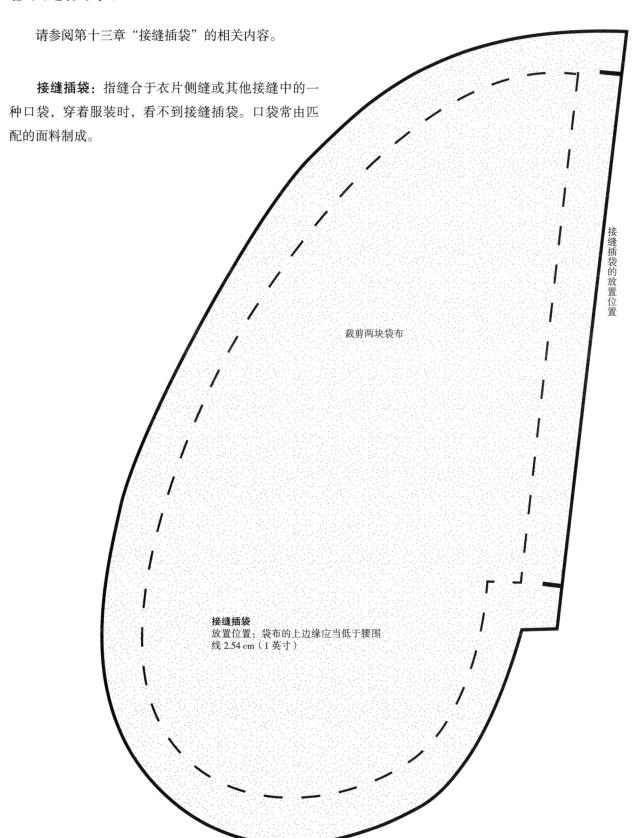

接缝插袋的放置位置

裁剪两块袋布

接缝插袋
放置位置：袋布的上边缘应当低于腰围线 2.54 cm（1 英寸）

风箱袋 / 风琴袋

请参阅第十三章"风箱袋 / 风琴袋"的相关内容。

风箱袋 / 风琴袋：是贴袋的一种变形。这种口袋在普通贴袋的基础上加入了褶裥，口袋可以向外扩展形成类似午餐袋的外形，即呈现立体外形。风箱袋 / 风琴袋常用于运动装和猎装，其上部常用一个袋盖盖住口袋上缘。这种口袋适宜采用轻薄和中厚型面料。

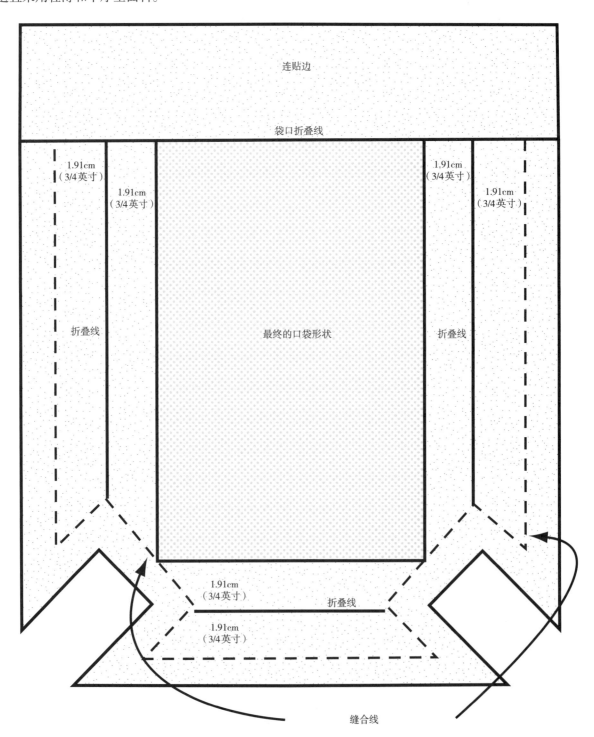

单嵌线袋

请参阅第十三章"单嵌线袋"的相关内容。

单嵌线袋：是一种缝在衣片开口内的挖袋，露出1.27 ~ 2.54cm（1/2 ~ 1 英寸）宽的嵌线布。这种口袋既适用于成人服装，也适用于童装，常用于外套、西装、裤子、半身裙和衬衫。出于设计的考虑，嵌线布也可以使用与衣片不同的面料。虽然单嵌线袋的缝制方法简单，但是要求制作精准。

将口袋绱到样片上

裁剪一块 20.32cm×25.4cm（8 英寸 ×10 英寸）的面料，代表需要绱口袋的衣片。用绷缝线或笔标记袋位。手放入口袋的量决定了袋口的长短。

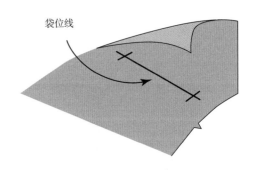

袋位线

单嵌线袋纸样

嵌线布宽度 = 所需宽度 + 缝份 0.64cm（1/4 英寸）

嵌线布

5.08cm（2 英寸）

两块袋布宽度 = 所需宽度 + 缝份 1.27cm（1/2 英寸）

所需长度

上袋布

所需长度 + 缝份 1.27cm（1/2 英寸）

底袋布

明门襟——右前衣片

请参阅第十六章"明门襟"的相关内容。

明门襟: 在服装工业生产中很常用,不仅制作省时,而且完成效果光洁、美观。

明门襟左、右衣片的纸样相同,但是刀口位置不同。图中所示为相关纸样,其上可见左、右门襟上的刀口区别。

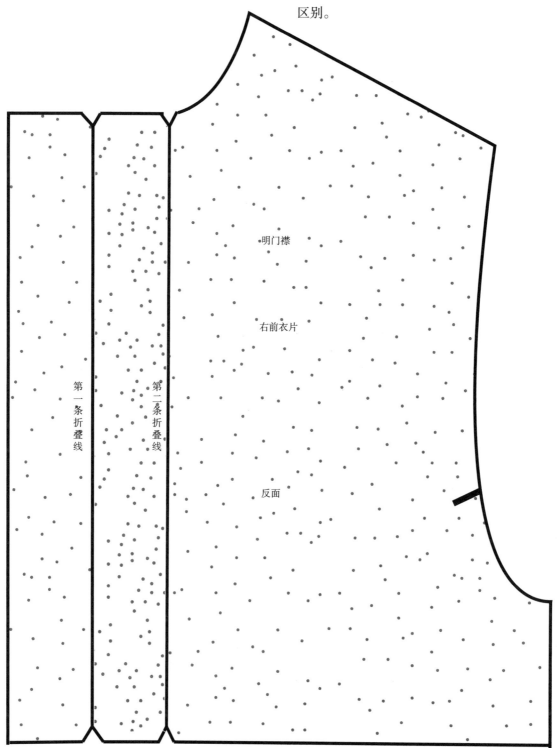

明门襟

右前衣片

第一条折叠线

第二条折叠线

反面

明门襟——左前衣片

请参阅第十六章"明门襟"的相关内容。

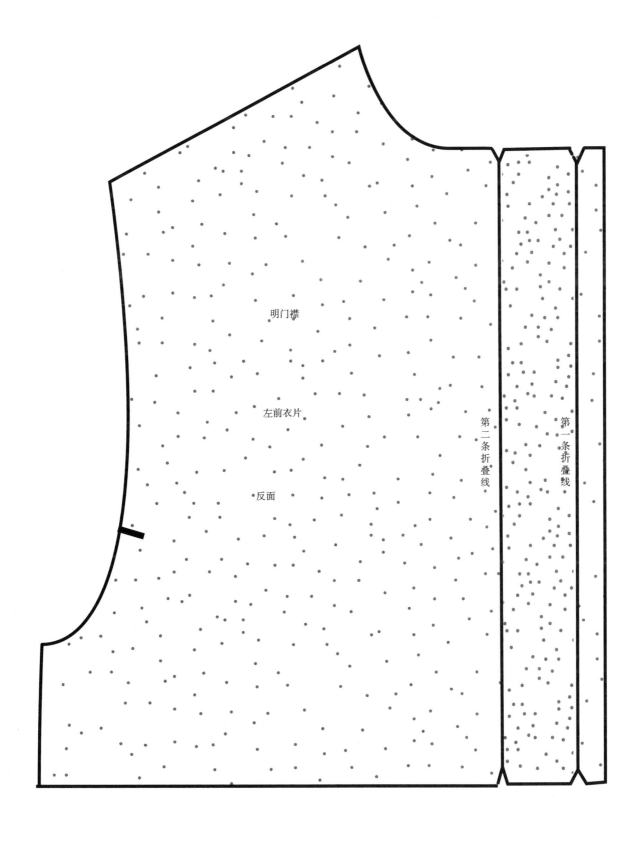

明门襟

左前衣片

反面

第二条折叠线

第一条折叠线

暗门襟——左前衣片

请参阅第十六章"暗门襟"的相关内容。

暗门襟：是另一种前中常用的开口方式，多用于衬衫、连衣裙、夹克和外套。暗门襟的成品效果非常光洁，还可以隐藏纽扣。这是一种三层门襟。

在女衬衫左前衣片（钉纽扣的衣片）上仅有一个贴边。男衬衫左、右衣片的做法需要对调。这种服装匹配的领子应能够将门襟的上端全部包住做净。

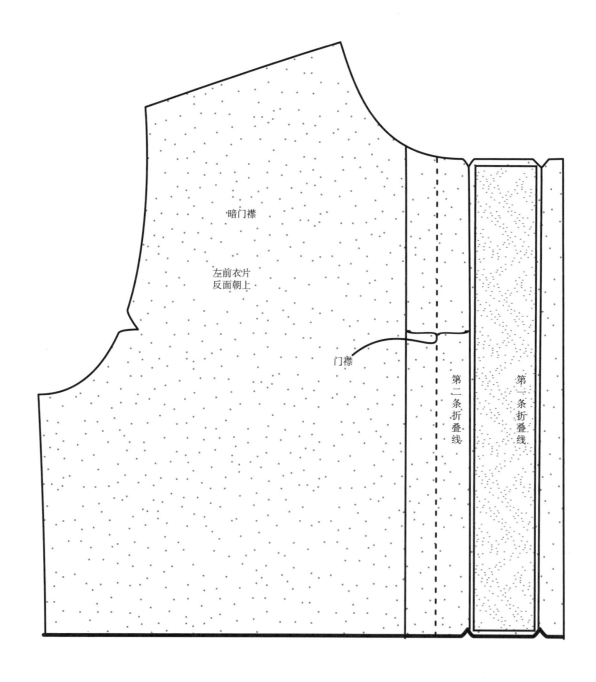

暗门襟——右前衣片

请参阅第十六章"暗门襟"的相关内容。

在暗门襟女衬衫上，右前衣片（扣眼所在的衣片）上是暗门襟。男衬衫左、右衣片的做法需要对调。这种服装匹配的领子应能够将门襟的上端全部包住做净。

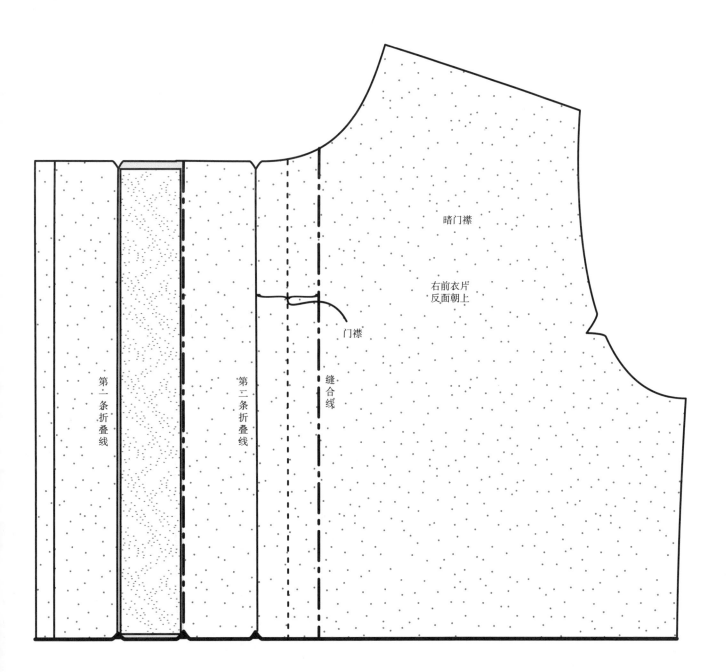

女衬衫与贴边

请参阅第十七章"贴边"的相关内容。

弧形贴边：与被贴边衣片的形状和纱向完全一致，与衣片缝制后翻至衣片反面。常用于无领无袖上衣的领口、袖窿处，或者半身裙和裤子的腰口处。

暗缝：既防止贴边反吐到衣片正面，又使贴边平整服帖，避免面料堆积。暗缝的操作方法为将所有缝份倒向贴边，在贴边的正面缝线，紧贴接缝将贴边和缝份缝合。

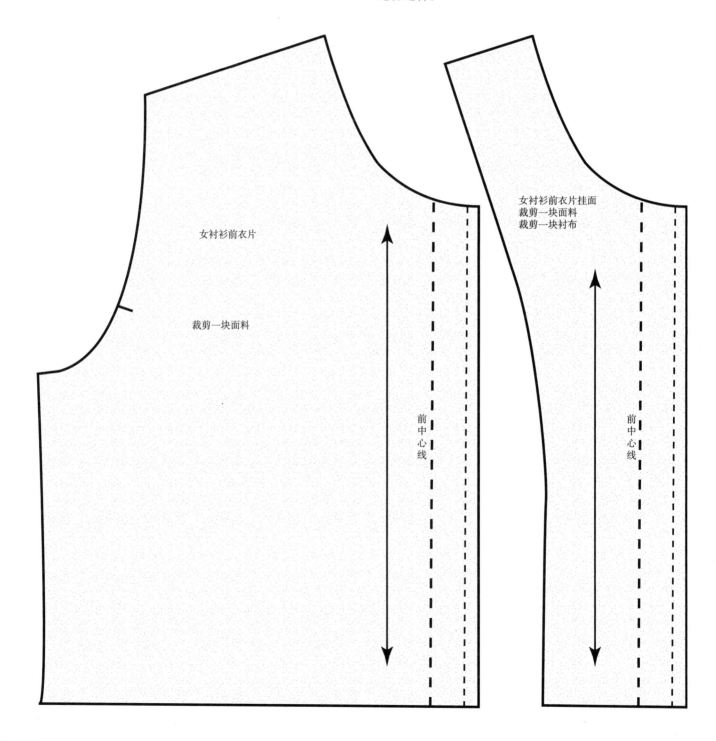

女衬衫前衣片

裁剪一块面料

前中心线

女衬衫前衣片挂面
裁剪一块面料
裁剪一块衬布

前中心线

附录C

单位换算表

面料长度换算表

44~45英寸 YARD（yd）	115 cm METER（m）	50英寸 YARD（yd）	127 cm METER（m）	52~54英寸 YARD（yd）	140 cm METER（m）	58~60英寸 YARD（yd）	150 cm METER（m）
1⅜	1.30	1¼	1.10	1⅛	1.00	1	0.90
1½	1.40	1⅜	1.30	1¼	1.10	1⅛	1.00
1⅝	1.50	1½	1.40	1⅜	1.30	1¼	1.10
1¾	1.60	1⅝	1.50	1½	1.40	1⅜	1.30
1⅞	1.70	1⅝	1.50	1½	1.40	1⅜	1.30
2	1.80	1¾	1.60	1¾	1.60	1⅝	1.50
2⅛	1.90	1¾	1.60	1¾	1.60	1¾	1.60
2¼	2.10	2	1.80	1⅞	1.70	1¾	1.60
2⅜	2.20	2⅛	1.90	2	1.80	1⅞	1.70
2½	2.30	2¼	2.10	2	1.80	1⅞	1.70
2⅝	2.40	2⅜	2.20	2¼	2.10	2	1.80
2¾	2.50	2⅜	2.20	2¼	2.10	2	1.80
2⅞	2.60	2⅝	2.40	2⅜	2.20	2¼	2.10
3	2.70	2¾	2.50	2⅝	2.40	2⅜	2.20
3¼	3.00	3	2.70	2¾	2.50	2⅝	2.40
3½	3.20	3¼	3.00	2⅞	2.60	2¾	2.50
3¾	3.40	3⅜	3.10	3⅛	2.90	2⅞	2.60
4	3.70	3¾	3.40	3½	3.20	3	2.70

如何使用该表

　　如果选用的面料幅宽为115cm（44~45英寸）时，纸样需要的面料长度为1.40m（1½码）；那么选用的面料幅宽为150cm（60英寸）时，则从表中可以查到，这时需要的面料长度为1.0m（1⅛码）。

英寸—码换算表

INCHES（英寸）	YARDS（yd）	INCHES（英寸）	YARDS（yd）
1	0.03	19	0.53
2	0.05	20	0.56
3	0.08	21	0.58
4	0.11	22	0.61
5	0.14	23	0.64
6	0.17	24	0.67
7	0.19	25	0.69
8	0.22	26	0.72
9	0.25	27	0.75
10	0.28	28	0.78
11	0.31	29	0.81
12	0.33	30	0.83
13	0.36	31	0.86
14	0.39	32	0.89
15	0.42	33	0.92
16	0.44	34	0.94
17	0.47	35	0.97
18	0.50	36	1.00

英寸（分数）—英寸（小数）—cm换算表

INCHES (FRACTION)	INCHES (DECIMAL)	CENTIMETERS
¹⁄₁₆	0.0625	0.1588
⅛	0.125	0.3175
³⁄₁₆	0.1875	0.4763
¼	0.25	0.635
⁵⁄₁₆	0.3125	0.7938
⅓	0.3333	0.8467
⅜	0.375	0.9525
½	0.5	1.27
⁹⁄₁₆	0.5625	1.4288
⅝	0.625	1.5875
⅔	0.6666	1.693
¾	0.75	1.9
¹³⁄₁₆	0.8125	2.06
⅞	0.875	2.223
1	1.0	2.54

作者简介

康妮·阿玛登·克兰福德

康妮是巴特里克旗下麦考尔纸样公司（the McCall Pattern Company）认证设计师、缝纫名人堂会员（the Sewing Hall of Fame），荣获全国职业女性协会（the National Association of Professional Women）评选的2014～2015年度VIP女性，现任Coni服装纸样公司的总裁兼首席执行官。

康妮是国内外公认的服装专业讲师、专家及教育家，出版多部服装缝纫DVD、服装缝纫和纸样著作，其中包括《图解服装缝制工艺大全》（*A Guide to Fashion Sewing*）、《国际服装立裁设计：美国经典立体裁剪技法》（*The Art of Fashion Draping*）和《易学易用的服装纸样制图》（*Patternmaking Made Easy*）。

她曾在美国时尚设计商业学院（the Fashion Institute of Design & Merchandising，简称FIDM，位于美国加利福尼亚州洛杉矶）担任讲师，此外还在当地服装业内担任设计师、设计顾问、样板师和推板师，具有非常丰富的专业经验。

作为国内外知名的服装专业讲师、专家，康妮担任多个学院和服装集团的优秀演讲嘉宾，也一直是《纱线》（*Threads*）、《缝纫新闻》（*Sew News*）和《概念》（*Notions*）等多家杂志特约演讲嘉宾，曾受邀在《与苏珊·卡杰一起缝纫》（*Sewing with Susan Kalje*）、《与谢丽尔·波登一起创作生活》（*Creative Living with Cheryl Borden*）以及美国广播公司（American Broadcasting Company，简称the ABC）的电视连续剧《家》（*Home*）中担任客座演讲嘉宾。此外，康妮还担任美国拉斯维加斯国际纺织展 (the International Textile Show in Las Vegas in Las Vegas) 的主题发言人，每年在展会上做两次关于色彩、面料和时尚预测主题发言。

康妮是多个协会的成员，其中包括全国职业女性协会、美国缝纫协会（American Sewing Guild）、国际纺织服装协会（International Textile and Apparel Association）、澳大利亚缝纫协会（Australian Sewing Guild）、设计和服装专家协会（Association of Design and Apparel Professionals）、独立纸样公司联盟（Independent Pattern Company Alliance）、缝纫商行业协会（Sewing Dealers Trade Association）、圆筒绕线轴协会（Round Bobbin Association）和缝纫/绗缝教育者协会（Sewing/Quilting Educators）。

康妮毕业于洛杉矶贸易技术学院（Los Angeles Trade-Technical College，简称LATTC College）。获得加州大学洛杉矶分校（University of California Los Angeles）教师资格证书。